Edward Frenkel

Amour et maths

Traduit de l'anglais (États-Unis) par Olivier Courcelle

Flammarion

L'ouvrage original a paru en 2013, sous le titre *Love & Math*
aux éditions Basic Books – a member of the Perseus Books Group.

ISBN : 978-2-0813-4419-8

Pour mes parents

Table des matières

PRÉFACE

Il existe une réalité cachée. Un univers parallèle, tout en beauté et en élégance, intimement lié au nôtre. C'est le monde des mathématiques. Un monde invisible pour la plupart d'entre nous. Un monde que ce livre invite à découvrir.

Les mathématiques jouissent d'un statut paradoxal : d'un côté, omniprésentes dans notre vie, elles sont nécessaires à la moindre transaction en ligne, la moindre recherche sur Internet, le moindre texto ou la moindre localisation par GPS ; de l'autre, elles nous intimident et nous découragent. Pour reprendre les mots du poète Hans Magnus Enzensberger, elles se situent en « angle mort de la culture – un territoire étranger acquis à une seule élite, à quelques initiés ». Il est rare, explique-t-il, de « rencontrer quelqu'un qui soutienne avec véhémence que la simple idée de lire un roman, de contempler un tableau ou de regarder un film lui soit une épreuve insupportable », et pourtant, nombre de « personnes sensibles et éduquées » ne craignent pas d'affirmer, « en un remarquable mélange de défiance et de fierté », que les mathématiques relèvent pour elles d'une « pure torture » ou d'un « cauchemar » qui les « révulse ».

Je vois deux principales raisons à ce paradoxe. D'abord, le haut degré d'abstraction propre aux mathématiques n'en facilite pas l'accès. Ensuite, nous ne connaissons d'elles que l'infime partie qui nous a été enseignée à l'école et qui date, pour l'essentiel, de plus d'un millénaire. Bien que les mathématiques se soient considérablement enrichies depuis lors, ce trésor de progrès reste le plus souvent soustrait à notre vue.

Quel jugement porterions-nous sur un cours d'art pictural qui se bornerait à nous apprendre à peindre une clôture ? Qui jamais ne nous donnerait à voir les toiles de Léonard de Vinci ou de

Picasso ? Nous ferait-il apprécier la peinture ? J'en doute. Nous ressortirions de l'école en pensant probablement quelque chose comme : « Apprendre l'art ne sert à rien. Si j'ai un jour besoin de repeindre une clôture, j'embaucherai quelqu'un, voilà tout. » Nul n'envisagerait de programmer un cours aussi ridicule, bien sûr, car il est très facile de présenter des toiles de maîtres, mais il en va autrement des mathématiques, qui s'enseignent de cette façon. Pas étonnant dès lors qu'elles provoquent autant de plaisir que la contemplation d'une clôture en train de sécher.

Or les mathématiques ne fascinent pas seulement par leur beauté. Elles décrivent la réalité et nous font comprendre le monde. « Le livre de la nature est écrit en langage mathématique », pour reprendre le mot fameux de Galilée. Cette langue universelle véhicule la vérité par excellence, et constitue ainsi une source croissante de puissance, de richesse et de progrès. En un temps où la science et la technologie prennent chaque jour plus d'importance, le monde appartiendra à ceux qui la pratiqueront couramment.

Une grande idée fausse voudrait que les mathématiques ne servent que d'outils aux autres sciences. Un biologiste, disons, enquêterait sur le terrain, collecterait des données et puiserait ensuite dans une grande boîte, avec l'aide éventuelle d'un mathématicien, pour bâtir un modèle qui s'accorde aux données. Quoique ce mode opératoire existe sans doute, bien qu'il soit même très important, les mathématiques dépassent ce cadre étroit *de très loin.* Les mathématiques changent notre vision du monde, bouleversent nos paradigmes. Albert Einstein, pour donner un exemple, n'a pas compris que la gravité courbe l'espace en adaptant des équations à des données expérimentales. D'abord parce que de telles données n'existaient pas ; ensuite parce que personne à l'époque ne pouvait même imaginer que l'espace était courbe puisque tout le monde « savait » qu'il était plat ! Mais Einstein, compte tenu d'une remarque cruciale sur les effets identiques de la gravité et de l'accélération, a compris que seule l'introduction de cette courbure permettait de généraliser sa théorie de la relativité restreinte à des référentiels non galiléens. Et cet exercice de haute volée intellectuelle n'aurait pas été envisageable sans les travaux accomplis par le mathématicien Bernhard Riemann, une cinquantaine d'années auparavant, sur les espaces courbes de dimension quelconque. Le cerveau humain est ainsi fait que nous sommes incapables d'imaginer les espaces courbes de dimension supérieure à deux ; nous ne pouvons y accéder que par les mathématiques. Plus tard, bien entendu, il s'est avéré que Einstein avait vu juste : notre univers est vraiment courbe – il est même en expansion. Telle est la puissance des mathématiques à laquelle je faisais allusion !

Les exemples de ce type abondent, et pas seulement en physique, comme nous le verrons bientôt. L'histoire montre que les concepts mathématiques font évoluer la science et la technologie à un rythme toujours plus soutenu. Même des théories jugées abstraites ou ésotériques à une époque finissent par se frayer une voie vers un domaine d'application. Dans son autobiographie, Charles Darwin avouait regretter profondément « de ne pas avoir été assez loin pour comprendre au moins quelque chose aux grands principes directeurs des mathématiques ; car les hommes qui en sont capables possèdent un sens supplémentaire ». Cette citation devrait se lire, à mon sens, comme un conseil aux générations à venir : capitalisez sur le potentiel immense des mathématiques !

Enfant, je ne soupçonnais pas l'existence du monde secret des mathématiques. Comme la plupart des gens, je ne voyais en elles qu'un sujet scolaire, stérile et ennuyeux. Durant ma dernière année de lycée, toutefois, j'ai eu la chance de rencontrer un mathématicien professionnel qui m'a ouvert la porte de ce royaume merveilleux. Grâce à lui, j'ai compris que les charmes des mathématiques – leur beauté, leur élégance, leurs potentialités infinies – rivalisent avec ceux de la poésie, de l'art ou de la musique. Je suis tombé amoureux des maths.

Par ce livre, cher lecteur, je veux faire pour toi ce que mes professeurs et mes mentors ont fait pour moi : te révéler les mathématiques dans toute leur force et leur splendeur, te faire entrer dans ce monde enchanté comme j'y suis entré jadis, et ce même si tu n'es *a priori* pas du genre à utiliser les mots « maths » et « amour » dans une même phrase. Tu vas avoir les mathématiques dans la peau exactement comme je les ai eues moi-même, et ta vision du monde s'en trouvera bouleversée à jamais.

*

Le savoir mathématique ne se compare à aucun autre. Notre perception des vérités mathématiques, contrairement à celle que nous avons du monde physique, ne souffre d'aucune distorsion. Ces vérités sont objectives, nécessaires et persistantes. Un résultat mathématique ou un théorème ne varie pas en fonction du lieu ou de la personne – peu importe son sexe, sa religion ou sa couleur de peau ; et dans mille ans, il sera toujours aussi vrai. Non moins étonnant, ce savoir est à notre libre disposition : personne ne peut breveter une formule mathématique. Ce que le monde offre de plus profond et de plus délicat, il l'offre à tous ! Qu'une telle somme de connaissances existe réellement me paraît encore incroyable. Ce trésor est trop précieux pour être abandonné à « quelques initiés » ; il appartient à chacun d'entre nous.

Les mathématiques excellent aussi à ordonner l'information – qualité qui distingue les coups de pinceau d'un Van Gogh d'une vulgaire tache de peinture. Avec l'avènement de l'impression 3D, la réalité à laquelle nous sommes accoutumés va connaître une transformation radicale : une migration de la sphère des objets physiques vers une sphère d'information et de données. Grâce aux nouvelles imprimantes, nous serons bientôt en mesure de convertir l'information en matière, à la demande, tout aussi facilement que nous convertissons un fichier mp3 en morceau de musique ou un pdf en livre. Dans ce meilleur des mondes, les mathématiques occuperont une place encore plus centrale, tant par leur capacité à ordonner et à organiser l'information que pour faciliter la conversion de cette information en réalité physique.

Je m'arrêterai plus particulièrement dans ce livre sur l'un des plus importants concepts apparus en mathématiques ces cinquante dernières années : le *programme de Langlands*, que d'aucuns considèrent comme la Grande Théorie d'unification des mathématiques. Ce champ de recherche fascinant jette des ponts prometteurs entre des domaines des mathématiques qui paraissent à des années-lumière les uns des autres : algèbre, géométrie, théorie des nombres, analyse et physique quantique. Si nous comparions ces différents domaines à des continents du monde caché des mathématiques, le programme de Langlands ferait alors figure de mode de téléportation ultime, capable de nous faire passer de l'un à l'autre instantanément.

Initié à la fin des années 1960 par Robert Langlands, le mathématicien qui occupe actuellement le bureau d'Einstein à l'Institute for Advanced Study, à Princeton, ce programme s'enracine dans une théorie mathématique révolutionnaire, celle des symétries, elle-même fondée il y a deux siècles par un jeune prodige français, juste avant qu'il ne meure, tué en duel à l'âge de 20 ans. À ce travail fondateur s'est ajoutée une autre découverte époustouflante, qui, en plus d'avoir mené à la preuve du Dernier (ou Grand) Théorème de Fermat, a totalement bouleversé notre vision des nombres et des équations. Ensuite encore, les mathématiciens ont découvert leur propre pierre de Rosette, couverte d'analogies mystérieuses et de métaphores. En suivant ces analogies comme des ruisseaux dans le paysage enchanté des mathématiques, le programme de Langlands a débouché sur les terres de la géométrie et de la physique quantique, pour mettre de l'ordre et de l'harmonie dans un apparent chaos.

Par ce cheminement, j'entends mettre en lumière des aspects rarement montrés des mathématiques, telles que la profondeur de vue et les révélations saisissantes dont elles nous enrichissent, la source d'inspiration qu'elles constituent. En tant qu'expression d'une imagination sans limites au service de la quête de vérité, les mathématiques brisent les barrières du conformisme. Comme l'a noté Georg Cantor, le créateur de la théorie de l'infini : « L'essence des mathématiques, c'est la liberté. » Avec elles, nous apprenons à analyser rigoureusement la réalité, à étudier les faits et à les suivre où qu'ils nous conduisent ; elles nous affranchissent des dogmes et des préjugés, nourrissent notre capacité d'invention et nous gratifient ainsi d'outils qui les transcendent elles-mêmes.

Ces apports peuvent être utilisés pour le meilleur et pour le pire, ce qui nous oblige à considérer les effets des mathématiques sur le monde réel. La dernière crise économique mondiale, par exemple, tient pour une large part à l'usage répandu de modèles mathématiques inadéquats par les marchés financiers. En raison de leur manque de culture scientifique, de nombreux responsables ont manié ces modèles sans en comprendre les limites, mais avec une arrogance et une cupidité qui ont failli anéantir le système entier. Ils tiraient injustement avantage d'un accès asymétrique à l'information, en espérant que personne ne vienne y regarder de trop près. Si nous avions été plus nombreux à comprendre le fonctionnement de ces modèles, la manière dont le système tournait réellement, peut-être aurions-nous su éviter le pire.

Veut-on un autre exemple de confiscation du savoir ? En 1996, une commission nommée par le gouvernement américain s'est réunie en secret pour modifier la formule de l'Indice des prix à la consommation, une mesure de l'inflation qui détermine entre autres les tranches d'imposition et les cotisations à la Sécurité sociale ou à l'assurance santé pour les personnes âgées. Alors que ce changement concernait des dizaines de millions d'Américains, la nouvelle formule et ses conséquences n'ont fait l'objet d'aucune discussion publique ou presque. Et récemment encore, certains ont essayé de pénétrer le système économique américain en utilisant cette formule absconse comme porte dérobée [1].

Une société est d'autant moins vulnérable aux attaques de ce genre que ses membres sont mathématiquement cultivés. Les mathématiques, c'est la rigueur plus l'intégrité multipliées par la solidité des faits. Nous devrions tous avoir accès au savoir et aux outils qui nous protègent des décisions arbitraires prises par une minorité puissante. Sans mathématiques, pas de liberté.

*

Les mathématiques font partie de notre héritage culturel au même titre que l'art, la littérature ou la musique. En tant qu'humains, nous avons soif de découvertes et de conceptions nouvelles, nous voulons parvenir à une meilleure compréhension de l'univers et de la place que nous y tenons. Plus moyen, hélas, de découvrir un nouveau continent comme Christophe Colomb ou de poser pour la première fois le pied sur la Lune. Mais point n'est besoin de voguer sur l'océan ou dans l'espace pour découvrir de nouvelles merveilles du monde... Ce trésor se trouve ici même, au cœur de notre réalité présente. En nous, même, d'une certaine façon. Les mathématiques domptent le flot de l'univers, régissent ses formes et ses courbes, régentent ses atomes les plus infimes comme ses étoiles les plus volumineuses.

Tel est le monde riche et éblouissant que ce livre invite à découvrir. Je l'ai écrit pour des lecteurs sans bagages. Si vous pensez que les mathématiques sont difficiles, que vous ne les comprendrez jamais, si elles vous terrifient, mais que vous êtes tout de même curieux de savoir s'il y a quelque chose à en tirer, alors ce livre est fait pour vous.

C'est une erreur trop commune de penser qu'il faut avoir étudié les mathématiques pendant de longues années pour les apprécier. Certains invoquent même une incapacité congénitale qui les empêcherait de les comprendre. Je n'y crois pas ! Tous, ou presque, nous avons acquis des rudiments de savoir sur le système solaire, les atomes et les particules élémentaires, la double hélice de l'ADN, et bien d'autres sujets encore, sans avoir suivi de cours spécialisés en physique ou en biologie. Et personne ne s'étonne que ces idées sophistiquées fassent partie de notre culture, de notre conscience collective. De la même façon, n'importe qui peut saisir les concepts importants des mathématiques s'ils sont bien expliqués. Et cela sans étudier des années durant : en général, on peut parfaitement comprendre l'essentiel sans passer par les détails fastidieux.

Quel est le problème ? Alors que nous avons tous entendu parler des planètes, des atomes et de l'ADN, il y a de fortes chances pour que personne ne vous ait jamais entretenu des groupes de symétrie, des systèmes numériques par lesquels 2 et 2 ne font plus toujours 4, des superbes formes géométriques comme les surfaces de Riemann et autres concepts fascinants. Pour donner une idée du tigre, en mathématiques, on se borne toujours à décrire un chat. Mais le tigre est un animal différent ! Je vous le montrerai dans toute sa splendeur, et vous apprécierez par vous-même son « effroyable symétrie », pour reprendre l'éloquente expression de William Blake.

Mais pas de méprise, cependant. La lecture de ce livre ne fera pas de vous un mathématicien, et je ne plaide d'ailleurs pas pour que chacun le devienne. En musique, apprendre quelques accords de guitare permet de jouer quelques airs ; ils ne nous rendent pas virtuoses mais enrichissent notre vie. Tel est le but de mon livre : vous montrer certains des accords cachés des mathématiques d'aujourd'hui. Et je vous promets que cela enrichira votre vie !

Un de mes professeurs, le grand mathématicien Israel Gelfand, avait coutume de dire : « Les gens pensent qu'ils ne comprennent pas les maths, mais tout est dans la manière d'expliquer. Demandez à un ivrogne si 2/3 est plus grand que 3/5, et il ne saura pas vous répondre. Mais demandez-lui s'il vaut mieux 2 bouteilles de vodka pour 3 personnes ou 3 bouteilles pour 5, et la réponse coulera de source : 2 bouteilles pour 3, bien sûr ! »

Je me propose de vous expliquer les maths de manière à ce que vous les compreniez.

Par la même occasion, j'évoquerai mon itinéraire, qui a commencé dans l'ancienne Union soviétique, en un temps où les mathématiques symbolisaient la liberté face à l'oppression du régime. L'entrée à l'université d'État de Moscou me fut barrée en raison de la politique discriminatoire qui y était alors en vigueur. On m'a claqué la porte au nez. J'ai été banni. Mais je n'ai pas baissé les bras. Je me suis discrètement faufilé à l'intérieur pour suivre les cours et les séminaires. Et j'ai lu des livres seul, parfois jusque tard dans la nuit. *In fine*, j'ai pu pénétrer le système. Ils ne m'ont pas laissé entrer par la grande porte ? Je suis passé par la fenêtre. Qui peut arrêter un amoureux ?

Deux brillants mathématiciens m'ont alors remarqué et aidé. Sous les précieux conseils de ces mentors, je me suis lancé dans la recherche en mathématiques. Je n'étais encore qu'en premier cycle universitaire que je repoussais déjà les limites de l'inconnu. Cette époque fut la plus excitante de ma vie, et je l'ai traversée tout en sachant que la discrimination ne me permettrait jamais d'obtenir un poste de mathématicien en Union soviétique.

Mais l'avenir me réservait bien des surprises : mes premiers articles de recherche passèrent subrepticement à l'étranger et connurent une certaine notoriété. L'université Harvard me proposa un poste de professeur invité – j'avais 21 ans. Par miracle, au même moment, la *perestroïka* levait le rideau de fer, autorisant les citoyens à voyager à l'étranger. Et c'est ainsi que je devins professeur à Harvard, sans doctorat, en ayant pénétré le système tel une sorte de hacker, une fois de plus. J'ai poursuivi ma carrière universitaire, fait des recherches aux frontières du programme de Langlands, et j'ai participé à quelques-unes des plus importantes avancées qu'ait connues ce champ ces vingt dernières années. Dans les pages qui suivent, je décrirai ainsi les résultats spectaculaires obtenus par de brillants savants, mais aussi les coulisses de ces découvertes.

*

Ce livre parle également d'amour. J'ai eu un jour une vision : un mathématicien découvrait la « formule de l'amour ». L'idée fut à l'origine d'un film, *Rites d'amour et de maths*, dont il sera question à la fin de cet ouvrage. À l'occasion du débat qui suivait l'une des projections, quelqu'un m'a posé cette question : « Est-ce qu'une formule de l'amour existe vraiment ? »

Ma réponse est limpide : « Toutes les formules que nous découvrons sont des formules d'amour. » Les mathématiques sont à la source d'un savoir profond et éternel, qui plonge au cœur de toute matière et nous unit par-delà les continents, les cultures et les siècles. Je rêve que chacun de nous puisse contempler et apprécier la beauté magique et l'harmonie délicate de ces idées, de ces formules et de ces équations, et que cet émerveillement donne plus de sens à notre amour pour le monde et pour autrui.

CONSEILS AU LECTEUR

Je me suis efforcé de présenter les concepts mathématiques de la manière la plus élémentaire et la plus intuitive possible. Certains passages, toutefois, sont plus ardus que d'autres, particulièrement dans les chapitres 8, 14, 15 et 17. Mais il est parfaitement possible d'omettre en première lecture ces parties plus difficiles, quitte à y revenir par la suite, fort d'un nouveau savoir – je procède souvent moi-même ainsi quand je lis des livres ou des articles. Les passer ne porte en principe à aucune conséquence.

Mieux même, il est parfaitement normal que vous rencontriez de telles obscurités. J'en fais moi-même l'expérience presque à chaque fois que je me plonge dans des mathématiques. Alors interprétez ces obstacles comme autant de signes de bienvenue dans ce monde qui est le mien ! Le mathématicien doit inévitablement composer avec un sentiment de désarroi, qui vire parfois à la frustration. Mais voyons le bon côté des choses : que la vie serait ennuyeuse si tout pouvait se comprendre sans véritable effort ! Ce qui rend la pratique des mathématiques si passionnante tient précisément au désir d'éclaircir, de comprendre, de dévoiler l'inconnu. Et le sentiment d'accomplissement personnel qui en résulte récompense amplement le travail concédé.

À travers ce livre, je cherche plus à donner une vue d'ensemble et à pointer les connexions logiques entre divers objets qu'à entrer dans des considérations techniques pointues. Les discussions de cette nature sont souvent reléguées en notes, et avec elles des références ou des suggestions de lecture pour qui voudrait aller plus loin. Bien que ces notes puissent éclairer le texte, le lecteur peut tout à fait les passer, surtout en première lecture.

Je me suis attaché à minimiser l'usage des formules pour privilégier les explications verbales. Quelques-unes subsistent malgré tout ici et là. Rien de bien méchant la plupart du temps, mais vous pouvez aussi les sauter si vous le souhaitez.

Un mot encore sur la terminologie mathématique. Lors de la rédaction de ce livre, j'ai découvert, souvent à ma propre surprise, que certaines appellations utilisées par les mathématiciens dans un sens très spécifique signifient tout à fait autre chose pour les non-initiés. Je pense à des termes comme « correspondance », « représentation », « composition », « lacet », « variété » ou « théorie ». Quand je repère une ambiguïté potentielle, je précise en général mon propos. Dans la mesure du possible, j'ai aussi préféré les expressions transparentes aux dénominations mathématiques plus obscures, choisissant ainsi d'écrire « relation de Langlands » plutôt que « correspondance de Langlands ». Si, d'aventure, un terme ne vous semblait pas clair, n'hésitez pas à consulter le glossaire et l'index en fin d'ouvrage.

Voyez enfin mon site web pour consulter des mises à jour et des compléments, voire m'envoyer un petit e-mail pour me donner votre sentiment sur ce livre : `http://edwardfrenkel.com`

1

UNE BÊTE MYSTÉRIEUSE

Au risque de vous surprendre, je haïssais les maths à l'école. Bon, d'accord, peut-être que le mot « haïr » est un peu trop fort. Disons juste que je ne les aimais pas. Je les trouvais ennuyeuses. Je faisais mes devoirs, certes, mais je ne comprenais pas pourquoi il fallait que je les fasse. L'enseignement dispensé à l'école me paraissait vain et futile. Ce qui me passionnait vraiment, c'était la physique, et plus spécialement la physique quantique. Je dévorais tous les livres de vulgarisation que je pouvais dégoter sur le sujet. En Russie, où j'ai grandi, il était facile de s'en procurer.

Le monde quantique me fascinait. Depuis les temps les plus reculés, les hommes avaient rêvé de décrire la nature fondamentale de l'Univers. Certains savants et philosophes de l'Antiquité avaient émis l'hypothèse que toute matière se décompose en infimes grains, les atomes, dont l'existence fut prouvée au début du XXe siècle. Vers cette même époque, les chercheurs découvraient que les atomes se décomposent à leur tour en électrons orbitant autour d'un noyau, et que le noyau se décompose lui aussi en protons et en neutrons[1].

Et les protons et les neutrons ? Les livres de vulgarisation que je lisais m'enseignaient qu'ils étaient constitués de particules élémentaires appelées « quarks ».

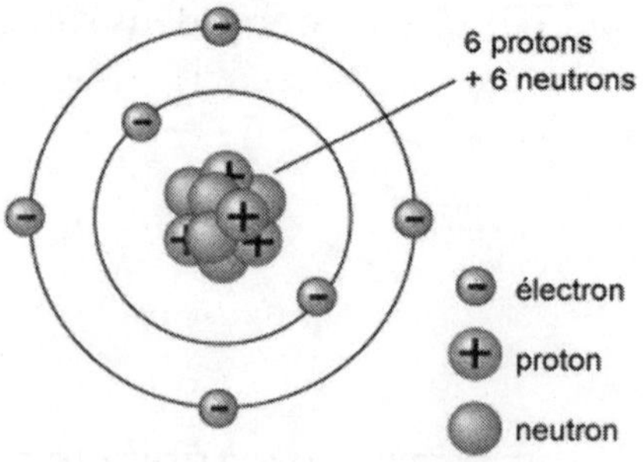

Le nom me plaisait, et je l'ai apprécié plus encore quand j'ai appris sa provenance. Le physicien qui l'avait choisi, Murray Gell-Mann, l'avait emprunté à ces quelques vers moqueurs du *Finnegans Wake*, un roman de James Joyce :

> Three quarks for Muster Mark!
> Sure he hasn't got much of a bark
> And sure any he has it's all beside the mark.
>
> Trois quarts à la pie pour Maître Marc!
> Sûr que sa barque ne vaut pas grand-chose
> Et que tout ce qu'il a se trouve être hors de saison [2].

Je trouvais du plus bel effet qu'un physicien nomme une particule d'après une œuvre littéraire, surtout d'après une œuvre aussi dense et complexe que celle-ci. Quoique âgé de seulement 13 ans à l'époque, je savais déjà que les scientifiques étaient censés se comporter en solitaires distraits, immergés dans leurs travaux au point de ne plus éprouver aucune curiosité pour l'art, les humanités ou tout autre aspect de la vie. Or je n'entrais pas du tout dans cette catégorie. J'avais de nombreux amis, j'aimais lire et je ne m'intéressais pas seulement à la science. Je pouvais jouer au foot des heures durant avec mes copains, par exemple. À peu près à la même époque, j'avais également découvert l'impressionnisme, d'abord par un gros livre qui trônait dans la bibliothèque de mes parents. Van Gogh était mon artiste préféré. Émerveillé par son travail, je m'étais même essayé à la peinture. En fait, la multitude de mes centres d'intérêt allait jusqu'à me faire douter que je puisse devenir scientifique. J'ai donc été très heureux de découvrir que Gell-Mann, un grand physicien, lauréat du prix Nobel, cumulait comme moi de nombreuses passions – dans son cas, la littérature, mais aussi la linguistique et l'archéologie pour ne citer qu'elles.

Selon la théorie de Gell-Mann, il existe deux types de quarks, les quarks « up » (haut) et les quarks « down » (bas), dont les combinaisons caractérisent les neutrons et les protons : un neutron est constitué de deux quarks down et d'un quark up ; un proton est constitué de deux quarks up et d'un quark down[3].

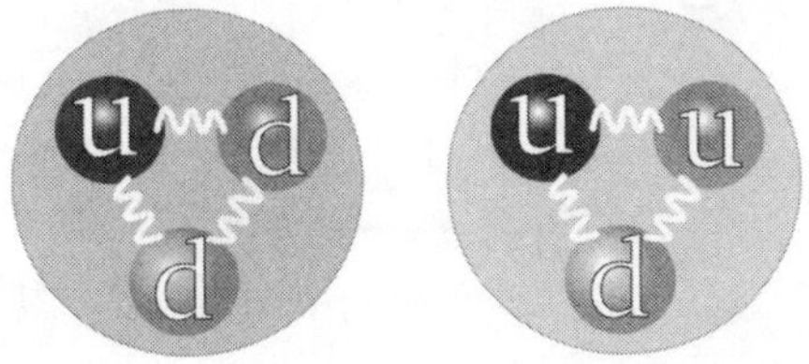

Neutron Proton

Ce résultat me paraissait très clair. Je comprenais moins en revanche comment les physiciens avaient deviné que les protons et les neutrons, d'abord jugés indivisibles, s'assemblaient ainsi en unités plus petites.

Cette histoire remonte à la fin des années 1950 et à la découverte d'une profusion de particules apparemment élémentaires, les hadrons. Les protons et les neutrons, qui appartiennent à cette catégorie, jouent bien sûr un rôle important dans notre vie quotidienne en tant que constituants de la matière. Mais les autres hadrons ? Personne ne savait ce qu'ils faisaient là. Personne ne savait « qui les avait commandés », pour reprendre l'expression d'un chercheur. Face à une telle diversité, Wolfgang Pauli, le plus grand physicien de l'époque, relevait non sans humour que la physique tournait à la botanique. Les physiciens cherchaient désespérément à circonscrire les hadrons, c'est-à-dire à trouver les principes sous-jacents qui présidaient à leur comportement et expliqueraient leur exaspérante prolifération.

Gell-Mann et Yuval Ne'eman ont chacun de son côté proposé un nouveau système de classification. Tous deux ont montré que les hadrons se scindent naturellement en petites familles, chacune d'elles contenant huit ou dix particules. Au sein de chaque famille, baptisée octet ou décuplet, les particules affichent des propriétés similaires.

Dans les livres que je lisais à l'époque, je trouvais des diagrammes représentant les octets comme ceci :

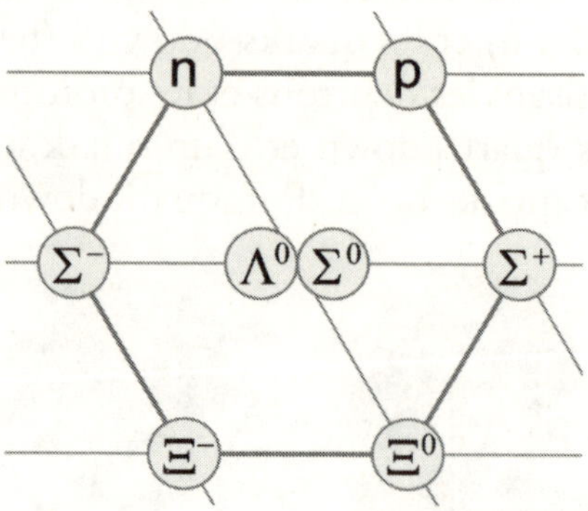

Ici *p* désigne le proton, *n* le neutron, et les lettres grecques correspondent à six autres particules au nom barbare.

Mais pourquoi 8 et 10 éléments, et non 7 et 11, par exemple ? Je ne trouvais aucune explication satisfaisante dans mes livres de vulgarisation. Ces derniers évoquaient une idée de Gell-Mann assez mystérieuse, baptisée la « voie octuple », en référence au Noble sentier octuple du bouddhisme, sans jamais chercher à exposer le fond de la question.

Ce manque d'explications me frustrait profondément. Les parties cruciales de l'histoire me restaient cachées. Je voulais percer ce mystère mais ne savais comment m'y prendre.

Par chance, un ami de la famille est bientôt venu à la rescousse. J'ai grandi à Kolomna, une petite cité industrielle de 150 000 habitants, située à une centaine de kilomètres (soit à deux heures de train) de Moscou. Mes parents étaient ingénieurs dans une grande société de machinerie lourde. Quelques églises charmantes et des remparts attestent du passé historique de Kolomna, fondée au confluent de deux rivières, en 1177, seulement trente ans après Moscou. Mais la ville n'a jamais été un grand centre universitaire ou culturel à proprement parler. Elle ne comptait alors qu'une petite faculté, destinée à former les instituteurs. Un mathématicien nommé Evgeny Evgenievich Petrov, vieil ami de mes parents, y enseignait. Un jour, ma mère l'a croisé dans la rue. Ils ne s'étaient pas vus depuis longtemps et, comme ma mère n'aimait rien tant que parler de moi, je me suis naturellement retrouvé au centre de la conversation. Quand il a appris que je m'intéressais à la science, la réaction d'Evgeny Evgenievich a été immédiate : « Il faut que je le voie, je vais le convertir aux maths !

— Oh, n'y compte pas, a répondu ma mère, il ne les aime pas du tout. Il les trouve ennuyeuses. Il préfère la physique quantique.

— Ne t'inquiète pas, rétorqua Evgeny Evgenievich, je crois savoir comment le faire changer d'avis. »

Rendez-vous fut pris. La perspective de l'entretien ne m'enthousiasmait pas outre mesure, mais je me suis rendu au bureau d'Evgeny Evgenievich. Je venais d'avoir 15 ans et finissais mon avant-dernière année de lycée – j'avais un an de moins que mes camarades car j'avais sauté une classe au collège. Evgeny Evgenievich, alors jeune quadragénaire, était d'une gentillesse et d'une modestie à toute épreuve. Avec sa barbe de plusieurs jours et ses lunettes, il correspondait tout à fait à l'idée que je me faisais d'un mathématicien. La profondeur de son regard, cependant, me fascinait. De ses grands yeux émanait une curiosité en perpétuel éveil.

Evgeny Evgenievich avait déjà élaboré son plan d'attaque. J'avais à peine mis les pieds dans son bureau qu'il m'interrogeait déjà : « Alors, j'ai entendu dire que tu aimes la physique quantique... As-tu entendu parler de la voie octuple de Gell-Mann et du modèle des quarks ?

— Oui, j'ai lu plusieurs livres de vulgarisation à ce sujet.

— Mais sais-tu ce qui sert de fondement au modèle, comment il en est venu à ces idées ?

— Eh bien...

— As-tu entendu parler du groupe $SU(3)$?

— *SU* quoi ?

— Comment peux-tu espérer comprendre le modèle des quarks sans connaître $SU(3)$? »

Il a alors tiré deux livres de sa bibliothèque, les a ouverts et m'a montré des pages couvertes de formules. Ici et là apparaissaient aussi des diagrammes d'octets qui m'étaient familiers, semblables à celui que j'ai présenté ci-dessus. Cette fois, pourtant, ils ne se cantonnaient plus à un rôle illustratif, mais faisaient partie d'une explication cohérente et détaillée.

Même si je ne comprenais rien à ces formules, il m'est apparu clairement qu'elles portaient les réponses que je cherchais. Cela a été un moment de révélation intense. J'étais envoûté par ce que je voyais et entendais, touché par une grâce que je n'avais jamais connue, incapable de la traduire en mots, mais envahi par cette énergie et cette excitation que l'on ressent parfois à la découverte d'un morceau de musique ou d'une peinture inoubliables. Tout ce que j'ai pu penser sur le coup se limitait à : « Wow ! »

Evgeny Evgenievich a rompu le silence : « Les mathématiques n'ont rien à voir avec ce que tu apprends à l'école. » Puis, désignant les pages couvertes de formules : « Voici ce que sont les mathématiques. Et si tu veux vraiment comprendre la physique quantique, c'est par là qu'il faut commencer. Gell-Mann a prédit l'existence des quarks grâce à une théorie mathématique magnifique. Cette découverte est mathématique avant tout.

— Mais… »

Les formules m'intimidaient. Je ne voyais même pas par quel bout les prendre.

« Ne t'inquiète pas, m'a rassuré Evgeny Evgenievich. Tu dois d'abord te familiariser avec le concept de groupe de symétrie. C'est la principale idée forte. Un large pan des mathématiques et de la physique théorique se fonde sur cette notion. Je vais te donner quelques livres. Commence à les lire et note les phrases que tu ne comprends pas. On se reverra ici une fois par semaine pour en parler. »

Il m'a donné un livre sur les groupes de symétrie et deux autres sur des sujets différents : les nombres *p*-adiques, un système numérique qui diffère radicalement de celui que nous utilisons habituellement, et la topologie, l'étude des propriétés les plus fondamentales des formes géométriques. Evgeny Evgenievich savait ce qu'il faisait. Par cette judicieuse combinaison, j'aborderai avec excitation la bête mystérieuse – les *mathématiques* – par différents côtés à la fois.

À l'école, j'avais étudié les équations du second degré, un peu de calcul différentiel, la géométrie euclidienne élémentaire, la trigonométrie, etc. Je m'étais donc imaginé que toutes les mathématiques tournaient autour de ces quelques sujets. Peut-être qu'après, les problèmes se compliquaient, mais sans jamais, croyais-je, déborder du contexte général qui nous était familier. Or les livres d'Evgeny Evgenievich ouvraient sur un monde entièrement nouveau, un monde dont je ne soupçonnais pas même l'existence.

Je fus instantanément converti !

2

L'ESSENCE DE LA SYMÉTRIE

On croit souvent que les mathématiques ne traitent que de chiffres, que les mathématiciens passent leurs journées à aligner des nombres toujours plus grands, portant des noms toujours plus insolites. C'était du moins ce que je pensais jusqu'à ce qu'Evgeny Evgenievich m'introduise aux objets des mathématiques d'aujourd'hui. L'un d'entre eux, le concept de symétrie, a joué un rôle crucial dans la découverte des quarks.

Qu'est-ce que la symétrie ? Nous le savons tous de manière intuitive ; nous la reconnaissons quand nous la voyons. Si je demande à quelqu'un de me désigner des formes symétriques, il me montrera un papillon, un flocon de neige ou le corps humain. Mais si je lui demande de me préciser la signification du terme, il hésitera sans doute.

Photo K.G. Libbrecht

Pour m'introduire à la notion de symétrie, Evgeny Evgenievich m'a d'abord demandé de regarder une table ronde et une table carrée, qui meublaient son bureau :

« Laquelle est la plus symétrique ?

— La table ronde, bien sûr, n'est-ce pas évident ?

— Mais pourquoi ? Un mathématicien ne doit pas prendre les faits "évidents" pour argent comptant. Il doit argumenter. Très souvent, tu le verras, la réponse la plus évidente se révèle fausse. »

Remarquant le trouble qui me gagnait, Evgeny Evgenievich m'a posé, en guise d'indice, une nouvelle question :

« Quelle est la propriété de la table ronde qui la rend plus symétrique ? »

J'ai réfléchi à la question un moment, puis la chose m'a frappé :

« Un objet est d'autant plus symétrique que de nombreux mouvements le laissent identique à lui-même ? »

Evgeny Evgenievich a hoché la tête.

« Exactement. Regarde toutes les transformations possibles qui préservent la forme et la position de chacune des deux tables, m'a-t-il dit. Dans le cas de la table ronde... »

Je l'ai interrompu :

« Toute rotation autour du point central la laissera globalement inchangée. La même table se trouvera positionnée de la même façon. Mais dans le cas de la table carrée, une rotation arbitraire la positionnera différemment. Seules les rotations de 90 degrés et des multiples de 90 degrés préserveront sa forme.

— Exactement ! Si tu quittes mon bureau une minute et que je tourne la table ronde de n'importe quel angle, tu ne remarqueras pas la différence. Mais si je tourne la table carrée, tu noteras un changement, à moins que je ne la tourne de 90, 180 ou 270 degrés. »

Il a poursuivi : « De telles transformations sont appelées des *symétries.* Tu vois ainsi que la table carrée ne présente que quatre symétries, alors que la table ronde en compte beaucoup plus. C'est pourquoi nous disons que la table ronde est plus symétrique que la table carrée. »

Je comprenais mieux.

Toute rotation laisse la table ronde globalement invariante, ce qui n'est pas le cas pour la table carrée quand l'angle de la rotation diffère d'un multiple 90 degrés – les deux tables sont vues de dessus.

« Cette observation est à la portée de n'importe qui, continua Evgeny Evgenievich, mais si tu es un mathématicien, une question te vient aussitôt à l'esprit : quelles sont *toutes* les symétries possibles d'un objet donné ? »

Commençons par la table carrée. Elle compte quatre symétries [1] : les rotations antihoraires [2] d'angles 90, 180, 270 et 360 degrés autour du centre de la table. Un mathématicien dirait que *l'ensemble* des symétries de la table carrée contient quatre éléments, correspondant aux angles de 90, 180, 270 et 360 degrés. Chacune de ces rotations envoie un coin donné une fois pour toutes – marqué par un petit disque sur la figure ci-dessous – sur l'un des quatre autres coins.

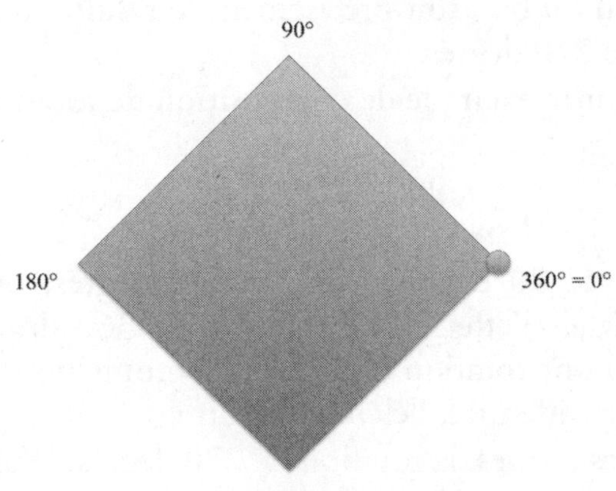

Remarquons la particularité de la rotation de 360 degrés, équivalente à la rotation d'angle nul, qui ne fait rien tourner du tout. Cette symétrie est spéciale en ce sens qu'elle n'affecte aucunement l'objet auquel elle s'applique : chaque point de la table se retrouve exactement à sa position initiale. Elle est appelée *symétrie identité*, ou simplement *identité*, ou encore *élément neutre*[3].

Notons qu'une rotation d'un angle supérieur à 360 degrés équivaut à une rotation d'angle compris entre 0 et 360 degrés. La rotation d'angle 450 degrés, par exemple, équivaut à la rotation d'angle 90 degrés, car 450 = 360 + 90. Nous ne considérerons donc que les rotations d'angle compris entre 0 et 360 degrés.

Et maintenant, une remarque cruciale : si nous appliquons deux rotations de notre liste $\{90°, 180°, 270°, 360°\}$ l'une après l'autre, nous obtenons une autre rotation de la liste. En d'autres termes, la *composition* de deux rotations est encore une rotation.

Le résultat en lui-même est bien sûr évident : comme chacune des deux symétries laisse la table invariante, la composition des deux la laisse aussi invariante, c'est donc une symétrie. Faire tourner la table de 90 degrés, par exemple, puis encore de 180 degrés, revient à la faire tourner de 270 degrés.

Regardons maintenant de plus près ce qu'il arrive à la table quand nous lui appliquons ces symétries. Par la rotation antihoraire de 90 degrés, le coin droit de la table – marqué d'un petit disque sur la figure précédente – se retrouve sur le coin du haut. Par l'application de la rotation de 180 degrés, ce coin du haut va ensuite sur le coin du bas. Au bout du compte, le coin à droite est allé sur le coin du bas, soit précisément le résultat d'une rotation antihoraire de 270 degrés.

Voici un autre exemple de composition de rotations :

$$90° + 270° = 0°.$$

En tournant de 90 degrés, puis de 270 degrés, on tourne de 360 degrés. Mais l'effet d'une rotation de 360 degrés est identique à celui d'une rotation d'angle nul, comme nous l'avons vu – c'est la symétrie identité, l'élément neutre.

En d'autres termes, la rotation de 270 degrés défait ce qu'avait fait la rotation de 90 degrés. Attention, il s'agit là encore d'une propriété importante : toute symétrie peut être *défaite*, c'est-à-dire que, pour toute symétrie S, il existe une autre symétrie S' telle que leur composition donne l'élément neutre. Cette symétrie S' est dite *inverse* de la symétrie S. La rotation de 270 degrés est donc l'inverse de la rotation de 90 degrés. De même, l'inverse de la rotation de 180 degrés est sa propre inverse, la rotation de 180 degrés.

Nous voyons désormais que l'ensemble apparemment très simple des symétries de la table carrée – les quatre rotations $\{90°, 180°, 270°, 0°\}$ – présente en réalité une importante structure interne, c'est-à-dire que des règles régissent l'interaction de ses éléments. Rappelons-les :

La composition de deux symétries quelconques, tout d'abord, c'est-à-dire leur application l'une à la suite de l'autre, donne encore une symétrie.

Il existe ensuite une symétrie particulière, l'élément neutre. Dans notre exemple, il s'agit de la rotation d'angle nul. Si nous la composons avec n'importe quelle autre symétrie, nous obtiendrons encore cette autre symétrie :

$$90° + 0° = 90°, \qquad 180° + 0° = 180°, \qquad \text{etc.}$$

En troisième lieu, à toute symétrie S correspond une symétrie inverse, S', avec qui elle se compose pour donner l'élément neutre.

Et nous en arrivons au point le plus important : par ces trois règles de structure, l'ensemble des rotations forme ce que les mathématiciens appellent un *groupe*.

Les symétries de tout autre objet constituent également un groupe[4]. Cet ensemble contient en général plus de quatre éléments – parfois même une infinité.

Voyons comme la chose fonctionne dans le cas de la table ronde. Fort de notre expérience précédente, nous constatons d'abord que ses symétries sont encore des rotations, mais toutes les rotations, cette fois, pas seulement celles d'angles multiples de 90 degrés.

Comme chaque rotation se caractérise par un angle compris entre 0 et 360 degrés, et que chaque angle définit un point sur un cercle, nous pouvons représenter l'ensemble des symétries de la table ronde par un cercle. Sur la figure ci-dessous, j'ai marqué le point associé à la rotation d'angle nul, ainsi que celui associé à la rotation de 30 degrés.

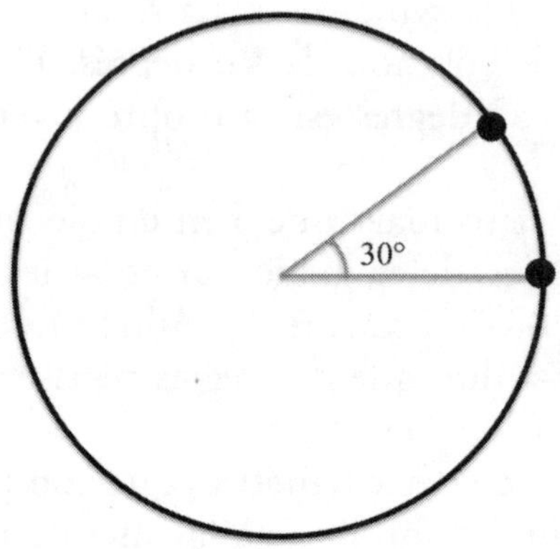

Attention à ne pas confondre les points de ce cercle avec les points de la table ronde. Chaque point du cercle désigne une rotation particulière de la table. Notons encore que la table ne présente pas de points privilégiés, contrairement au cercle, avec la rotation d'angle nul [5].

Voyons maintenant si les trois règles de structure d'un groupe s'appliquent à cet ensemble de symétries.

D'abord la composition de deux rotations d'angles φ_1 et φ_2 degrés est la rotation d'angle $\varphi_1 + \varphi_2$ degrés. Si $\varphi_1 + \varphi_2$ est supérieur à 360, il suffit simplement de soustraire 360 au résultat. En mathématiques, l'opération est appelée *addition modulo* 360. Par exemple, si $\varphi_1 = 195$ et $\varphi_2 = 250$, alors la somme des deux angles vaut 445, et la rotation de 445 degré est identique à la rotation de 85 degrés. Dans le groupe des rotations de la table ronde, nous avons donc :

$$195° + 250° = 85°.$$

Il existe ensuite un élément neutre, à savoir la rotation d'angle nul.

Enfin, l'inverse de la rotation antihoraire d'angle φ degrés est la rotation antihoraire d'angle $(360 - \varphi)$ degrés, ou, de manière équivalente, la rotation horaire de φ degrés – voyez l'illustration.

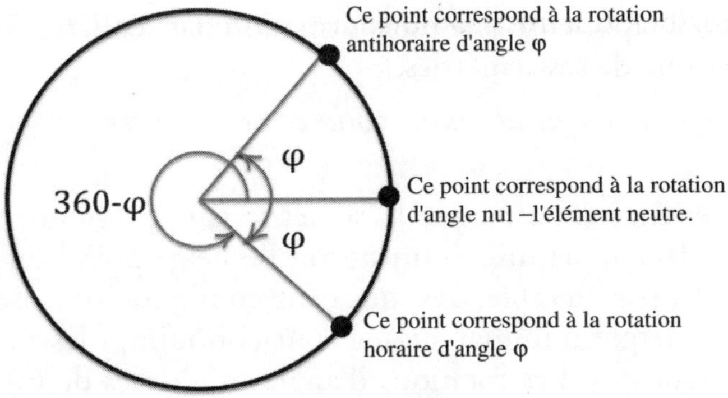

Nous avons ainsi décrit le groupe des rotations de la table ronde. Nous l'appellerons simplement le *cercle*, ou *le cercle muni de sa structure de groupe*, s'il y a lieu de préciser. Il compte autant d'éléments qu'il existe d'angles compris entre 0 et 360 degrés, c'est-à-dire une infinité, contrairement au groupe des symétries de la table carrée, qui n'en compte que quatre.

Notre représentation intuitive de la symétrie s'inscrit désormais dans un cadre théorique solide. Pour la traduire en concept mathématique, nous avons d'abord postulé qu'une symétrie est une transformation qui préserve les propriétés d'un objet. Nous avons ensuite marqué un pas décisif en considérant l'ensemble de toutes les symétries d'un objet donné. Dans le cas d'une table carrée, cet ensemble est composé de quatre éléments (les rotations d'angles multiples de 90 degrés) ; dans le cas d'une table ronde, d'une infinité (tous les points du cercle). Nous avons enfin décrit la structure interne que présentent toujours de tels ensembles : deux symétries se composent pour encore donner une symétrie, il existe un élément neutre – ou une symétrie identité – et toute symétrie admet une symétrie inverse. (La composition de symétries satisfait également à la propriété d'associativité décrite en note 4.) Nous en sommes ainsi arrivés au concept mathématique de groupe.

Un groupe de symétrie est un objet abstrait, bien différent de l'objet concret à partir duquel il est construit. Nous ne pouvons ni le toucher ni le tenir, contrairement à une table, mais nous pouvons le visualiser, le dessiner, l'étudier et le nommer. Et chaque élément de cet ensemble abstrait a une portée concrète, en ce sens qu'il représente une transformation particulière d'un objet concret, l'une de ses symétries.

Concepts et objets abstraits, voilà ce dont traitent les mathématiques.

L'expérience montre que la symétrie agit en grand principe directeur dans la nature. Si un flocon de neige prend une forme hexagonale, par exemple, c'est que cette configuration correspond à l'état d'énergie minimal auquel sont contraintes les molécules d'eau cristallisées. Les rotations d'angles multiples de 60 degrés, c'est-à-dire 60, 120, 180, 240, 300 et 360 – ou 0, ce qui revient au même – sont des symétries du flocon de neige. Nous pouvons en outre « retourner » le flocon selon chacun des axes définis par ces angles. Ces rotations et ces réflexions, qui laissent le flocon globalement invariant, constituent le groupe de ses symétries*.

Dans le cas d'un papillon, qui a des pattes sur le ventre mais non sur le dos, un retournement n'est pas une symétrie à proprement parler. Quand nous disons qu'un papillon est symétrique, nous pensons à une version idéalisée du papillon, aux deux côtés similaires. La permutation des ailes via un retournement devient alors une symétrie. (On peut aussi imaginer une permutation des ailes sans retournement.)

Cela nous amène à un point important : de nombreux objets naturels ne sont qu'approximativement symétriques. Une vraie table ne forme jamais un carré ou un rond parfait ; un côté d'un papillon diffère de l'autre ; la symétrie bilatérale du corps humain n'est pas absolue. Une stratégie qui a fait ses preuves consiste alors à soumettre à l'analyse des versions abstraites et idéalisées de ces objets – des tables parfaitement rondes, etc. –, puis à réajuster les résultats trouvés pour ces modèles aux objets réels.

Je ne prétends pas pour autant qu'il faille se détourner de l'asymétrie, qui présente ses charmes propres, y compris en matière d'esthétisme. Mais la théorie mathématique de la symétrie se soucie moins de beauté que de généralité, ce qui suppose, inévitablement, une formalisation très abstraite, de manière à s'appliquer

* Retourner une table lui met les pieds en l'air, de sorte que les transformations de ce type ne la laissent pas invariante. Mais si nous avions simplement considéré un carré ou un disque sans pieds, il aurait aussi fallu les compter comme des symétries en bonne et due forme.

indifféremment à des domaines aussi divers que la géométrie, la théorie des nombres, la physique, la chimie, la biologie, etc. Une fois ce cadre théorique mis en place, nous pouvons ensuite nous attaquer à des mécanismes comme la brisure de symétrie, c'est-à-dire regarder la symétrie comme un phénomène émergent. Les particules acquièrent une masse, par exemple, par brisure de leur « symétrie de jauge », une symétrie que nous évoquerons dans le chapitre 16. Ce processus est facilité par le boson de Higgs, une particule très discrète récemment découverte grâce au Grand collisionneur de hadrons (LHC) construit sous terre près de Genève [6]. L'étude de ce type de mécanismes nous livre des renseignements incomparables sur le comportement des constituants fondamentaux de la matière.

*

Qu'il me soit encore permis de lister quelques autres avantages de la théorie abstraite des symétries, d'autant qu'ils illustrent à merveille l'intérêt des mathématiques.

Le premier est l'*universalité.* Le cercle n'est pas seulement le groupe de symétrie de la table ronde mais aussi celui de tous les objets ronds, tels que verres, bouteilles, colonnes, etc. En fait, dire qu'un objet est rond revient à dire que son groupe de symétrie est le cercle. C'est là une affirmation puissante : une propriété importante d'un objet (« être rond ») se décrit par son groupe de symétrie (le cercle). De la même façon, qu'un objet soit « carré » signifie que son groupe de symétrie est constitué des quatre éléments décrits plus hauts. En d'autres termes, un même objet mathématique abstrait – comme le cercle muni de sa structure de groupe – rassemble les propriétés universelles communes – comme la rondeur – à de nombreux objets concrets distincts [7].

Le deuxième est l'*objectivité.* Le concept de groupe, par exemple, n'est pas sujet à interprétation. Il signifie la même chose pour tout le monde. Bien sûr, pour le comprendre, il faut connaître le langage dans lequel il s'exprime, c'est-à-dire le langage mathématique. Mais chacun peut apprendre ce langage. De la même façon, pour comprendre le sens de l'affirmation cartésienne « Cogito ergo sum », il faut apprendre le latin, ou du moins les quelques mots qui composent cette phrase – ce que n'importe qui peut faire. Mais en l'occurrence la phrase peut donner lieu à différentes interprétations : telle personne trouvera que la phrase exprime une vérité, telle autre une absurdité, par exemple. À l'inverse, le sens d'un énoncé mathématique logiquement cohérent ne se discute pas [8]. Sa validité est tout aussi objective. (Elle dépend certes en général du système d'axiomes dans lequel l'énoncé est considéré, mais cette dépendance aux axiomes est elle-même objective.) Par exemple, l'affirmation « Le groupe de symétrie d'une table ronde est un cercle » est vraie pour tout le monde, partout et tout le temps. En d'autres termes, les vérités mathématiques sont des vérités nécessaires. Nous y reviendrons au chapitre 18.

Le troisième avantage, intimement lié au précédent, est celui de la *persistance.* Il paraît presque hors de doute que les Grecs accordaient au théorème de Pythagore le sens que nous lui accordons aujourd'hui, de même qu'il paraît hors de doute que nos descendants lui accorderont encore ce sens dans le futur. Toutes les propositions mathématiques justes dont nous parlerons dans ce livre resteront également vraies à jamais.

Le fait qu'un tel savoir objectif et éternel existe – et appartienne à tous, je le répète – tient carrément du miracle. Les concepts mathématiques semblent ainsi exister dans un monde extérieur au monde physique et mental, dans le monde platonicien des mathématiques, comme il est parfois appelé – nous en reparlerons dans le dernier chapitre. Même si nous ne la comprenons pas encore entièrement, il est clair que cette réalité cachée jouera un rôle de plus en plus important dans notre vie, notamment avec l'avènement des nouvelles technologies informatiques et de l'impression 3D.

Le quatrième avantage concerne la *pertinence* des mathématiques dans le monde physique. Des progrès énormes, par exemple, ont été accomplis en physique quantique ces cinquante dernières années par l'application du concept de symétrie aux particules élémentaires et à la manière dont celles-ci interagissent. De ce point de vue, un électron ou un quark est semblable à une table ronde ou à un flocon de neige, et son comportement se détermine largement par ses symétries, parfois exactes, parfois approximatives.

*

La découverte des quarks illustre à merveille ces diverses qualités. En lisant les livres que m'avait donnés Evgeny Evgenievich, j'ai appris que la classification des hadrons par Gell-Mann et Ne'eman, évoquée au chapitre précédent, s'enracine dans un groupe de symétrie. Ce groupe avait déjà été étudié par les mathématiciens, mais dans un contexte sans rapport avec les particules subatomiques. Il est désigné en mathématiques par $SU(3)$. Ici les lettres S et U signifient « Spécial Unitaire ». Par ses propriétés, ce groupe est très similaire au groupe des symétries de la sphère, que nous aborderons en détail au chapitre 10.

Les mathématiciens avaient déjà décrit de leur côté les représentations du groupe $SU(3)$, c'est-à-dire les différentes manières dont le groupe $SU(3)$ peut être réalisé comme groupe de symétrie. Gell-Mann et Ne'eman ont remarqué des similarités entre la structure de ces représentations et les régularités qu'ils avaient observées parmi les hadrons. Grâce à cette information, ils ont réussi à classer les hadrons.

Le mot « représentation » s'utilise en mathématiques en un sens particulier, très différent de son usage courant. Je vais donc ouvrir une parenthèse pour cerner la définition que nous lui accorderons. Partons pour cela du groupe des rotations de la table ronde que nous avons vu plus haut, c'est-à-dire le cercle, mais en imaginant que nous étirions infiniment le plateau de la table dans toutes les directions, en un objet mathématique abstrait appelé *plan.* Chaque rotation du plateau autour de son centre définit alors naturellement une rotation du plan autour du même point. Nous obtenons par cette voie une règle qui à tout élément du cercle – notre groupe – assigne une symétrie du plan – une rotation. En d'autres termes, chaque élément du cercle se représente par une symétrie du plan. Pour cette raison, ce processus définit ce que les mathématiciens appellent une *représentation* du cercle – ou de sa structure de groupe, pour être plus précis.

Or le plan est bidimensionnel, en ce sens qu'un point se repère par deux axes de coordonnées.

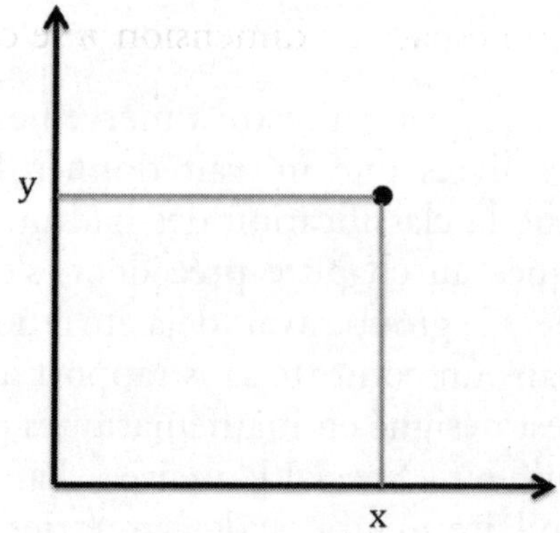

Nous avons donc construit une « représentation bidimensionnelle » du cercle, ce qui signifie simplement que chaque élément de notre cercle, de notre groupe des rotations de la table ronde, est réalisé par une symétrie du plan [9].

Il existe, bien sûr, des espaces de dimension supérieure à deux. L'espace qui nous environne, par exemple, est tridimensionnel, ce qui revient à dire que ses points se caractérisent par ses coordonnées (x, y, z) dans un système de trois axes.

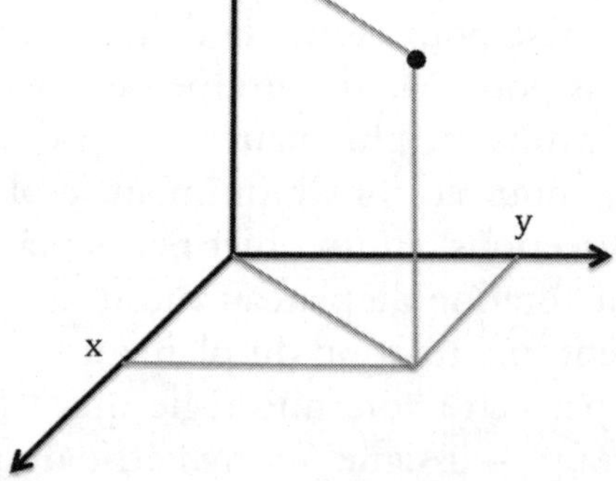

Même s'ils dépassent nos capacités de visualisation, les espaces de dimension plus grande se laissent appréhender par les mathématiques. Un point dans un espace à quatre dimensions, par exemple, se décrit par un quadruplet de nombres (x, y, z, t), exactement comme un point de l'espace tridimensionnel se décrit par un triplet (x, y, z). Plus généralement, si n désigne un nombre entier, un point d'un espace de dimension *n* se caractérise par un *n*-uplet de nombres. Quiconque utilise des tableurs informatiques rencontre de tels *n*-uplets, sous la forme de lignes, dont chacune des *n* valeurs marque un attribut particulier de la donnée enregistrée. Chaque ligne correspond donc à un point dans un espace à *n* dimensions. (Nous reparlerons des espaces de dimension quelconque au chapitre 10.)

Si tout élément d'un groupe peut être réalisé, en respectant une certaine cohérence [10], comme symétrie d'un espace de dimension *n*, nous disons que le groupe admet une *représentation de dimension n.*

Il se trouve qu'un groupe admet parfois des représentations de différentes dimensions. La raison pour laquelle les protons, les neutrons et autres hadrons se laissent assembler en famille de 8 et 10 particules tient précisément à ce que le groupe $SU(3)$ admet des représentations de dimension 8 et 10. Chacune des 8 particules de chaque octet construit par Gell-Mann et Ne'eman – comme celui qui est représenté sur le diagramme page 24 – correspond à un unique axe de coordonnées d'un espace de dimension 8, représentation de $SU(3)$. La même chose vaut pour les décuplets. Et si ces particules ne peuvent être assemblées en famille de 7 ou 11 éléments, par exemple, c'est que le groupe $SU(3)$ n'admet pas de représentations de dimension 7 ou 11 !

Au départ, il s'agissait juste de combiner commodément des particules de propriétés similaires. Mais Gell-Mann ne s'est pas arrêté en si bon chemin. En postulant que cette classification ne surgissait pas du néant, qu'une raison profonde présidait à sa manifestation, il a été conduit à suggérer, tout comme George Zweig de manière indépendante, que les hadrons, ces particules dites élémentaires, se décomposent eux-mêmes en deux ou trois particules plus petites : les quarks – les *as* pour Zweig.

C'était là une proposition véritablement stupéfiante. D'abord parce qu'elle allait à l'encontre de l'opinion communément admise à l'époque sur l'indivisibilité des hadrons ; ensuite parce que ces nouvelles particules devaient porter des charges électriques fractionnaires, comparées à celle de l'électron. Or personne n'avait jamais rien observé de ce genre. Mais l'expérience mit bientôt les nouveaux constituants en évidence, et ils portaient comme prévu des charges fractionnaires !

Sur quoi Gell-Mann et Zweig se basaient-ils pour prédire l'existence des quarks ? Sur la théorie mathématique des représentations du groupe $SU(3)$, et plus précisément sur le fait que $SU(3)$ admet deux représentations de dimension 3 distinctes – de là vient le « 3 » dans le nom du groupe. Pour Gell-Mann et Zweig, ces deux représentations devaient correspondre à deux familles de particules fondamentales, les quarks et les anti-quarks, formées chacune de trois éléments. Il se trouve en effet que les représentations de dimension 8 et 10 de $SU(3)$ peuvent être construites à partir des représentations de dimension 3. Et cela nous donne un modèle précis sur la manière de construire les hadrons à partir des quarks – exactement comme avec des Lego.

Gell-Mann baptisa les trois quarks « up » (haut), « down » (bas) et « strange » (étrange) [11]. Un proton est constitué de deux quarks up et d'un quark down, alors qu'un neutron est constitué de deux quarks down et d'un quark up, comme nous l'avons vu sur les illustrations de la page 23. Ces deux particules appartiennent à l'octet représenté page 24. Des quarks strange entrent également dans la composition de particules du même octet. Il existe aussi des octets comprenant des particules composées d'un quark et d'un anti-quark.

La découverte des quarks témoigne à merveille du rôle primordial, déjà évoqué en préface, que jouent les mathématiques en science. Ces particules ont été prédites non pas sur la foi de données empiriques, mais par des considérations abstraites liées à la symétrie. C'est une prédiction de nature purement théorique, lancée dans le cadre mathématiquement sophistiqué des représentations du groupe $SU(3)$. Il a fallu des années aux physiciens des particules pour maîtriser cette théorie qui, en dépit de certaines résistances initiales, s'est imposée comme outil classique dans ce champ de recherche. Elle n'a pas seulement servi à la classification des hadrons, elle a aussi conduit à la découverte des quarks, et a ainsi changé pour toujours notre compréhension de la réalité physique.

*

Que l'on y songe encore... Une théorie mathématique apparemment ésotérique nous donne le pouvoir d'accéder au cœur des constituants de la nature. Comment ne pas se laisser ensorceler par l'harmonie presque magique de ces infimes particules ? Comment ne pas s'émerveiller de la capacité des mathématiques à dévoiler les rouages intimes de la matière ?

La petite histoire raconte que la femme d'Albert Einstein, Elsa, après avoir entendu dire qu'il fallait un télescope de l'observatoire du Mount Wilson pour déterminer la forme de l'espace-temps, s'est exclamée : « Oh, mais mon mari fait ça au dos d'une vieille enveloppe ! »

Si la physique nécessite certainement des machines coûteuses et sophistiquées comme le Grand collisionneur de hadrons, il reste fascinant de prendre conscience que des savants comme Einstein et Gell-Mann se sont servis d'un savoir mathématique purement abstrait pour révéler les plus profonds secrets du monde qui nous entoure.

Peu importe qui nous sommes et ce à quoi nous croyons, ce savoir appartient à tous. Il nous rapproche les uns des autres et donne un sens nouveau au lien qui nous unit à l'Univers.

3

LE CINQUIÈME PROBLÈME

Le plan d'Evgeny Evgenievich avait fonctionné. J'étais « converti ». J'apprenais rapidement, et plus je m'immergeais dans les mathématiques, plus elles me fascinaient, plus je voulais les connaître. Comme quand on tombe amoureux.

Je voyais Evgeny Evgenievich chaque semaine à la faculté où il enseignait. Nous discutions des livres qu'il me donnait à lire. Evgeny Evgenievich jouait au football, au hockey et au volley, ce qui ne l'empêchait pas, comme bien des hommes en Union soviétique à cette époque, de fumer cigarette sur cigarette. Pendant très longtemps, j'ai associé la pratique des mathématiques à l'odeur du tabac.

Nos séances duraient parfois jusque tard dans la nuit. Je me souviens que le gardien nous a même une fois enfermés dans la salle, incapable d'imaginer qu'il puisse encore rester quelqu'un sur place à cette heure-ci. Plongés dans notre conversation, nous n'avions pas entendu le bruit de la clef qui tournait dans la serrure. Nous nous trouvions heureusement au rez-de-chaussée, et nous avons pu sortir par la fenêtre.

Nous étions alors en 1984, je terminais mon lycée. Il fallait donc que je choisisse une université où postuler. Parmi les multiples possibilités dont Moscou regorgeait, un lieu entre tous s'imposait à qui voulait étudier les mathématiques pures : l'université d'État de Moscou, aussi connue par le sigle MGU, abréviation russe de *Moskovskiy Gosudarstvenny Universitet.* Rien n'était équivalent alors dans toute l'URSS à son département de mécanique et de mathématiques, le fameux *Mekh-Mat.*

Accéder à ce haut lieu supposait d'abord de triompher d'un examen en quatre épreuves : un écrit et un oral de mathématiques, une dissertation littéraire et un oral de physique. Ceux qui comme moi sortaient du lycée avec la plus haute mention, matérialisée alors en Union soviétique par une médaille d'or, se voyaient automatiquement reçus s'ils obtenaient 5, la note maximale, à la première épreuve.

Comme j'avais largement dépassé le cadre du programme scolaire en mathématiques, mes chances de réussite paraissaient sérieuses.

Je faisais preuve, hélas, de trop d'optimisme. Un premier signe des tourments qui m'attendaient m'est parvenu par le biais d'une école d'enseignement à distance, à laquelle je m'étais également inscrit. Mise sur pied quelques années auparavant par diverses personnalités, dont Israel Gelfand, le très célèbre mathématicien soviétique déjà cité, cette école se proposait d'aider les étudiants qui vivaient comme moi en dehors des grandes villes et n'avaient pas accès aux écoles spécialisées en mathématiques. Chaque mois, les élèves recevaient une brochure de cours, jointe à quelques problèmes qu'ils étaient censés résoudre et renvoyer. Le niveau du cours était légèrement supérieur à celui du lycée, celui des exercices parfois franchement plus élevé. Des correcteurs, souvent recrutés parmi les étudiants de premier cycle de l'université de Moscou, corrigeaient les copies et les retournaient annotées. Je m'étais inscrit à cette école trois ans auparavant, ainsi qu'à une autre, plus orientée en physique. Elles m'ont toutes deux été très utiles, même si leurs enseignements restaient plus scolaires que celui dispensé par Evgeny Evgenievich.

La lettre que j'ai reçue de l'école d'enseignement à distance disait simplement : « Si vous envisagez de postuler à l'université de Moscou, nous serions heureux de vous accueillir pour vous conseiller. » Suivaient l'adresse d'un bâtiment sur le campus de la MGU et les horaires de réception. Quelque temps plus tard, j'ai donc pris le train pour Moscou, et ai pénétré dans les locaux de l'école, une grande pièce remplie de bureaux et de personnes affairées. Je me suis présenté, ai montré ma lettre et ai immédiatement été orienté vers un petit bout de femme d'une trentaine d'années.

« Quel est votre nom ? m'a-t-elle demandé sans plus de cérémonie.

Eduard Frenkel. (J'utilisais alors la version russe du prénom Edward.)

— Et vous voulez postuler à la MGU ?

— Oui.

— Dans quel département ?

— *Mekh-Mat.*

— Je vois... »

Baissant soudain les yeux, elle a demandé :

« Et quelle est votre nationalité ?

— Russe.

— Vraiment ? Et quelle est la nationalité de vos parents ?

— Eh bien... Ma mère est russe.

— Et votre père ?

— Mon père est juif. »

Elle a hoché la tête.

Ce dialogue peut paraître surréaliste, et de fait, en le transcrivant, c'est le sentiment qu'il me procure. Mais dans l'Union soviétique de ce temps-là – 1984, l'année éponyme du roman d'Orwell* –, il n'était pas anormal de demander à quelqu'un sa « nationalité ». Le passeport intérieur que tout citoyen soviétique avait l'obligation de porter sur lui réservait même une ligne à cette information. Elle venait après (1) le prénom, (2) le « nom patronymique », (3) le nom et (4) la date de naissance. Pour cette raison, elle était appelée *pyataya grafa*, « la cinquième ligne ». La nationalité était aussi inscrite sur le certificat de naissance, avec celle des parents. Si ces derniers étaient de nationalité différente, comme les miens, ils pouvaient accorder la nationalité de leur choix à leurs enfants.

La cinquième ligne servait implicitement à repérer les juifs. Ou les personnes d'autres nationalités, comme les Tatars et les Arméniens, victimes eux aussi, mais dans une moindre mesure, de préjugés et de persécution. Ma cinquième ligne affirmait que

* Cette scène se déroule un an avant l'arrivée de Mikhaïl Gorbatchev au pouvoir, et deux ans encore avant qu'il ne lance sa politique de *perestroïka.* À bien des égards, le régime totalitaire soviétique de 1984 ressemblait au monde lugubre anticipé par George Orwell.

j'étais russe, mais mon nom – celui de mon père, à consonance juive – me trahissait.

Il est important de noter que ma famille n'était pas du tout croyante. Ni mon père ni moi n'avons été élevés dans la tradition juive. La pratique religieuse existait d'ailleurs à peine à cette époque en Union soviétique. La plupart des églises orthodoxes avaient été détruites ou fermées. Les rares qui subsistaient n'attiraient en général qu'un public clairsemé de vieilles *babouchkas.* Ma grand-mère maternelle, par exemple, assistait occasionnellement au service célébré dans l'église de notre ville. Et ne parlons pas des synagogues... Ma ville n'en comptait aucune, et Moscou, dont la population avoisinait les 10 millions d'habitants, une seule, officiellement [1]. Assister à un service religieux, que ce soit à l'église ou à la synagogue, comportait le risque de se faire repérer par des agents en civil et de s'attirer des ennuis. Le qualificatif de « juif », attribué à une personne, ne se rapportait donc pas à la religion, mais à l'ethnie, au « sang ».

Et quand bien même je n'aurais pas porté le nom de mon père, la commission d'admission aurait détecté mon origine juive. Le formulaire de candidature demandait les noms complets des deux parents, ce qui comprend leur « nom patronymique », c'est-à-dire les prénoms des grands-parents des candidats. Mon père porte le nom patronymique de « Joseph », on ne peut plus connoté juif dans l'Union soviétique de cette époque. Par ce moyen, le système repérait ceux qui étaient juifs au moins pour un quart.

Après avoir ainsi établi mes origines, la femme a poursuivi :

« Savez-vous que les juifs ne sont pas acceptés à l'université de Moscou ?

— Qu'est-ce que vous voulez dire ?

— Je veux dire que vous ne devriez même pas songer à postuler. Ne perdez pas votre temps. Ils ne vous laisseront jamais entrer. »

J'en suis resté bouche bée.

« Est-ce pour me prévenir que vous m'avez envoyé cette lettre ?

— Oui. J'essaie juste de vous aider. »

J'ai regardé autour de moi. Tous ceux qui se trouvaient là, dans cette grande pièce, même s'ils n'avaient pas spécialement écouté, devaient se douter du sujet de la conversation. Cette scène avait dû se jouer des dizaines et des dizaines de fois, et tous avaient l'air de s'accommoder de la situation. Ils détournaient le regard, comme si j'étais un patient en phase terminale. Un immense chagrin m'a envahi.

*

J'avais déjà été confronté à l'antisémitisme, mais à un niveau plus personnel, jamais institutionnel. À l'école primaire, la dernière année, certains de mes camarades de classe se moquaient de moi : *evrey, evrey*, me criaient-ils, c'est-à-dire « juif, juif ». Je ne pense pas qu'ils aient eu la moindre idée de ce que le mot signifiait, d'autant qu'ils le confondaient parfois avec *evropeyets* (« européen »). Je présume qu'ils avaient entendu ce genre de propos dans la bouche de leurs parents ou d'autres adultes. L'antisémitisme est malheureusement profondément enraciné dans la culture russe. Pour ce qui me concerne, j'ai eu la chance d'être suffisamment fort et de compter quelques vrais amis pour me protéger. Je n'ai jamais été physiquement brutalisé par ces petites terreurs de cours d'écoles. L'expérience, toutefois, n'en fut pas moins désagréable. J'étais trop fier pour me plaindre auprès de qui que ce soit, mais un instituteur les a surpris un jour, et ils ont immédiatement été convoqués chez le directeur. Ce fut la fin de leurs agissements.

Si mes parents avaient sans doute entendu parler de discrimination contre les juifs aux examens d'entrée à l'université, ils n'y avaient guère prêté attention. D'abord parce que notre ville comptait très peu de juifs, ce qui nous cachait l'ampleur du problème, et ensuite parce que toutes les discriminations dont ils avaient eu vent concernaient le cursus de physique. Un argument souvent mis en avant consistait à dire que de telles études touchaient à la recherche nucléaire, donc à la défense nationale et au secret d'État, et qu'il ne fallait pas les ouvrir à des juifs qui pourraient immigrer en Israël ou ailleurs. Selon cette logique, personne n'aurait dû se soucier de ceux qui s'orientaient vers les maths pures. Mauvaise nouvelle : apparemment quelqu'un s'en souciait.

Mon entretien à la MGU m'a paru totalement irréel. Et je ne parle pas seulement de son côté kafkaïen. Après tout, il est parfaitement possible que mon interlocutrice ait simplement cherché à nous aider en nous avertissant, les autres étudiants et moi. Vraiment ? Nous étions, souvenez-vous, en Union soviétique, en 1984, à une époque où le parti communiste et le KGB contrôlaient d'une main ferme tous les aspects du quotidien. La politique officielle du gouvernement voulait que toutes les nationalités soient égales, de sorte que suggérer publiquement le contraire pouvait attirer des ennuis. Or cette femme me parlait tranquillement, à moi, un étranger qu'elle venait de rencontrer, sans se soucier d'être entendue par ses collègues.

Il se trouve aussi que les examens d'entrée à la MGU étaient toujours programmés un mois avant ceux des autres établissements. Les étudiants ayant échoué à la MGU pouvaient ainsi postuler ailleurs. En ce cas, pourquoi quelqu'un aurait-il tenté de me convaincre de ne pas même essayer ? J'avais l'impression que des forces puissantes voulaient nous effrayer, les autres étudiants juifs et moi.

Mais je n'allais pas les laisser me dissuader. Après en avoir débattu de long en large avec mes parents, je me suis dit que je n'avais rien à perdre. Nous avons donc décidé que je postulerai à la MGU – et advienne que pourra.

*

Début juillet, je me suis présenté à la première épreuve, l'écrit de mathématiques, traditionnellement composé de cinq problèmes. Le dernier d'entre eux, le « cinquième problème », dit aussi « cinquième élément » ou « problème de la mort », était toujours d'une difficulté jugée insurmontable. Mais j'en suis venu à bout comme je suis venu à bout de tous les autres. Comme je savais que le correcteur pourrait tirer prétexte de la moindre lacune pour baisser ma note, j'ai rédigé mes solutions en détail et avec soin. J'ai ensuite vérifié et revérifié arguments et calculs pour m'assurer de n'avoir commis aucune erreur. Tout m'a semblé parfait ! J'ai repris mon train l'humeur joyeuse et optimiste. Le lendemain, j'ai exposé mes solutions à Evgeny Evgenievich, qui m'a confirmé qu'elles étaient correctes. Tout se présentait bien.

Venait ensuite l'oral de maths. Il était prévu pour le 13 juillet, un jour qui se trouva être un vendredi.

Le souvenir de cette journée reste encore très présent dans ma mémoire. L'examen se tenait en début d'après-midi à la MGU, aussi avais-je pris le train le matin, accompagné de ma mère.

Je suis entré dans la salle quelques minutes avant l'heure convenue, retrouvant là quinze ou vingt candidats et quatre ou cinq examinateurs. Nous devions d'abord tirer une feuille d'une grande pile posée sur un bureau situé à l'entrée de la salle. Chaque feuille portait deux questions sur sa face cachée. Nous les appelions des « billets de loterie ». Il y avait peut-être une centaine de questions en tout, dont la liste nous avait été communiquée à l'avance. Comme je connaissais tous les sujets sur le bout des doigts, j'ai tiré mon billet sans stresser. Nous devions ensuite nous asseoir et préparer notre réponse, en utilisant seulement les feuilles blanches prévues à cet effet.

Mon billet portait les deux questions suivantes : (1) un cercle inscrit dans un triangle et l'aire du triangle en fonction du rayon ; (2) la dérivée du rapport de deux fonctions (la formule seulement). J'aurais pu y répondre dans mon sommeil.

Je me suis assis, j'ai écrit quelques formules sur une feuille et me suis concentré sur ce que j'allais dire. J'ai dû y passer deux minutes. À quoi bon attendre plus longtemps ? J'ai levé la main pour signaler aux examinateurs que j'étais prêt. Mais bizarrement, ces derniers m'ont ignoré. C'était comme si je n'existais pas. Leur regard passait à travers moi sans me voir. J'ai gardé la main levée un certain temps : aucune réaction.

Dix minutes plus tard environ, deux autres candidats ont levé la main. Des examinateurs se sont aussitôt précipités vers eux. Un candidat a exposé sous le regard poli et attentif de l'examinateur qui, parfois acquiesçait de la tête, parfois posait une question. Rien que de très ordinaire. Quand le candidat en avait fini avec les questions du billet, ce qui prenait une dizaine de minutes environ, l'examinateur lui donnait un autre problème. Relativement simple apparemment, puisque la plupart des candidats les résolvaient sur-le-champ. Et voilà tout !

Les deux premiers candidats sont sortis rapidement, l'air joyeux, avec sans doute un 5 en poche, la note maximale. Et moi je restais là, toujours aussi invisible. N'y tenant plus, j'ai interpellé un examinateur qui passait à côté de moi, un jeune docteur, je pense : « Pourquoi est-ce que vous ne me parlez pas ? » Il a détourné le regard et a répondu à voix basse : « Désolé, nous n'en avons pas le droit. »

Environ une heure après le début de l'examen, deux hommes plus âgés nous ont rejoints. Ils se sont dirigés vers le bureau à l'entrée de la salle et se sont présentés à l'homme qui se tenait derrière. Ce dernier a hoché la tête et m'a désigné. J'ai enfin compris la raison de toute cette attente : j'allais être jugé par un tribunal spécial.

Mes deux inquisiteurs se sont approchés et m'ont salué. L'un était sec et nerveux ; l'autre, beaucoup plus corpulent, arborait une moustache impressionnante.

« OK », fit le sec – qui des deux monopolisa presque entièrement la parole. « Qu'avons-nous ici ? Quelle est la première question ? »

— Le cercle inscrit dans un triangle et... »

Il m'interrompit : « Quelle est la définition d'un cercle ? »

Son comportement agressif tranchait avec la manière dont les autres examinateurs traitaient les candidats. En outre, les autres examinateurs laissaient toujours les candidats exposer leur réponse avant de leur poser des questions.

J'ai dit : « Un cercle est l'ensemble des points du plan équidistants d'un point donné. »

La définition classique...

« Faux ! » a décrété l'homme d'un ton joyeux.

Comment aurais-je pu me tromper ? Il a attendu quelques secondes et a repris : « C'est l'ensemble de *tous* les points du plan équidistants d'un point donné. »

La distinction m'a paru relever au mieux de l'argutie lexicale la plus pure – et de sinistre augure pour la suite.

« OK, a poursuivi l'homme, quelle est la définition d'un triangle ? »

Je lui ai donné la définition ; il y a réfléchi, cherchant manifestement la petite bête, puis a enchaîné : « Et quelle est la définition d'un cercle inscrit dans un triangle ? »

De fil en aiguille, nous sommes ainsi passés de la définition du cercle inscrit dans un triangle à celle de droite tangente, puis à celle de droite, puis encore à une autre, et nous en sommes arrivés au cinquième postulat d'Euclide, sur l'unicité des parallèles, un sujet qui n'était pas même inscrit au programme du lycée... Nous parlions de problèmes sans rapport avec la question du billet et très au-delà de ce que j'étais censé connaître.

Chaque mot que je prononçais était remis en cause. Je devais définir chaque concept, et si j'utilisais un autre concept dans ma définition, j'étais sommé de le définir aussi.

Inutile de préciser que si je m'étais appelé Ivanov, jamais je n'aurais eu à subir ce feu roulant de questions. Rétrospectivement, je pense que j'aurais dû protester et faire comprendre aux examinateurs qu'ils dépassaient les bornes. C'est facile à dire aujourd'hui... Mais j'avais seulement 16 ans, à l'époque, et ces hommes vingt-cinq ans de plus que moi. Ils étaient officiellement chargés de faire passer un examen de l'université d'État de Moscou, je me sentais obligé de répondre de mon mieux à leurs questions.

Après un interrogatoire d'une heure environ, nous en sommes venus au second problème de mon billet. Tous les autres candidats étaient partis. J'étais apparemment le seul du lot à bénéficier d'une « attention spéciale ». Je présume qu'une règle non écrite voulait qu'on ne mette qu'un ou deux étudiants juifs par salle.

Deuxième question, donc. Il fallait que je donne la formule pour dériver un rapport de deux fonctions. On ne demandait ni définitions ni preuves, l'intitulé précisait expressément « formule seulement ». Et bien sûr, il a fallu que je serve tout un chapitre du cours sur le calcul différentiel à mes examinateurs.

« Quelle est la définition d'une dérivée ? »

La définition classique que je leur ai donnée faisait appel à la notion de limite.

« Quelle est la définition d'une limite ? » Puis : « Qu'est-ce qu'une fonction ? », et allez, c'était reparti...

*

La question de la discrimination ethnique aux examens d'entrée de la MGU a fait l'objet de nombreuses publications. Le mathématicien et pédagogue Mark Saul, par exemple, s'est servi de mon cas pour illustrer un article très fouillé paru dans les *Notices of the American Mathematical Society*[2]. Il a comparé mon examen à l'interrogatoire d'Alice par la Reine rouge dans *Alice au pays des merveilles.* Je connaissais les réponses, mais le jeu consistait à retourner tout ce que je disais contre moi. Je ne pouvais pas gagner.

Dans un autre article sur le sujet paru dans ces mêmes *Notices*, le journaliste George G. Szpiro rend ainsi compte de la situation :

> Les juifs – ou les candidats au nom à consonance juive – étaient repérés à l'examen d'entrée pour subir un traitement particulier... On leur mettait des bâtons dans les roues à l'examen oral. Ces candidats devaient répondre à des « questions de la mort », qui demandaient de longs raisonnements et des calculs pénibles. Certains problèmes étaient impossibles à résoudre, posés de façon ambiguë, ou sans réponse correcte. Ils ne visaient pas à tester l'aptitude des candidats mais à éliminer les « indésirables ». Cet interrogatoire harassant et d'une injustice criante durait souvent cinq ou six heures, alors qu'un décret les limitait à trois heures et demie. Et même si les candidats répondaient bien, on trouvait toujours des raisons pour le recaler. À la question « Quelle est la définition d'un cercle ? », un candidat a répondu : « L'ensemble des points équidistants d'un point donné ». Réponse fausse, selon l'examinateur, pour qui il fallait préciser : « L'ensemble de tous les points équidistants d'un point donné. » En une autre occasion, la réponse à la même question fut jugée incorrecte sous prétexte que le candidat n'avait pas stipulé que la distance ne devait pas être nulle. À une question sur les solutions d'une équation, la réponse « 1 et 2 » fut considérée comme fausse, la réponse correcte, selon l'examinateur, étant « 1 ou 2 ». (En une autre occasion, le même examinateur tint le discours inverse : « 1 et 2 » fut considéré comme faux) [3].

Mais revenons à mon examen. Répondre à la deuxième question avait encore pris une heure et demie. L'un des examinateurs dit alors :

« OK, passons maintenant au problème que nous voudrions vous voir résoudre. »

Il m'a donné un problème franchement difficile, dont la solution passait par l'usage d'un principe dit « de Sturm », qui n'était pas étudié à l'école [4]. Je l'avais toutefois appris par les cours que j'avais suivis par correspondance, et j'ai été à même de résoudre la question proposée. Alors que je terminais les calculs, l'examinateur est revenu vers moi :

« Vous avez fini ?

— Presque. »

Il a regardé ce que j'avais écrit et a certainement compris que je mettais la dernière main à une solution correcte.

« Essayez plutôt celui-ci... », dit-il.

Et il m'a donné un problème qui, curieusement, était deux fois plus difficile que le premier. J'aurai aussi pu le résoudre si l'examinateur ne m'avait pas encore interrompu :

« Pas encore fini ? Essayez plutôt celui-ci... »

Je me faisais l'effet d'un joueur de boxe ensanglanté, acculé dans un coin du ring, qui essayait de contenir le mur de coups de poing qui s'abattait sur lui – dont nombre portés sous la ceinture, je dois dire. Ce dernier problème fut le coup de grâce qui me laissa KO. Il ne payait pas de mine : étant donné un cercle et deux points du plan en dehors du cercle, construire un autre cercle passant par ces deux points et touchant l'autre cercle en exactement un point.

Il est pourtant très difficile. Il résisterait même un certain temps à plus d'un mathématicien professionnel. Sa résolution passe par un truc appelé inversion ou par une construction géométrique complexe. Aucune de ces méthodes n'était enseignée au lycée, de sorte que ce problème n'aurait jamais dû être proposé à l'examen.

Je connaissais le coup de l'inversion et j'ai compris que je pouvais l'appliquer ici. Je me suis donc mis au travail. Quelques minutes plus tard, mes examinateurs sont revenus s'asseoir près de moi. L'un d'eux m'a dit :

« Je viens de parler de toi au vice-président de la commission d'admission, tu sais. Il m'a demandé pourquoi nous perdions ainsi notre temps... Regarde... » Il a sorti un formulaire, à l'air très officiel, couvert de notes, que je voyais pour la première fois. « Tu n'as pas répondu complètement à la première question de ton billet. Tu ne connaissais même pas la définition d'un cercle. Nous t'avons donc mis un moins. Tu n'as guère été plus brillant sur la deuxième question, mais bon, on t'a mis un moins plus. Ensuite, tu n'as pas réussi à résoudre le premier problème, pas plus que le deuxième. Et le troisième ? Tu ne l'as pas résolu non plus. Tu vois... Nous ne pouvons pas faire autrement que de te recaler. »

J'ai regardé ma montre. L'oral durait depuis plus de quatre heures. J'étais exténué.

« Et à l'écrit ? »

L'autre homme est retourné au bureau à l'entrée de la salle et en a rapporté ma copie. Il l'a posée devant moi. J'en ai tourné les pages. J'avais le sentiment de jouer dans un film surréaliste. Toutes mes réponses étaient justes, toutes les solutions étaient correctes. Mais partout, des annotations... Des annotations portées au crayon, afin de pouvoir les effacer facilement, je présume. Des annotations d'un ridicule... Quelqu'un me faisait une farce, ou quoi ? L'une d'entre elles est encore gravée dans mon esprit. Dans le cours d'un calcul, j'avais écrit : « $\sqrt{8} > 2$ ». Commentaire : « Non prouvé. » Vraiment ? Les autres annotations ne valaient pas mieux. Et quelle note m'avaient-ils donnée ? Pour les cinq problèmes résolus de manière correcte ? Pas 5. Pas 4. Un 3. Ils m'avaient mis un 3 ?

J'ai compris que c'était fini. Que je ne pouvais pas triompher du système. J'ai dit : « D'accord. »

L'un des examinateurs a demandé : « Est-ce que tu vas faire appel ? »

Je savais qu'il existait une commission d'appel. Mais pour gagner quoi ? Je serais peut-être parvenu à faire monter ma note d'écrit de 3 à 4. Mais pour l'oral ? Avec ma parole contre la leur ? Et même si je réussissais à augmenter cette note jusqu'à, allez, 3... Alors quoi ? Il leur restait encore deux examens pour m'éjecter.

Voici ce qu'a écrit George Szpiro dans les *Notices* :

> Et si un candidat, contre toute attente, réussissait à passer l'écrit et l'oral, il restait encore la possibilité de le recaler à l'épreuve obligatoire de littérature russe par l'appréciation rituelle : « Construction insuffisante. » À quelques rares exceptions près, les appels contre les décisions négatives n'avaient aucune chance de renverser le jugement. Au mieux, ils étaient ignorés, au pire, le candidat se voyait puni pour « mépris envers les examinateurs[5] ».

La seule question qui se posait désormais à moi était celle-ci : désirais-je vraiment intégrer une université qui déployait autant d'énergie pour me rejeter ? Alors, si je voulais faire appel ?

« Non. En fait, je souhaiterais retirer ma candidature. »

Le visage de mes examinateurs s'illumina. Pas d'appel, moins de tracas en perspective...

« Bien sûr, a fait le plus loquace des deux, allons chercher votre dossier. »

Nous sommes sortis de la pièce et entrés dans l'ascenseur. Les portes se sont fermées. Nous étions seuls. Visiblement de bonne humeur, l'examinateur m'a complimenté : « Tu t'es bien débrouillé. Une performance vraiment très impressionnante. Tu as suivi une école spécialisée en mathématiques, je présume ? »

J'ai grandi dans une petite ville, sans école de ce genre.

« Vraiment ? Tes parents sont peut-être mathématiciens ?

— Non, ingénieurs.

— Intéressant... C'est la première fois que je vois un candidat aussi fort qui ne sorte pas d'une école spécialisée. »

Je n'en croyais pas mes oreilles. Cet homme venait de me recaler à un examen injuste, discriminatoire, qui m'avait épuisé durant cinq heures. Il avait brisé mon rêve de devenir mathématicien. Un étudiant de 16 ans dont la seule faute était de descendre d'une famille juive... Et maintenant, ce type me complimentait et s'attendait à ce que je le remercie ?

Mais que pouvais-je faire ? Lui crier dessus ? Lui en coller une ? Je suis simplement resté là, silencieux, assommé. Il a poursuivi : « Laisse-moi te donner un bon conseil. Va à l'Institut de Moscou du pétrole et du gaz. Ils proposent un très bon cursus de mathématiques appliquées. Ils prennent des étudiants *comme toi* là-bas. »

Les portes de l'ascenseur se sont ouvertes. Une minute plus tard, il me tendait mon épais dossier de candidature, avec mes brillants bulletins et mes prix scolaires qui dépassaient bizarrement.

« Bonne chance à toi », dit-il.

J'étais trop fatigué pour répondre. Je voulais juste partir d'ici.

*

Puis je me suis retrouvé dehors, sur l'immense escalier de l'imposant bâtiment de la MGU. Je respirais à nouveau l'air doux de l'été. J'entendais les bruits confus de la ville. La journée finissait. Plus personne ou presque aux alentours. Seulement mes parents qui, anxieux, m'avaient attendu sur les marches pendant tout ce temps. En voyant mon visage et le lourd dossier que je tenais à la main, ils ont immédiatement compris.

4

KEROSINKA

Nous sommes rentrés tard à la maison, ce soir-là, encore sous le choc et incapables de croire à la réalité de la situation.

Mes parents accusaient le coup tous les deux. J'avais toujours pu compter sur leur amour et leur soutien sans faille. Jamais ils n'avaient cherché à me pousser plus avant dans mes études ni à me faire embrasser une profession particulière, préférant au contraire m'encourager à suivre la voie qui me passionnait. Et bien sûr mes réussites les comblaient de fierté. L'examen les avait anéantis, tant par son caractère purement injuste que parce qu'ils avaient été impuissants à protéger leur fils.

Trente ans auparavant, en 1954, mon père avait dû renoncer à son rêve de devenir physicien théoricien pour une raison tout aussi implacable, quoique différente. Comme des millions d'autres victimes innocentes, son père avait eu maille à partir avec le régime stalinien. Il avait été arrêté en 1948 sous le fallacieux prétexte d'avoir tenté de faire sauter une grande usine automobile de Gorki – aujourd'hui Nijni Novgorod –, dans laquelle il travaillait comme directeur des achats. La seule « preuve » que mentionnait l'acte d'accusation tenait dans la boîte d'allumettes qu'il portait sur lui au moment de son arrestation. Il fut déporté en camp de travail, dans une mine de charbon du nord de la Russie, une partie de cet Archipel du goulag qu'Alexandre Soljenitsyne et d'autres dénonceraient avec tant de force des années plus tard. Mon grand-père fut dès lors considéré comme un « ennemi du peuple », et mon père, en bonne logique, comme le « fils de l'ennemi du peuple ».

Obligé de mentionner cette qualité dans son dossier de candidature à la faculté de physique de l'université de Gorki, mon père, qui avait brillamment terminé le lycée et qui aurait dû être automatiquement accepté grâce à ses mentions, avait été recalé à un entretien qui ne servait précisément qu'à écarter les indésirables dans son genre. Mon père dut donc se rabattre sur une école d'ingénieurs, et ce fut la fin de ses ambitions. (Comme d'autres, mon grand-père fut relâché et réhabilité par un décret de Nikita Khrouchtchev en 1956, mais le mal avait déjà été fait.)

Et voilà que, trente ans plus tard, l'histoire se répétait avec moi.

Mais ce n'était pas le moment de nous apitoyer sur mon sort. Il nous fallait rapidement décider de la conduite à tenir, en l'occurrence choisir une école où postuler. Les examens d'entrée se tenaient tous au même moment, en août, soit deux semaines plus tard environ, si bien que je ne pouvais tenter ma chance que dans l'une d'entre elles.

Le lendemain matin, mon père s'est levé tôt et est retourné à Moscou. Il avait pris le conseil de mon examinateur de la MGU très au sérieux. Ce dernier, peut-être pour compenser en partie l'injustice qu'il m'avait fait subir, avait paru désireux de m'aider. Arrivé à Moscou, mon père est allé directement au bureau des admissions de l'Institut du pétrole et du gaz*, où il a réussi à trouver un interlocuteur disposé à s'entretenir de mon cas en privé. Ce dernier connaissait l'antisémitisme en vigueur à la MGU et lui a confirmé que l'Institut du pétrole et du gaz n'appliquait pas la même politique. Il l'a toutefois averti que le niveau des candidats à leur programme de mathématiques appliquées était très élevé, précisément en raison du grand nombre de postulants recalés à la MGU. L'examen d'entrée ne se résumerait pas à une simple formalité. Cependant, a-t-il ajouté, « si votre fils est aussi brillant que vous le dites, il sera admis. Il n'y a aucune discrimination à l'encontre des juifs ici ».

* À mon époque, il s'appelait plus précisément l'Institut Gubkin de l'industrie pétrochimique et gazière. Il fut ensuite rebaptisé Institut Gubkin du pétrole et du gaz, puis Université Gubkin du pétrole et du gaz. I.M. Gubkin fut longtemps ministre de ces ressources naturelles du temps de l'Union soviétique.

L'entretien s'est terminé sur une ultime mise en garde : « Il faut cependant que je vous dise que notre troisième cycle est administré par une autre équipe, et je ne pense pas que votre fils y sera accepté. »

Mais ça, on s'en soucierait dans cinq ans, ça paraissait loin.

Mon père s'est aussi rendu dans quelques autres écoles moscovites proposant un enseignement de mathématiques appliquées, mais nulle part les conditions n'étaient aussi favorables qu'à l'Institut du pétrole et du gaz. Aussi, quand, de retour le soir à la maison, il nous a livré le bilan de sa journée, nous avons décidé sur-le-champ que j'y postulerais.

Moscou comptait alors une douzaine de centres d'enseignement de ce type, comme l'Institut de métallurgie ou l'Institut des ingénieurs du chemin de fer, destinés à former des techniciens pour diverses industries. (Les écoles s'appelaient fréquemment « Institut » en Union soviétique.) À partir de la fin des années 1960, l'antisémitisme qui régnait à la MGU « a créé un marché pour les étudiants juifs en quête de formation mathématique », explique Mark Saul dans son article déjà cité [1]. L'Institut du pétrole et du gaz « a commencé à répondre à la demande, bénéficiant ainsi de la politique antisémite des autres universités pour attirer des étudiants de très haut niveau ». L'auteur précise ensuite :

> Son surnom, Kerosinka, reflétait [sa] fierté et [son] cynisme. Le terme *kerosinka* désigne un poêle à kérosène, soit une manière peu coûteuse mais efficace de lutter contre l'adversité. L'Institut devint le refuge des étudiants juifs passionnés de mathématiques, ou des « kerosinetchiks », comme furent rapidement baptisés tous ceux qui suivaient ou avaient suivi ce cursus.
>
> Comment la destinée en vint-elle à choisir la Kerosinka comme dépositaire de tant de talents ? Il n'est pas facile de répondre à cette question. Nous savons que d'autres institutions ont bénéficié de l'exclusion des juifs de la MGU. Nous savons aussi que cette politique d'exclusion a été établie en conscience, tout en rencontrant probablement au début une certaine opposition. Pour certaines institutions, il a peut-être été plus facile de continuer à accepter les étudiants juifs plutôt que d'instaurer une nouvelle politique. Mais quand le phénomène s'est amplifié, pourquoi les promotions d'étudiants juifs de la Kerosinka ont-elles été tolérées ? On

entend ici et là que la police secrète (KGB) avait intérêt à ce que les étudiants juifs restent regroupés en un ou deux endroits pour mieux les surveiller. Des raisons plus positives ont cependant aussi pu jouer : l'administration de l'Institut pourrait avoir remarqué qu'un bon département se développait et avoir voulu préserver le phénomène.

Le dernier argument me paraît le plus juste. Le président de l'Institut du pétrole et du gaz – ou plutôt le recteur, pour reprendre son titre officiel –, Vladimir Nikolaevich Vinogradov, agissait en administrateur intelligent. Il était connu pour recruter des professeurs impliqués dans leur enseignement et engagés dans des recherches innovantes, ainsi que pour équiper les salles de classe des dernières technologies. Et il instaura la règle selon laquelle tous les examens, y compris ceux d'admission, seraient *écrits.* Bien sûr, ces conditions laissaient encore la porte ouverte à certains abus, comme ne le montre que trop ma propre copie à la MGU, mais elles empêchaient au moins le type de débâcle que j'avais connu à l'oral. Je ne serais pas étonné que Vinogradov ait personnellement décidé de ne pas discriminer les juifs, ce qui, si c'est effectivement le cas, a sans doute nécessité une certaine forme de bienveillance, si ce n'est de courage, de sa part.

Le fait est que, comme garanti, je n'ai subi aucune discrimination à l'examen d'entrée. J'ai été accepté dès la fin de la première épreuve, l'écrit de maths, à laquelle j'ai obtenu un 5, la note maximale. (Les titulaires d'une médaille d'or étaient acceptés d'office s'ils obtenaient cette note à la première épreuve.) Un curieux coup du sort a voulu que ce 5 m'ait été accordé difficilement... Certaines de mes solutions, apparemment, n'avaient pas été correctement reportées dans le système de notation automatique, de sorte que j'ai d'abord obtenu un 4. Il a fallu que je porte réclamation, ce qui m'a valu des heures de queue à ruminer toutes sortes d'idées noires. Mais une fois que j'ai pu exposer mon cas devant la commission d'appel, l'erreur a vite été trouvée et corrigée, on m'a présenté des excuses, et la saga de mes examens d'entrée est enfin arrivée à son terme.

*

J'ai fait la connaissance de mes camarades de classe à la rentrée, le 1er septembre 1984. L'Institut n'acceptait que cinquante étudiants par an, soit un nombre bien inférieur aux quelque cinq cents recrues que comptait une promotion du *Mekh-Mat.* De nombreux camarades avaient eu à subir la même expérience que moi. Je me trouvais en compagnie de certains des plus brillants et des plus talentueux étudiants en mathématiques de la région.

Tout le monde, à part moi et un autre étudiant, Misha Smolyak, qui venait de Kichinev et avec qui je partageais une chambre, venait de Moscou. Ceux qui comme nous habitaient hors de la ville ne pouvaient postuler que s'ils avaient obtenu la médaille d'or au lycée, ce qui était heureusement mon cas.

La plupart de mes camarades avaient étudié dans les meilleurs centres spécialisés en maths de Moscou : les écoles n° 57, n° 179, n° 91 et n° 2. Certains d'entre eux ont depuis épousé le métier de mathématicien et sont maintenant professeurs dans les plus grandes universités du monde. C'est le cas, entre autres, de Pasha Etingof, aujourd'hui professeur au MIT, de Dima Kleinbock, professeur à l'université Brandeis ou de Misha Finkelberg, professeur à l'École supérieure d'économie à Moscou. C'était un environnement très stimulant.

Nous suivions à la Kerosinka un enseignement rigoureux, d'une qualité comparable à celui dispensé à la MGU pour ce qui regardait les cours fondamentaux tels que l'analyse, l'analyse fonctionnelle ou l'algèbre linéaire. Mais certains autres domaines des mathématiques pures, comme la géométrie ou la topologie, n'étaient pas du tout abordés. La Kerosinka proposait surtout un enseignement de mathématiques appliquées, particulièrement orienté sur ce qui touchait à la prospection ou la production du pétrole et du gaz. Nous étions aussi formés à l'optimisation, à l'analyse numérique ou aux probabilités et statistiques. Et à l'informatique, bien sûr.

Je ne regrette pas du tout d'avoir suivi ce cursus de mathématicien appliqué. Il m'a justement appris qu'il n'existe pas de réelle distinction entre les mathématiques dites pures et les maths appliquées : les mathématiques appliquées de qualité se fondent toujours sur les mathématiques pures. Mais quelque enrichissante que fût cette expérience, je ne pouvais pas oublier mon véritable amour. Il fallait que je trouve le moyen d'apprendre les maths pures qui n'étaient pas enseignées à la Kerosinka.

La solution s'est présentée d'elle-même grâce aux liens d'amitié que j'avais noués avec les autres étudiants, notamment ceux qui étaient issus des prestigieux centres spécialisés de Moscou. Nous nous étions raconté nos aventures. Ceux qui étaient juifs, au regard des critères que j'ai indiqués plus haut, avaient été recalés aux examens de la MGU aussi impitoyablement que je l'avais moi-même été, alors que leurs collègues non juifs avaient été admis sans problème. Par ces autres étudiants, ils savaient quand et où se tenaient les meilleurs cours du *Mekh-Mat.* C'est ainsi que, lors de ma deuxième semaine à la Kerosinka, un de mes camarades de classe – peut-être bien Dima Kleinbock – m'a lancé : « Hé, on va au cours de Kirillov à la MGU. Tu veux venir avec nous ? »

Bien sûr que je voulais suivre les cours de ce mathématicien célèbre ! Mais je ne voyais pas du tout comment cela pourrait se faire... Il fallait un badge spécial pour entrer dans le grand bâtiment solidement gardé de la MGU.

« T'inquiète, m'a rassuré mon camarade, on passera par-dessus le grillage. »

Cela m'a paru aussi dangereux qu'excitant : « Ça marche ! »

*

La clôture qui entourait l'établissement mesurait facilement cinq mètres de haut, ce qui était plutôt dissuasif, mais à un endroit, le métal était tordu et l'on pouvait passer en douce. Ensuite ? Ensuite, on pénétrait dans l'immeuble proprement dit par une porte latérale, puis, après avoir suivi de longs couloirs, on débouchait dans les cuisines. On les traversait alors en s'efforçant de ne pas trop attirer l'attention du personnel affairé, on gagnait la cafétéria, et, de là, l'entrée principale du bâtiment. Ensuite ascenseur jusqu'au quatorzième étage, où se trouvait l'amphithéâtre.

Alexander Alexandrovich Kirillov – ou San Sanych, pour employer son diminutif – est un orateur charismatique et très humain, que j'ai eu l'occasion de bien connaître quelques années plus tard. Il donnait alors, je crois, un cours de premier cycle sur la théorie des représentations, en suivant les grandes lignes du livre très célèbre qu'il a rédigé sur la question. Il dirigeait aussi un séminaire destiné aux étudiants de troisième cycle, que nous avons également suivi.

Nous devons beaucoup au grand cœur de Kirillov. Son fils Shurik, aujourd'hui professeur à l'université Stony Brook, avait étudié à l'école spécialisée n° 179 avec mes camarades de classe Dima Kleinbock et Syoma Hawkin. San Sanych n'ignorait évidemment rien de la triste réalité des examens d'entrée de la MGU. Il m'a avoué bien plus tard son impuissance à ce sujet, face à une commission d'admission largement composée d'apparatchiks du parti communiste. Il ne pouvait pas faire mieux que de nous laisser assister en douce à ses cours.

Kirillov faisait tout son possible pour que les étudiants de la Kerosinka n'aient pas le sentiment d'être des intrus. Ses cours et son séminaire, ainsi que celui conduit par Alexander Rudakov que j'ai également suivi, restent parmi les meilleurs souvenirs de ma première année.

J'apprenais par ailleurs toutes les mathématiques enseignées à la Kerosinka. J'habitais une chambre d'étudiant la semaine et retournais chez mes parents le week-end. Tous les quinze jours, j'allais encore rendre visite à Evgeny Evgenievich. Il me conseillait des livres, tandis que je lui faisais part de mes progrès. Mais j'étais si motivé et j'apprenais si vite que j'ai bientôt ressenti le besoin de trouver un conseiller que je pourrais voir plus souvent, et surtout un problème de recherche sur lequel travailler. Extérieur au *Mekh-Mat*, je ne pouvais malheureusement pas bénéficier des vastes ressources qu'offrait cette institution. Et j'étais bien trop timide pour aller me présenter à quelqu'un comme Kirillov, lui demander de m'encadrer personnellement ou de me proposer un sujet. Pour tout dire, je me sentais à l'écart, hors du coup. À partir du second semestre de 1986, ma deuxième année à la Kerosinka, je sentais que je stagnais et me laissais gagner par le découragement. Avec tous ces obstacles qui se dressaient contre moi, je commençais à douter de pouvoir un jour accomplir mon rêve de devenir mathématicien.

5

DES BRINS DE SOLUTIONS

Tandis que je désespérais ainsi, un de nos professeurs de mathématiques les plus respectés, Alexander Nikolaevich Varchenko, est venu me trouver dans le couloir durant une pause du cours qu'il donnait à la Kerosinka. Ancien étudiant d'Arnold, l'un des meilleurs mathématiciens soviétiques, Varchenko jouissait lui-même d'une réputation internationale.

« Que diriez-vous de travailler sur un problème ? m'a-t-il demandé.

— Bien sûr, quelle sorte de problème ? » ai-je répondu l'air de rien... comme si je n'avais pas été prêt à me jeter sur n'importe lequel d'entre eux.

« Je suis tombé au cours de mes travaux sur ce qui ferait, je pense, un bon sujet de recherche pour un étudiant brillant. J'en ai parlé à l'expert de cette matière, Dmitry Borisovich Fuchs. » Je connaissais de nom, bien sûr, ce célèbre mathématicien. « Il est d'accord pour superviser le travail d'un étudiant. Voici son numéro de téléphone. Passez-lui donc un coup de fil, il vous dira quoi faire. »

Les professionnels expérimentés comme Varchenko tombent couramment sur toutes sortes de questions en suspens. Si celle-ci avait été liée de très près à son programme de recherche, il aurait sans doute essayé d'y répondre lui-même. Mais un mathématicien ne peut pas tout faire tout seul ; aussi arrive-t-il souvent qu'il confie ce type de problèmes ouverts, en général ceux qu'il considère comme les plus simples, à l'un de ses étudiants. Quand le problème ne se situe pas dans sa sphère d'intérêt immédiat, mais qu'il est tout de même curieux d'en connaître la solution, il peut demander à un spécialiste du sujet d'encadrer un étudiant. Varchenko avait donc engagé Fuchs à me superviser. Ce type de « transaction » est un mode de fonctionnement relativement normal dans le milieu mathématique.

Le plus inhabituel, en la circonstance, était que Fuchs ne soit formellement affilié à l'équipe enseignante d'aucune université. Pendant des années, cependant, comme un certain nombre de mathématiciens de pointe, il avait tenté de contrer les effets de la discrimination subie par les étudiants juifs en donnant des cours particuliers aux jeunes talents qui avaient été refusés à la MGU.

Dans ce cadre, Fuchs avait coopéré à ce qui avait pris le nom « d'Université du peuple juif », une école du soir informelle, où lui et d'autres collègues étaient venus enseigner. Certains des cours avaient même eu lieu à la Kerosinka, en une époque antérieure à la mienne.

Cette école avait été mise sur pied par Bella Muchnik Subbotovskaya, une femme courageuse, qui en avait longtemps incarné le cœur et l'âme. Mais le KGB, inquiet de ces réunions de juifs non autorisées, avait mis son nez dans l'affaire. Il l'avait convoquée et interrogée. Elle avait trouvé la mort, un peu plus tard, renversée par un camion, dans des circonstances troubles, qui laissent à penser qu'elle ait pu être assassinée de sang-froid [1]. Sans elle aux commandes, l'école avait périclité rapidement.

J'avais intégré la Kerosinka deux ans après cette suite d'événements tragiques. Même si les cours du soir ne se tenaient plus à proprement parler, il subsistait un petit réseau de mathématiciens professionnels qui, à titre individuel, faisaient de leur mieux pour venir en aide aux malheureux proscrits dans mon genre. Ils prodiguaient conseils et encouragements aux étudiants les plus prometteurs, quand ils ne jouaient pas un rôle de mentor et de directeur d'études à part entière. Voilà qui expliquait pourquoi Varchenko m'avait donné ce problème, à moi, un étudiant de la Kerosinka, plutôt qu'à un étudiant du *Mekh-Mat*, qu'il aurait pu facilement dénicher par son réseau. Voilà qui expliquait aussi pourquoi Fuchs avait accepté de donner de son temps pour me superviser.

Et combien je suis heureux qu'il l'ait fait ! Avec le recul, il m'apparaît clairement que je ne serais jamais devenu mathématicien sans sa gentillesse et sa générosité. J'étudiais les mathématiques à la Kerosinka et j'assistais aux cours de la MGU, certes, mais cela seul n'aurait jamais suffi. En outre, un étudiant ne peut pratiquement pas mener ses propres recherches sans quelqu'un pour le guider. Le mentor joue un rôle essentiel.

Mais je l'ignorais encore à cette époque. Je savais seulement que je tenais en main le numéro de téléphone de Fuchs, un mathématicien renommé, et que je m'embarquais sur un projet sous sa direction. Incroyable ! Même si je ne savais pas comment finirait toute l'histoire, j'ai tout de suite pris conscience de l'importance de l'événement.

Le soir même, prenant mon courage à deux mains, j'ai appelé Fuchs depuis un téléphone public et je me suis présenté.

« Oui, je sais, a répondu Fuchs, il faut que je te donne un papier à lire. »

Nous nous sommes rencontrés le lendemain. Son physique de géant ne correspondait pas du tout à ce que j'avais imaginé. L'homme paraissait très efficace.

« Voici, dit-il tout en me tendant le tiré à part d'un article, essaie de le lire, et appelle-moi dès que tu vois un mot que tu ne comprends pas. »

J'avais l'impression qu'il me confiait le Graal.

L'article, qui comptait une douzaine de pages et datait de quelques années, concernait les « groupe de tresses ». J'en ai entamé la lecture le jour même.

Les trois années passées à étudier avec Evgeny Evgenievich, puis seul de mon côté, ont alors montré toute leur utilité. Non seulement je comprenais tous les mots du titre, mais le corps même de l'article ne me paraissait pas totalement hermétique. Je me suis promis de le lire tout entier par moi-même. Question de fierté ! Et j'imaginais à l'avance la forte impression que je produirais ainsi sur Fuchs.

J'avais déjà entendu parler des « groupes de tresses ». Comme leur nom l'indique, ces ensembles possèdent une structure de groupe, au sens évoqué dans le chapitre 2. Evgeny Evgenievich, on s'en souvient, m'avait initié à cette notion par l'étude des symétries d'un objet donné. Le groupe formé par les symétries d'une table carrée, par exemple, est constitué de quatre rotations, alors que celui formé par les symétries d'une table ronde est un cercle. Une fois la notion de groupe dégagée, rien n'empêche de l'étudier dans des contextes différents. Il se trouve en effet que de nombreux groupes sont sans rapport avec les symétries. Il n'y a là rien d'inhabituel. Un concept forgé pour étudier tel problème ou tel phénomène de tel domaine des mathématiques – ou de la physique, de l'ingénierie, etc. – se révèle parfois très bien adapté et très utile à d'autres domaines.

De fait, à l'instar des groupes de tresses, de nombreux groupes existent indépendamment de toute considération sur les symétries.

J'ignorais encore tout à l'époque des applications des groupe de tresses au monde réel, dont nous parlerons un peu plus tard, dans des domaines comme la cryptographie, le calcul quantique ou la biologie, mais j'étais déjà fasciné par la beauté propre de ces abstractions mathématiques.

Il existe autant de groupes de tresses que d'entiers naturels $n = 1, 2, 3\ldots$ On les note donc en général T_n, c'est-à-dire T_1 pour $n = 1$, T_2 pour $n = 2$, etc.

Pour décrire le groupe T_n, procédons comme avec les groupes de symétrie d'une table ronde ou carrée, et décrivons d'abord ses éléments, en l'occurrence appelés *tresses à* n *brins.* Une tresse à 5 brins est représentée sur la figure ci-contre. Il faut se représenter deux plaques solides, portant chacune cinq punaises les unes au regard des autres, liées entre elles par cinq fils – les brins. Les plaques sont transparentes, de façon à ce que les brins soient entièrement visibles, et fixes par rapport à ces derniers. Chaque brin peut s'enrouler autour des autres de n'importe quelle façon mais *pas* se nouer sur lui-même. Et chaque punaise doit tenir un et un seul brin.

Par tresse, on entend l'objet entier – les deux plaques, les punaises, les fils. De la même manière qu'une voiture possède quatre roues, un volant, quatre portes, etc., on ne considère pas les parties séparément, mais comme un tout.

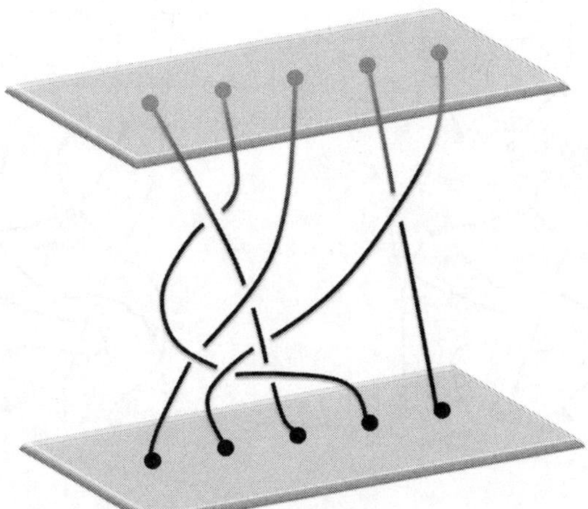

Maintenant que nous savons ce que sont les tresses à *n* brins, il nous faut montrer qu'elles constituent un groupe, ce qui nécessite de décrire la manière de les composer. En d'autres termes, à partir de deux tresses à *n* brins quelconques, il nous faut produire une autre tresse à *n* brins, de la même façon que deux rotations appliquées l'une à la suite de l'autre produit une troisième rotation. Il nous restera ensuite à vérifier que cette loi de composition satisfait aux propriétés listées au chapitre 2.

Soit donc deux tresses données. Leur composition s'obtient en les plaçant l'une au-dessus de l'autre, punaises des plaques mitoyennes superposées, ainsi que le montre la figure ci-dessous. On ôte ensuite ces plaques mitoyennes tout en collant les brins supérieurs aux brins inférieurs correspondants.

La tresse qui résulte de l'opération est deux fois plus grande, ce qui n'a aucune espèce d'importance. Il suffit de réduire les brins à la hauteur de départ en veillant à ne pas modifier la manière dont ils s'enroulent les uns autour des autres. Et voilà ! À partir de deux tresses, nous en avons produit une nouvelle. Telle est la loi de composition entre tresses dans notre groupe de tresses.

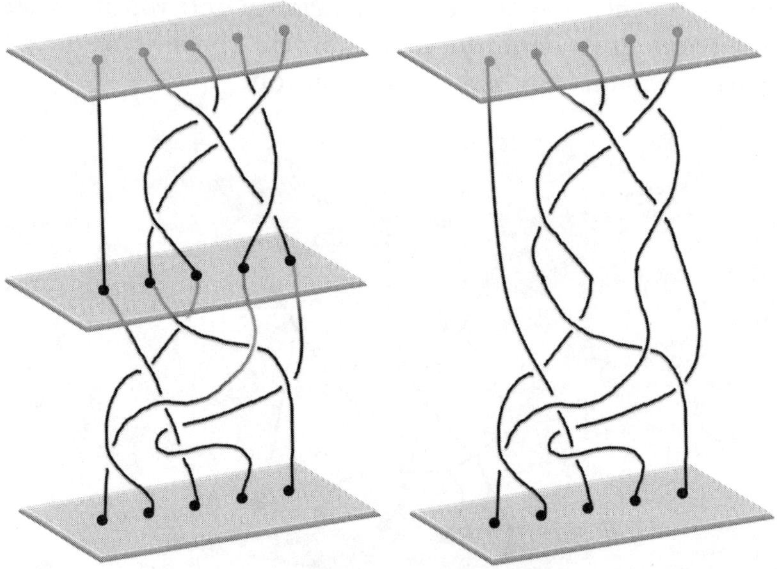

Comme ces groupes de tresses ne sont pas construits à partir de symétries, il vaut parfois mieux penser à cette opération non pas comme à une « composition », opération naturelle dans ce premier cadre, mais comme à une addition, similaire à celle que nous pratiquons avec les nombres. De ce point de vue, les tresses ressemblent à des nombres – des nombres à cheveux en quelque sorte.

Étant donné deux nombres, leur somme produit un nouveau nombre. De la même manière, deux tresses données produisent une nouvelle tresse par la règle donnée plus haut. Nous pouvons donc penser à ce résultat comme à une « somme » de deux tresses.

Vérifions maintenant que les tresses satisfont aux propriétés, ou plutôt aux axiomes, de groupe. Il nous faut d'abord un élément neutre – l'équivalent de la rotation d'angle nul dans le cas des symétries de la table ronde. Cet élément est la tresse dont tous les brins descendent directement, sans s'enrouler les uns autour des autres. Il est représenté sur la figure ci-dessous. C'est une sorte de tresse « triviale », en ce sens qu'elle ne présente aucun des entrelacements qui caractérisent en principe les tresses réellement nouées dans les cheveux – comme est triviale la rotation d'angle nul, qui ne fait rien tourner du tout [2].

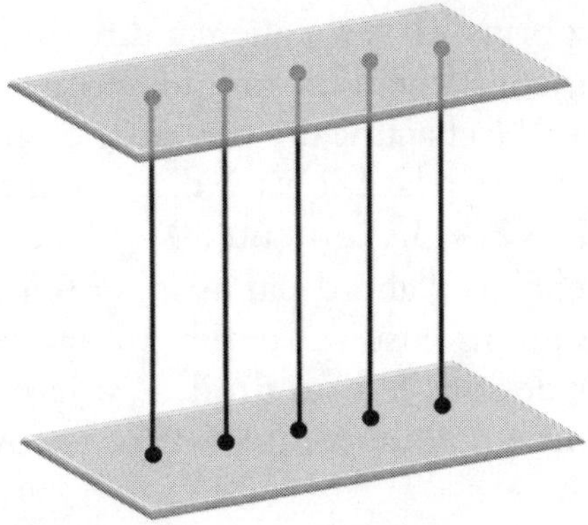

Il nous faut ensuite trouver la tresse inverse d'une tresse donnée – l'équivalent de la rotation d'angle opposé dans le cas des symétries de la table ronde. Cette tresse inverse doit donner la tresse élément neutre quand elle est ajoutée à la tresse de départ. Il s'agit en fait de la réflexion de la tresse de départ par rapport à la plaque inférieure. Lorsque cette dernière tresse est composée avec la tresse originale selon la règle prescrite plus haut, en effet, les brins se démêlent jusqu'à donner la tresse élément neutre.

Je me dois ici de préciser un point important, jusque-là discrètement glissé sous le tapis : nous considérons que deux tresses sont identiques si l'une peut être obtenue à partir de l'autre en étirant ou en raccourcissant les brins, en les triturant de toutes les façons possibles sans jamais les couper ni les recoller. En d'autres termes, pourvu que les brins restent attachés à la même punaise et qu'ils ne passent pas les uns à travers les autres, tous les mouvements de torsion sont permis. C'est en ce sens qu'une tresse ajoutée à son image miroir donne une tresse « identique » à l'élément neutre : elle n'est pas identique à proprement parler ; elle est identique à déformation près [3].

Les axiomes de groupe – existence d'une loi de composition (ou d'addition), d'un élément neutre et d'un inverse – sont satisfaits. L'ensemble des tresses à n brins forme donc bien un groupe [4].

*

Pour appréhender plus concrètement les groupes de tresses, regardons de plus près le plus simple d'entre eux : le groupe T_2

des tresses à deux brins. (Il n'y a guère à dire sur le groupe T_1 des tresses à un brin, constitué d'un unique élément[5].) Nous allons assigner un entier N à chacune des tresses de ce groupe. Par entier, j'entends ici un entier relatif, c'est-à-dire un entier positif, 1, 2, 3..., négatif, -1, -2, -3..., ou nul, 0.

Nous commençons d'abord par assigner 0 à la tresse élément neutre. Nous assignons ensuite l'entier 1 à la tresse dont le brin gauche passe par-dessous le brin droit, 2 si le brin gauche passe par-dessous et fait un tour complet, etc. – voyez la figure ci-dessous.

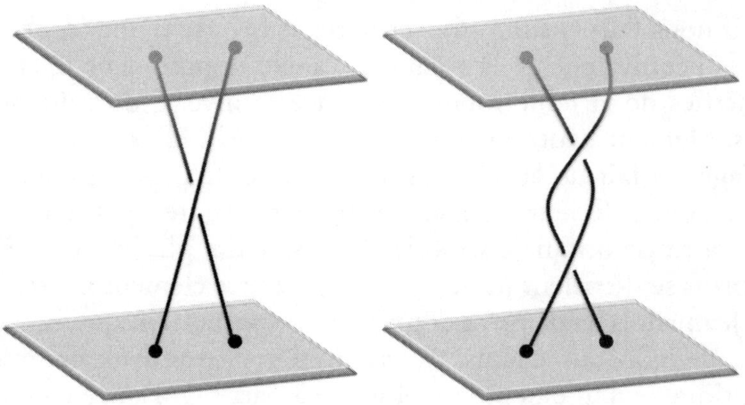

Si ce brin gauche passe par-dessus le brin droit, nous assignons -1 à la tresse, s'il passe par-dessus en faisant un tour complet, -2, etc. – voyez la figure ci-dessous.

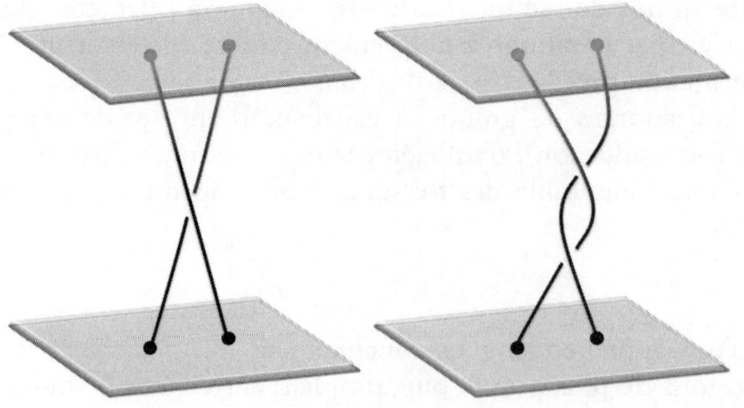

Appelons cet entier le *nombre de croisements* de la tresse. Deux tresses à deux brins qui ont le même nombre de croisements sont identiques à déformation près. En d'autres termes, une tresse est complètement déterminée par son nombre de croisements. Autrement dit, encore, il existe unc correspondance bijective entre les tresses à deux brins et les entiers relatifs.

Quoique nous tenions jusqu'ici la chose comme allant plus ou moins de soi, il vaut la peine de remarquer que l'ensemble des entiers forme lui-même un groupe. L'opération est ici l'addition, l'élément neutre, 0, et l'inverse d'un entier N, $-N$. Toutes les propriétés listées dans le chapitre 2 sont satisfaites. Nous avons bien $N + 0 = N$ et $N + (-N) = 0$.

Nous avons donc trouvé que la structure du groupe des tresses à deux brins est identique à celle du groupe des entiers [6].

Or, dans le groupe des entiers, la somme de deux entiers a et b ne dépend pas de l'ordre des termes :

$$a + b = b + a.$$

La relation vaut aussi pour le groupe des tresses T_2. Les groupes satisfaisant à cette propriété sont dits *commutatifs* ou *abéliens*. Ils ont été ainsi nommés en l'honneur du mathématicien norvégien Niels Henrik Abel.

Pour les tresses à trois brins ou plus, les brins peuvent s'emmêler de manière bien plus compliquée. Le nombre de croisements ne suffit plus alors à décrire cet entremêlement – voyez par exemple la tresse à cinq brins présentée plus haut. Il s'avère en outre que l'addition de deux tresses à trois brins ou plus dépend de l'ordre des termes, c'est-à-dire que la somme varie selon que la première est placée au-dessus ou au-dessous de la seconde. Dans le groupe T_n, pour $n = 3, 4, 5 \ldots$, nous avons donc en général :

$$a + b \neq b + a.$$

De tels groupes sont dits *non commutatifs* ou *non abéliens*.

*

Les groupes de tresses connaissent de nombreuses applications pratiques. On les utilise par exemple pour mettre au point des algorithmes de chiffrement à clef publique robustes et efficaces [7].

Dans le domaine des ordinateurs quantiques, une piste prometteuse s'ouvre grâce à des tresses complexes, formées par des particules quantiques appelées anyons, dont les trajectoires, en s'enroulant les unes autour des autres, définissent des croisements à partir desquels sont élaborés des portes logiques [8].

D'autres applications concernent la biologie. Remarquons d'abord qu'une tresse à *n* brins étant donnée, on peut numéroter les punaises sur les deux plaques de 1 à *n* en se déplaçant de gauche à droite. En reliant ensuite les extrémités des brins attachés au même numéro, on obtient ce que les mathématiciens appellent un « entrelacs » : un entremêlement de boucles, ou plutôt de « nœuds », pour employer le terme technique. Dans la figure ci-dessous, une tresse donne naissance à un seul nœud ; dans le cas général, plusieurs s'entrelacent.

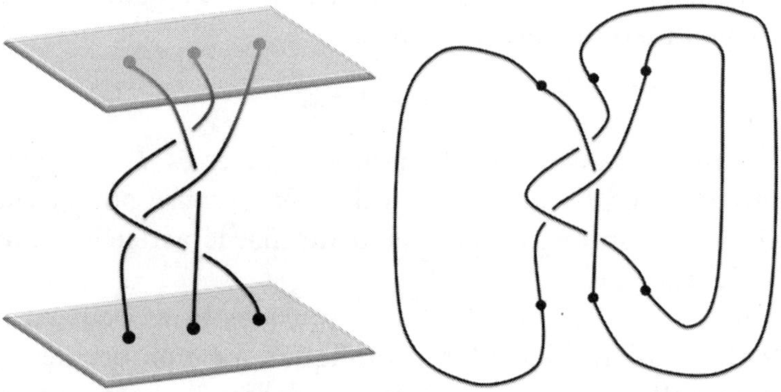

La théorie mathématique des nœuds et des entrelacs se montre très utile en biologie pour étudier les liaisons entre ADN et enzymes, par exemple. La molécule d'ADN et la molécule enzyme jouent alors le rôle de brins. En se liant entre elles, ces molécules donnent parfois lieu à des nœuds hautement non triviaux, source éventuelle de dommages pour l'ADN. La façon dont les molécules s'emmêlent importe donc grandement. Il se trouve que l'étude mathématique des entrelacs ainsi produits éclaire d'un jour nouveau les mécanismes de recombinaison de l'ADN [9].

En mathématiques, les tresses doivent aussi beaucoup à leur interprétation géométrique. Pour expliquer ce que j'entends par là, considérons toutes les collections possibles de *n* points distincts du plan. Prenons l'une de ces collections, et plus précisément une configuration pour laquelle les n points sont régulièrement disposés sur une ligne droite. Imaginons ces points comme de petits insectes qui s'animent et évoluent dans le plan quand une musique commence à retentir. En regardant le temps comme une direction verticale, la trajectoire de chaque insecte formera un brin. Si les positions des insectes restent toujours distinctes, c'est-à-dire que les insectes ne se cognent pas, ces brins ne se rencontrent jamais. Libres de tourner les uns autour des autres, les insectes donneront naissance à des brins qui s'enrouleront les uns autour des autres, exactement comme les brins d'une tresse. Nous demandons en outre que, lorsque la musique cesse, après un temps déterminé, les insectes soient collectivement alignés de la même façon qu'au départ, c'est-à-dire que chaque insecte revienne occuper sur la droite l'une des positions initiales – pas nécessairement la sienne. L'ensemble de ces trajectoires prendra alors la forme d'une tresse à n brins.

Les tresses à n brins se laissent ainsi définir comme des chemins dans l'espace des collections de n points distincts du plan [10].

*

Le problème que m'avait donné Varchenko, et sur lequel j'allais commencer à travailler avec Fuchs, concernait une partie du groupe des tresses appelé le *groupe dérivé.* Nous avons défini un nombre de croisements pour les tresses à deux brins. Nous pouvons procéder de même pour une tresse à un nombre quelconque de brins [11]. Le groupe dérivé T'_n du groupe des tresses à n brins est constitué des tresses à nombre de croisements nul [12].

Mon problème consistait à calculer les « nombres de Betti » du groupe T'_n. Ces nombres portent de profondes propriétés du groupe, très importantes dans les applications. Pour donner une analogie, prenons une maison : elle présente de nombreuses caractéristiques, certaines évidentes, comme le nombre d'étages, de pièces, de portes, de fenêtres, etc., et d'autres qui le sont moins, comme la proportion des différents matériaux utilisés pour sa construction. De la même façon, un groupe présente diverses caractéristiques qui se lisent dans les nombres de Betti [13]. Fuchs avait lui-même calculé les nombres de Betti du groupe T_n entier, et c'est précisément ce qu'il exposait dans l'article qu'il m'avait donné, pour que je me familiarise avec le sujet.

J'ai lu cet article seul, en l'espace d'une semaine, m'arrêtant parfois pour chercher une définition ou un concept inconnu dans les livres de ma bibliothèque, alors assez fournie. J'ai ensuite téléphoné à Fuchs.

« Oh, c'est toi, m'a-t-il dit. Je me demandais pourquoi tu n'appelais pas. Tu as commencé à lire l'article ?

— Oui, Dmitry Borisovich, et je l'ai même fini.

— Tu l'as fini ? » Fuchs parut surpris. « Bon, il faut que nous nous voyions alors. Je veux savoir ce que tu as compris. »

Fuchs me proposa de venir le voir le lendemain à la MGU, après un séminaire auquel il avait prévu d'assister. Pour me préparer à cette rencontre, j'ai lu et relu l'article, m'entraînant à répondre à toutes les questions que Fuchs pourrait me poser. Un mathématicien de réputation mondiale comme Fuchs ne prendrait pas un étudiant par pitié. La barre était haute. Je savais que cette première conversation avec Fuchs tiendrait de l'entretien d'embauche, et je voulais absolument faire bonne impression.

*

Nous nous sommes retrouvés à l'heure dite et avons marché dans les couloirs du *Mekh-Mat*, en quête d'un lieu tranquille pour discuter. Une fois que nous avons été installés, j'ai commencé à expliquer à Fuchs ce que j'avais compris de l'article. Il m'a écouté attentivement, posant seulement une question de temps à autre. Je crois qu'il se réjouissait de ce qu'il entendait. Il s'est montré curieux de savoir d'où je tenais toutes mes connaissances. Je lui ai raconté mes études avec Evgeny Evgenievich, mes lectures personnelles, les cours du *Mekh-Mat*. Nous avons même parlé de mon examen d'entrée à la MGU – je n'apprenais bien sûr rien à Fuchs sur ce point.

Par chance, cet entretien se déroula à merveille. Fuchs semblait impressionné par mon savoir. Il m'a dit que j'étais prêt à me confronter au problème de Varchenko et que je pouvais compter sur son aide.

Je volais presque en quittant la MGU ce soir-là. J'allais travailler sur mon premier problème de recherche, guidé par l'un des meilleurs mathématiciens du monde. Moins de deux ans avaient passé depuis mon triste examen d'entrée au *Mekh-Mat*. Je revenais dans la partie.

6

APPRENTI MATHÉMATICIEN

Venir à bout d'un problème de recherche en mathématiques revient un peu à assembler les pièces d'un puzzle, à ceci près que l'image finale n'est pas connue à l'avance. L'opération se révèle parfois facile, parfois difficile, parfois impossible. On ne le sait qu'après l'avoir accomplie – ou avoir compris qu'elle était insoluble. En cette incertitude fondamentale s'inscrit peut-être l'aspect le plus déroutant du métier de mathématicien. Dans d'autres disciplines, il est toujours possible d'improviser, de parvenir à des solutions différentes, voire de modifier les règles du jeu. La notion même de solution n'est pas précisément définie. À quelle aune juger d'un gain de productivité dans une entreprise, par exemple ? Es-ce que l'on considère qu'une augmentation de 20 % vaut solution du problème ? Ou de 10 % ? En maths, la définition d'un problème ne souffre d'aucune ambiguïté. Quant à sa solution, soit on la trouve, soit on ne la trouve pas.

Ma mission consistait donc à calculer les nombres de Betti du groupe T'_n. Aucun flou dans cette question qui conserve aujourd'hui le sens qu'elle avait pour n'importe quel pratiquant du langage mathématique en 1986, la première fois que j'en ai entendu parler, et le sens qu'elle aura dans cent ans.

Je savais que Fuchs avait résolu un problème similaire, et je savais même comment il l'avait fait. Pour me mettre dans le bain, j'ai étudié les solutions déjà trouvées de questions analogues, développant ainsi mon intuition et me familiarisant avec un éventail d'outils et de méthodes. Mais j'ignorais *a priori* la bonne façon d'aborder le problème, ce qui allait fonctionner ou non. Peut-être même qu'il me faudrait forger une technique nouvelle ou suivre une route fondamentalement différente.

Tous les mathématiciens font face à ce type de difficulté. Afin de bien comprendre jusqu'où peut mener la résolution d'une question simple à énoncer, considérons le Dernier théorème de Fermat, l'un des problèmes les plus célèbres des mathématiques. Soit n un entier naturel, c'est-à-dire un nombre de la forme 1, 2, 3, etc., et soit l'équation

$$x^n + y^n = z^n,$$

dont on cherche les solutions x, y et z parmi ces mêmes entiers naturels.

Pour $n = 1$, l'équation s'écrit

$$x + y = z.$$

Elle admet sûrement de nombreuses solutions : il suffit de choisir deux entiers quelconques x et y et de prendre $z = x + y$. Notons que nous utilisons ici l'opération d'addition sur les entiers dont nous avons parlé dans le chapitre précédent.

Pour $n = 2$, l'équation s'écrit

$$x^2 + y^2 = z^2.$$

Elle admet également de nombreuses solutions entières ; celle-ci par exemple :

$$3^2 + 4^2 = 5^2.$$

Ces résultats sont connus depuis l'Antiquité. Mais on ignorait si l'équation admettait des solutions pour n plus grand que 2. La question paraît pourtant simple, non ?

Le problème se révèle de fait extraordinairement difficile à résoudre. En 1637, le mathématicien français Pierre de Fermat nota en marge d'un vieux livre que l'équation n'admettait aucune solution entière pour n supérieur à 2. En d'autres termes, on ne peut pas trouver trois entiers naturels x, y et z vérifiant

$$x^3 + y^3 = z^3.$$

On ne peut pas non plus trouver trois entiers x, y et z vérifiant

$$x^4 + y^4 = z^4.$$

Et ainsi de suite.

Fermat indiquait avoir démontré ce résultat pour tout n supérieur à 2 par une preuve que « cette marge est trop étroite pour contenir ». De nombreux mathématiciens, amateurs ou professionnels, comme pour relever le défi que semblait leur lancer Fermat, s'essayèrent à la retrouver, hissant du même coup cet énoncé au rang du plus célèbre problème de tous les temps. Des prix furent proposés ; des centaines de démonstrations furent rédigées et publiées, qui toutes souffraient d'un vice, plus ou moins apparent. Trois cent cinquante ans plus tard, le problème n'avait toujours pas été résolu.

En 1993, un mathématicien de Princeton, Andrew Wiles, annonça lui aussi avoir démontré le Dernier théorème de Fermat. Sa preuve paraît à première vue sans rapport avec l'énoncé original. Plutôt que d'aborder frontalement le Dernier théorème de Fermat, Wiles s'est attaqué à la conjecture dite de Shimura-Taniyama-Weil, bien plus compliquée à énoncer et sur un sujet entièrement différent. Quelques années auparavant, Ken Ribet, un mathématicien de Berkeley, avait toutefois montré que la vérification de cette conjecture entraînait la validité du Dernier théorème de Fermat. D'où l'approche de Wiles, dont nous reparlerons plus en détail dans le chapitre 8 – je cherche simplement ici à faire comprendre qu'un problème simple d'apparence ne présente pas toujours une solution élémentaire. Il apparaît clairement, aujourd'hui, que Fermat n'a pas pu prouver le théorème qui porte son nom. Cette fin a nécessité le développement de domaines entiers par des générations de mathématiciens [1].

Une telle complexité perce-t-elle sous cette équation à l'air bien innocent ?

$$x^n + y^n = z^n$$

Sûrement pas !

On ne peut jamais connaître à l'avance les détours que nous fera emprunter la solution d'un problème de maths. Il n'y a guère qu'à espérer en trouver une belle qui de surcroît nous fasse découvrir des choses intéressantes en chemin. Et prier pour parvenir à cette heureuse conclusion en un temps raisonnable, bien inférieur à quelque trois cent cinquante ans. Mais en la matière, rien n'est jamais sûr !

*

Pour ma part, je fus plutôt chanceux. Mon problème admettait une solution élégante, que j'ai découverte assez rapidement, en deux mois environ. Mais elle ne s'est pas livrée facilement. Les solutions ne se livrent jamais facilement. Je me suis engagé dans diverses voies, qui, en débouchant sur des impasses, n'ont fait qu'augmenter ma frustration et mon anxiété. Comme c'était mon premier problème, je me suis forcément interrogé sur mes aptitudes à devenir mathématicien.

Même si je continuais de suivre les cours et de passer les examens à la Kerosinka, ce fichu problème était devenu ma grande priorité. J'y ai consacré un nombre d'heures incalculable, des nuits, des week-ends... La pression est devenue trop forte. J'ai commencé à mal dormir – premier effet collatéral de mes recherches en mathématiques. Ces insomnies m'ont hanté des mois durant... Plus jamais, ensuite, je ne me suis laissé plonger dans de tels abysses.

Je rencontrais Fuchs chaque semaine ou presque dans les locaux du *Mekh-Mat* pour faire le point sur mes progrès... ou sur mes difficultés. Il m'avait alors obtenu un badge, ce qui me dispensait d'escalader la clôture, et il m'encourageait inlassablement. Lors de nos entretiens, il me suggérait toujours une nouvelle piste ou m'apprenait un nouveau truc que j'essayais ensuite d'appliquer à mon problème.

*

Et soudain, je l'ai vue. J'ai trouvé ma solution. Ou, plus précisément peut-être, la solution s'est présentée à moi d'elle-même. Dans toute sa splendeur.

J'essayais de calculer les nombres de Betti en appliquant une méthode dite de *suite spectrale*, que Fuchs m'avait enseignée. De cette façon, je pouvais en principe calculer les nombres de Betti du groupe T'_n à partir des nombres de Betti de tous les groupes T'_m avec $m < n$. L'inconvénient, évidemment, c'est que je ne connaissais pas ces nombres de rang inférieur.

Mais je disposais ainsi d'un bon moyen pour attaquer le problème : *deviner* la solution, puis *vérifier* son exactitude.

Plus facile à dire qu'à faire, cependant, car deviner la bonne réponse supposait de nombreux calculs sur des échantillons de plus en plus compliqués. Longtemps, aucune régularité ne parut émerger.

Et soudain, comme par un coup de baguette magique, tout s'est éclairci. Le puzzle s'est assemblé et l'image finale s'est révélée à moi, aussi simple qu'élégante. Je n'oublierai jamais cet instant. Un incroyable sentiment de plénitude me récompensait largement de toutes ces nuits sans sommeil.

Pour la première fois de ma vie, je connaissais quelque chose que *personne au monde ne connaissait.* J'avais du neuf à dire sur l'univers. Pas un remède contre le cancer à annoncer, certes, mais un morceau notable de savoir qui m'appartenait et que personne ne pourrait m'enlever.

Qui a goûté ce plaisir cherchera toujours à y revenir. C'était ma première fois, une expérience aussi émouvante qu'un premier baiser. Je pouvais désormais me prétendre mathématicien.

*

Ma solution se révélait en fait assez surprenante, et bien plus intéressante que ce que Fuchs ou moi avions pu imaginer. J'avais trouvé qu'à tout diviseur de l'entier n, le nombre de brins des tresses en considération, correspondait un nombre de Betti du groupe T'_n égal à la célèbre *fonction d'Euler* pris en ce diviseur[2].

La fonction d'Euler assigne à tout entier naturel d un autre entier, noté $\phi(d)$, qui est le nombre d'entiers compris entre 1 et d *relativement premiers* à d, c'est-à-dire sans diviseurs communs avec d, autre que 1, bien sûr.

Pour $d = 6$, par exemple, 1 est relativement premier à 6, 2 ne l'est pas (car 2 divise 6), 3 non plus (car 3 aussi divise 6), 4 non plus (car 4 et 6 ont 2 pour diviseur commun), 5 est relativement premier à 6 et 6 ne l'est pas. Deux entiers compris entre 1 et 6 sont donc relativement premiers à 6 : 1 et 5. La fonction d'Euler prise au point 6 vaut ainsi 2, ce qui s'écrit $\phi(6) = 2$.

La fonction d'Euler intervient dans un grand nombre d'applications. Elle s'utilise notamment dans l'algorithme dit *RSA*, très souvent employé pour chiffrer les numéros de carte bleue lors des transactions en ligne – voyez la note 7 du chapitre 14. Elle doit son nom à Leonhard Euler, un grand mathématicien suisse du XVIIIe siècle.

Que mes nombres de Betti soient ainsi donnés par la fonction d'Euler suggérait l'existence d'un lien caché entre les groupes de tresses et la théorie des nombres. Je débordais donc potentiellement du cadre original de mon problème.

J'étais, bien sûr, très impatient de montrer mes résultats à Fuchs. En ce mois de juin 1986, presque trois mois après notre première rencontre, Fuchs avait quitté Moscou avec sa femme et ses deux filles pour passer l'été dans sa datcha près de Moscou. Par chance pour moi, elle se situait sur la ligne de train que j'empruntais chaque week-end pour retourner chez mes parents, à mi-chemin environ, de sorte que je pouvais facilement lui rendre visite.

Après m'avoir servi une tasse de thé rituelle, Fuchs s'enquit donc de mes progrès.

« J'ai résolu le problème ! »

Je ne pouvais plus contenir mon excitation... Je présume que l'exposé de ma preuve fut assez décousu. Mais je n'avais pas à m'inquiéter, Fuchs avait tout compris sur-le-champ. Il parut ravi.

« Bien, commenta-t-il, beau travail ! Il faut maintenant que tu écrives un article pour présenter tes résultats. »

Je n'avais alors jamais rédigé d'articles de maths. L'expérience, bien moins amusante que la recherche proprement dite, m'apporta aussi son lot de frustrations. S'asseoir derrière un bureau pour tenter d'organiser ses pensées et les coucher sur le papier est un travail qui diffère sensiblement de la quête de résultats nouveaux à la frontière du savoir. Comme me l'a indiqué un collègue plus tard, rédiger un article est la punition infligée à ceux qui ont joui du bonheur de découvrir un théorème inconnu. C'était la première fois qu'une telle correction m'était administrée !

Je suis retourné plusieurs fois chez Fuchs pour lui montrer les versions successives de mon travail. Il les a toujours lues avec attention, me pointant ici un défaut, suggérant là une amélioration. Son aide, dispensée comme toujours avec générosité, me fut très précieuse. Il avait refusé dès le départ que je l'inscrive comme co-auteur : « C'est ton article ! » Quand celui-ci fut enfin au point,

Fuchs me conseilla de le soumettre à *Functional Analysis and Applications*, le journal dirigé par Israel Moiseevich Gelfand, le patriarche de l'école mathématique soviétique.

Gelfand était une légende vivante parmi les mathématiciens de Moscou. Cet homme trapu et charismatique venait alors tout juste de dépasser les 70 ans. Il présidait un séminaire hebdomadaire, qui avait lieu dans un grand amphithéâtre du quatorzième étage du bâtiment principal de la MGU. L'événement, important mathématiquement et socialement, renommé dans le monde entier, se tenait depuis une cinquantaine d'années. Fuchs avait été l'un des collaborateurs de Gelfand – leur travail sur la cohomologie dite *de Gelfand-Fuchs* est bien connu – et comptait parmi les plus anciens membres de son séminaire – avec A.A. Kirillov, un des anciens étudiants de Gelfand, ou M.I. Graev, également collaborateur de longue date.

Le séminaire de Gelfand ne ressemblait à aucun autre de ceux qu'il m'a jamais été donné de suivre. Ce type de réunion commence habituellement à heure fixe – 13 heures, 13 h 30 aux États-Unis, par exemple. Un orateur présente en général un exposé sur un certain sujet, choisi à l'avance. À l'occasion, le public pose quelques questions. Il en allait tout autrement au séminaire Gelfand. Il se tenait en soirée, le lundi, officiellement à partir de 19 heures, dans les faits rarement avant 19 h 30, quand ce n'était pas 19 h 45 ou 20 heures. Une heure environ avant le coup d'envoi, les participants, y compris Gelfand qui arrivait habituellement entre 19 h 15 et 19 h 30, allaient et venaient dans l'amphithéâtre ou dans le hall adjacent pour discuter entre eux. Gelfand désirait qu'il en fût ainsi. Comme je l'ai dit, c'était un événement social tout autant qu'un séminaire de maths.

Les participants occupaient des postes en divers lieux, non nécessairement affiliés à la MGU. Le séminaire Gelfand offrait ainsi la possibilité unique de rencontrer ses pairs, de se tenir informé de ce qui se passait dans le monde des mathématiques, de partager ses idées et de nouer des collaborations. Les juifs y étaient admis, Gelfand l'étant lui-même, et ils s'y sentaient en sécurité, ce qui n'était pas si courant. (Pour être honnête, je dois ajouter que de nombreux autres séminaires de la MGU étaient ouverts à tous et dirigés sans considération ethnique.)

L'antisémitisme que j'avais rencontré lors de mon examen d'entrée à la MGU avait alors atteint tous les niveaux universitaires en Union soviétique. Plus tôt, dans les années 1960 et au début des années 1970, bien qu'un système de quotas ait été mis en place pour les étudiants d'origine juive, ces derniers pouvaient encore intégrer les deux premiers cycles du *Mekh-Mat*. La situation s'est graduellement détériorée dans les années 1970 et au début des années 1980, pour atteindre un stade, quand j'ai postulé au *Mekh-Mat* en 1984, où plus aucun d'entre eux ou presque n'était accepté[3]. Mais même à cette époque un peu plus ouverte, il était pratiquement impossible pour un juif de suivre un cursus de troisième cycle. Le seul moyen d'y parvenir consistait à aller travailler trois ans quelque part après son deuxième cycle, puis de demander à son employeur une mutation pour un troisième cycle, souvent dans une lointaine province. Et quand bien même l'étudiant venait à bout de tous ces obstacles et décrochait son doctorat, il lui était impossible de trouver un poste de recherche en mathématiques à Moscou, à la MGU, par exemple. Soit il partait en province, soit il intégrait l'un des multiples instituts de recherche moscovites qui n'avaient que peu à voir avec les mathématiques. Pour ceux qui n'étaient pas originaires de Moscou, la situation se compliquait encore par le défaut de *propiska*, un visa de résidence, porté au passeport intérieur, obligatoire pour travailler dans la capitale.

Ce traitement était infligé même aux étudiants les plus exceptionnels. Vladimir Drinfeld, un mathématicien brillant, futur lauréat de la médaille Fields, dont je parlerai un peu plus tard, a certes exceptionnellement réussi à s'inscrire sans attendre en troisième cycle au *Mekh-Mat* – non sans grandes difficultés, me suis-je laissé dire –, mais, originaire de Kharkov, en Ukraine, il n'a pas réussi à se faire embaucher à Moscou. Il a dû se rabattre sur un poste d'enseignement ouvert dans une université provinciale, à Ufa, une cité industrielle perdue dans les montages de l'Oural. Il est ensuite parvenu à obtenir un poste de recherche à l'Institut de physique des basses températures de Kharkov.

Ceux qui restaient à Moscou trouvaient des emplois dans des établissements comme l'Institut des études sismiques ou l'Institut de traitement du signal. Leur activité quotidienne consistait en divers calculs fastidieux liés à l'industrie particulière à laquelle leur institut était rattaché – certains ont d'ailleurs innové dans ces domaines d'adoption ! Ils se consacraient aux recherches mathématiques qui les passionnaient par la bande, sur leur temps libre.

Gelfand lui-même fut chassé de son poste d'enseignant au *Mekh-Mat* en 1968, après qu'il eut signé, comme 99 collègues, une lettre célèbre demandant la mise en liberté du mathématicien et militant des droits de l'homme Alexander Esenin-Volpin, le fils du poète Sergei Esenin, interné en asile psychiatrique sur des motifs purement politiques. Cette lettre fit si bien son effet qu'à la suite de l'indignation mondiale suscitée par sa diffusion à la BBC, le gouvernement soviétique dut promptement libérer son prisonnier [4]. Fortement irritées par l'opération, les autorités trouvèrent moyen par la suite de punir les signataires. Nombre d'entre eux, en particulier, furent démis de leur poste d'enseignement [5].

Gelfand n'était donc plus professeur de mathématiques à la MGU, même s'il avait conservé son séminaire, qui se tenait encore dans le bâtiment principal. Il travaillait officiellement dans un laboratoire de biologie, qu'il avait fondé au sein de la même université, pour y mener des recherches sur cette autre de ses passions*. Fuchs était d'ailleurs en poste au même endroit.

Sur les conseils avisés de Fuchs, j'avais déjà assisté à une ou deux séances du séminaire, à la toute fin du semestre de printemps. Elles m'avaient vivement impressionné. Gelfand dirigeait son affaire d'une main de fer et y décidait de tout. Aussi chaotiques et désorganisées que puissent paraître ces séances hebdomadaires à des yeux innocents, il consacrait en réalité un temps et une énergie formidables à en préparer la chorégraphie.

Trois ans plus tard, quand Gelfand me demanderait d'y exposer mes travaux, j'aurais l'occasion d'en observer de près les rouages. Mais je vivais à l'époque la chose dans la peau d'un étudiant de 17 ans qui démarrait tout juste sa carrière mathématique.

---

* Dans le même ordre d'idées, Gelfand n'a pas été membre à part entière de l'Académie des sciences soviétique avant le milieu des années 1980, car la section de mathématiques fut, des décennies durant, sous la coupe du directeur de l'Institut de mathématiques Steklov à Moscou, Ivan Matveevich Vinogradov, souvent surnommé « l'antisémite en chef de l'Union soviétique ».

À maints égards, ce séminaire était le théâtre d'un seul acteur. Bien qu'un orateur fût officiellement désigné pour parler sur un sujet spécifique, cet exercice ne prenait ordinairement qu'une partie de la séance. Gelfand avait en général d'autres sujets sous le coude et demandait à d'autres mathématiciens d'aller au débotté les exposer au tableau noir. Tout cela en demeurant toujours au centre de l'attention. Lui et lui seul maîtrisait le tempo de la séance et disposait du pouvoir absolu d'interrompre l'orateur à n'importe quel moment, par des questions, des suggestions et des remarques. Je l'entends encore lancer une de ses réprimandes les plus fréquentes : « *Dayte opredelenie* – donne la définition ! »

Il aimait aussi s'engager dans de longues tirades sur les sujets les plus divers, parfois sans grand rapport avec l'objet de la discussion en cours, raconter des blagues, des anecdotes, des histoires en tout genre, souvent très amusantes. C'est en assistant à son séminaire que j'ai entendu la parabole, mentionnée dans la préface, de l'ivrogne qui ne sait peut-être pas si 2/3 est plus grand que 3/5 mais qui sait sûrement que 2 bouteilles pour 3 personnes valent mieux que 3 bouteilles pour 5. L'un des grands talents de Gelfand consistait à « reformuler » les questions posées par les autres participants de manière à ce que la réponse devienne évidente.

La blague du téléphone sans fil comptait aussi au nombre de ses préférées : « Lors d'une fête, au commencement du XXe siècle, quelqu'un demande à un physicien : Alors, ce télégraphe sans fil, comment ça fonctionne ? C'est très simple, répond le physicien. Il faut d'abord comprendre le fonctionnement du télégraphe avec fil : Imaginez un chien avec sa tête à Londres et sa queue à Paris. Vous tirez la queue à Paris, le chien aboie à Londres. Pour le télégraphe sans fil, conclut le physicien, c'est la même chose, mais sans le chien. »

Après avoir raconté sa blague et attendu la fin des rires, y compris de ceux qui l'avaient entendue des milliers de fois, Gelfand embrayait sur le problème mathématique en cours. S'il pensait que sa solution nécessitait une approche radicalement nouvelle, par exemple, il ajoutait : « Ce que j'essaie de dire, c'est qu'il faudrait se passer du chien. »

Un dispositif souvent utilisé consistait à désigner un *kontrol'nyj slushatel'*, un auditeur test, souvent recruté parmi les plus jeunes membres du public, chargé de répéter à intervalles réguliers ce que disait l'orateur. Si l'auditeur test parvenait à suivre, on considérait que l'orateur faisait du bon travail. Sinon, il devait ralentir et mieux expliquer. Parfois, il arrivait que Gelfand prie un orateur particulièrement hermétique de se rasseoir et le remplace par un autre, choisi dans le public. Bien sûr, Gelfand taquinait aussi l'auditeur test. Tout cela rendait le séminaire très vivant.

La plupart des autres séminaires suivent un cours tranquille : le public écoute poliment, sans toujours apprendre grand-chose, en s'endormant un peu parfois, trop gentil, trop bien élevé ou trop effrayé pour poser une question. Il est évident que le rythme inégal et le caractère généralement subversif du séminaire de Gelfand ne contribuaient pas seulement à maintenir le public en éveil – pas si facile quand une séance se terminait souvent vers minuit ! –, mais le stimulait aussi d'une manière incomparable. Gelfand demandait beaucoup aux orateurs, et ils donnaient beaucoup. Mais lui aussi. Quoi que l'on puisse penser de son style, le public ne repartait pas les mains vides.

Il me semble toutefois que ce type de séminaires ne saurait exister qu'en régime totalitaire, comme dans l'Union soviétique de l'époque. L'assistance était accoutumée au type de pouvoir et de comportement dictatorial affiché par Gelfand. Ce dernier pouvait être cruel, voire insultant, envers autrui. Un tel comportement ne se tolérerait sans doute pas longtemps en Occident. Mais en Union soviétique, il ne dépassait pas outre mesure les bornes de l'ordinaire, et personne ne protestait. (Le séminaire de Lev Landau en physique théorique avait aussi acquis une petite réputation du même genre.)

*

Durant les premières séances du séminaire Gelfand auxquelles j'ai assisté, un jeune physicien, Vladimir Kazakov, exposait ses travaux sur les *modèles matriciels*. En appliquant de manière nouvelle des méthodes utilisées en physique quantique, Kazakov avait obtenu de profonds résultats mathématiques, inaccessibles aux méthodes traditionnelles. Gelfand s'était toujours intéressé à la physique quantique, aussi mettait-il souvent ce sujet à l'honneur. En l'occurrence, particulièrement impressionné par le travail de

Kazakov, il en assurait activement la promotion chez les mathématiciens. Comme souvent, son intuition ne le trompait pas : quelques années plus tard, devenu célèbre et très porteur, ce travail conduirait à d'importantes avancées tant en mathématiques qu'en physique.

Au séminaire, Kazakov ne ménageait pas ses efforts pour bien faire comprendre ses idées aux mathématiciens. Plus respectueux avec lui que d'ordinaire, Gelfand le laissait parler sans trop l'interrompre.

À l'époque même où Kazakov exposait ses travaux circulait un article de John Harer et Don Zagier présentant une belle solution à un problème de combinatoire très difficile[6]. Zagier avait acquis la réputation de savoir résoudre des problèmes apparemment insolubles, et ce rapidement. Il se murmurait alors que la solution lui avait pris six mois, une durée dont il aimait souligner la brièveté. Lors de la séance suivante, Gelfand demanda à Kazakov, toujours tout à sa description des modèles matriciels, d'appliquer ses méthodes au problème de Harer-Zagier. Il avait pressenti qu'elles permettaient d'attaquer ce type de questions. La suite a montré qu'il avait vu juste. Debout au tableau noir, Kazakov, qui ne connaissait pas l'article de Harer-Zagier et entendait l'énoncé du problème pour la première fois, a réfléchi une ou deux minutes, puis a écrit sans plus tarder le lagrangien d'une théorie quantique des champs qui conduisait par ses méthodes à la solution.

Le public en est resté ébahi. Sauf Gelfand. D'un air innocent, il a demandé à Kazakov : « Volodya, depuis combien de temps travailles-tu sur ce sujet ?

— Je ne sais pas, Israel Moiseevich, six ans peut-être...

— Il t'a donc fallu six ans et deux minutes là alors qu'il n'a fallu que six mois à Don Zagier. Hum... Vois-tu le chemin qu'il te reste encore à parcourir ? »

C'était là une taquinerie bien gentille, comparée à certaines autres. Il fallait avoir la peau dure pour survivre dans cet environnement. Certains orateurs prenaient malheureusement certaines remarques publiques trop à cœur, ce qui leur causait bien des tourments. Je dois toutefois ajouter que Gelfand avait surtout la dent dure avec les mathématiciens les plus âgés, bien établis, et qu'il se montrait plus gentil avec les jeunes, et spécialement les étudiants.

Il disait souvent que son séminaire accueillait volontiers tous les étudiants de premier et deuxième cycle, tous les étudiants talentueux de troisième cycle et seulement les plus brillants des professeurs. Il avait compris qu'un sujet mourait faute de sang neuf et qu'il fallait préparer de nouvelles générations de mathématiciens. Lui-même s'entourait toujours de jeunes talents, qui, en retour, l'aidaient à rester dans le coup – il est demeuré à la pointe de la recherche jusqu'à près de 90 ans. Le séminaire allait même jusqu'à ouvrir ses portes à des lycéens, qu'il faisait toujours asseoir au premier rang, pour être sûr qu'ils n'en perdent pas une miette – pas n'importe quels lycéens, bien sûr ; la plupart d'entre eux sont devenus des mathématiciens reconnus.

Tous les témoignages s'accordent à dire que Gelfand se montrait d'une grande générosité avec ses étudiants, qu'il s'entretenait souvent et longuement avec eux. Ce n'est pas si fréquent. Certes, étudier sous sa direction comportait son lot d'épreuves : il fallait supporter son affection bourrue, ses caprices de toutes sortes et ses habitudes dictatoriales. Mais pour connaître nombre de ses anciens étudiants, j'ai l'impression qu'ils lui sont restés loyaux et immensément reconnaissants.

Je n'étais pas l'étudiant de Gelfand – j'étais son « petit-étudiant », puisque Fuchs et Feigin (qui apparaîtra bientôt dans cette histoire) avaient travaillé au moins pour partie sous sa direction. En tout cas, je me suis toujours considéré moi-même comme un membre de l'« école » de Gelfand. C'est d'ailleurs ce que je lui ai affirmé plus tard, un jour que, alors que nous séjournions tous deux aux États-Unis, il m'a posé directement la question. À la lueur de satisfaction qui a éclairé son regard, j'ai compris à quel point la reconnaissance de cette école et de ses membres était importante pour lui.

De fait, elle a eu un impact énorme, et pas seulement à Moscou, mais dans le monde entier. Des mathématiciens étrangers se rendaient sur place simplement pour voir Gelfand et assister à son séminaire, à la fois point focal de cette école et fenêtre sur le monde. Pour beaucoup, c'était un grand honneur d'être invité à y exposer.

La réputation du séminaire devait beaucoup à la personnalité hors norme et fascinante de Gelfand. Quelques années plus tard, il s'est intéressé à mes travaux et m'a demandé de les y présenter. Nous avons discuté pendant des heures, de tout et de rien, pas seulement de mathématiques. Passionné par l'histoire de notre discipline, il se plaisait notamment à mettre en avant sa propre contribution. La première fois que je suis allé lui rendre visite dans son appartement moscovite – je me souviens très bien, je venais alors d'avoir 21 ans –, il m'a déclaré tout à trac qu'il se considérait lui-même comme le Mozart des mathématiques : « La plupart des compositeurs sont connus pour une ou quelques-unes de leurs œuvres en particulier, m'a-t-il expliqué ; Mozart, c'est différent : c'est la totalité de son œuvre qui fait de lui un génie. » Puis, après une légère pause, il a ajouté : « C'est pareil pour moi. »

Ce type d'auto-évaluation est toujours sujet à caution, mais en l'occurrence, la comparaison est assez juste. Gelfand n'a certes jamais prouvé de conjectures célèbres, comme le Dernier théorème de Fermat, mais ses idées sur les mathématiques, prises toutes ensemble, ont de quoi couper le souffle. Et peut-être plus important encore : Gelfand avait un goût très sûr et une intuition très fine pour reconnaître les mathématiques élégantes promises à un brillant avenir. Il tenait en cela de l'oracle, capable de prédire les directions que prendrait sa discipline.

Alors que les mathématiques se spécialisaient toujours plus, se divisaient en sous-disciplines, Gelfand restait l'un des derniers honnêtes hommes capable de jeter des ponts entre différents domaines. Il incarnait l'unité des mathématiques. Contrairement à la plupart des autres séminaires, centrés sur un champ précis des mathématiques, celui de Gelfand permettait de voir les différentes parties s'assembler. Voilà pourquoi nous nous réunissions tous chaque lundi soir au quatorzième étage du bâtiment principal de la MGU en attendant avec impatience que notre maître prenne la parole.

*

C'est donc à cet homme éminent que Fuchs me suggérait de soumettre mon premier article ! *Functional Analysis and Applications*, la revue de Gelfand, comptait quatre numéros par an, d'environ une centaine de pages chacun, soit un format dérisoire pour un titre comme celui-ci, traduit en anglais, tenu en haute estime dans le monde entier, auquel de nombreuses bibliothèques de tous pays étaient abonnées.

La revue acceptait peu d'articles, en partie à cause de cette stricte contrainte de volume. Elle publiait d'une part des articles de recherche, d'une dizaine ou d'une quinzaine de pages chacun, qui présentaient des preuves détaillées, et d'autre part des notes courtes, de deux pages au plus, qui annonçaient simplement un résultat, sans en donner la démonstration. En théorie, ces dernières devaient être suivies par un article présentant toutes les preuves voulues, ce qui ne se produisait dans les faits que très rarement, tant il était difficile de publier des articles plus longs. Un mathématicien soviétique ne pouvait guère se tourner vers des revues étrangères en raison des autorisations de toutes sortes alors exigées de lui, qui ne s'obtenaient souvent qu'au terme de plus d'une année d'efforts soutenus. En Union soviétique, le nombre de publications était ainsi très réduit au regard du nombre de mathématiciens que comptait la communauté. Il se trouvait en outre que la plupart des titres étaient contrôlés par des groupes variés, qui ne laissaient aucune place à des auteurs extérieurs – et je ne parle même pas de l'antisémitisme, parfois très présent.

Cette situation a favorisé l'émergence d'un style propre à l'Union soviétique, que l'on a par la suite qualifié de « tradition russe », caractérisé par la production d'articles laconiques, particulièrement avares de détails. Les mathématiciens occidentaux n'avaient pas toujours conscience que cette tradition s'était largement imposée par nécessité, et non par choix. C'est en tout cas à une courte annonce de ce type que Fuchs songeait pour mon premier travail.

Chaque article ou annonce soumis à *Functional Analysis and Applications* devait être agréé par Gelfand avant d'accéder à un processus classique d'évaluation. Dans les faits, je devais donc rencontrer Israel Moiseevich en personne pour que mon article obtienne son feu vert. C'est dans cette perspective que, juste avant l'une des premières séances du séminaire de la rentrée 1986, Fuchs m'a présenté à lui.

Gelfand m'a serré la main avec un grand sourire, tout en disant : « Très heureux de faire ta connaissance. J'ai entendu parler de toi. »

J'étais totalement ébloui. J'aurais juré qu'une auréole planait au-dessus de sa tête.

Gelfand s'est ensuite tourné vers Fuchs, qui lui a tendu mon article. Gelfand a commencé à en tourner les pages. Il en comptait cinq, soigneusement tapées à deux doigts sur une vieille machine à écrire empruntée à la Kerosinka, sauf les formules, insérées à la main.

« Très intéressant », a fait Gelfand d'un ton approbateur, avant de se tourner vers Fuchs et de lui demander : « Mais en quoi est-ce important ? »

Fuchs a commencé à parler du discriminant des polynômes de degré *n* à racines distinctes, de la manière dont mon résultat permettait de décrire la topologie de la fibre du discriminant, et... Gelfand l'a interrompu : « Mitya, dit-il en appelant Fuchs par son diminutif, sais-tu combien la revue a d'abonnés ?

— Non, Israel Moiseevich, je l'ignore.

— Plus d'un millier ! » C'était un nombre considérable, compte tenu du caractère très spécialisé du journal. « Alors tu comprends bien que je ne peux pas t'expédier avec chaque exemplaire pour expliquer à nos abonnés en quoi ce résultat est important. »

Fuchs fit humblement signe qu'il comprenait.

« Il faut clairement l'indiquer dans l'article. D'accord ? » Gelfand s'était toujours arrangé jusque-là pour parler à Fuchs comme si *absolument tout* était sa faute. En m'associant désormais à la discussion, il a ajouté : « À part ça, l'article me paraît très bien. »

Et là-dessus, il sourit à nouveau avant de nous quitter pour parler à quelqu'un d'autre.

Wow ! Quand Gelfand a été hors de portée, Fuchs m'a rassuré : « Ne t'inquiète pas, il voulait simplement t'impressionner. » (Il avait réussi !) « Il suffira d'ajouter un paragraphe au début de l'article. »

Je ne pouvais espérer mieux. Après l'avoir augmenté du paragraphe requis par Gelfand, j'ai officiellement soumis l'article, qui a été accepté et publié[7]. Mon premier projet de recherche en mathématiques venait d'aboutir. J'avais franchi un seuil, et me retrouvais désormais sur la route qui mène au monde magique des mathématiques contemporaines.

7

LA GRANDE THÉORIE D'UNIFICATION

La résolution de ce premier problème de recherche m'a introduit dans le temple des mathématiques. Un peu par hasard, celui sur lequel j'ai ensuite travaillé avec Fuchs m'a mené au beau milieu du programme de Langlands, l'une des théories les plus profondes et les plus excitantes qui aient émergé ces cinquante dernières années. Comme l'objet de ce livre n'est pas uniquement mon expérience personnelle, je vais laisser pour l'instant de côté ce deuxième projet pour dresser auparavant un tableau des mathématiques d'aujourd'hui, montrer ce qu'elles charrient d'originalité, d'imagination et d'idées révolutionnaires. Rien de mieux dans cette perspective que d'évoquer le programme de Langlands. J'aime à le regarder comme une Grande théorie d'unification, en ce sens qu'il révèle de mystérieux motifs présents dans différents domaines des mathématiques et porte ainsi notre attention sur les liens inattendus qui existent entre eux.

Les mathématiques se découpent en de multiples sous-domaines, en continents peuplés par des mathématiciens qui ne parlent pas le même langage. Ici réside la grande force de l'unification : rassembler les théories issues de ces mondes différents pour comprendre l'histoire commune qu'elles racontent. Et nous donner soudain accès à des langues que nous ne baragouinions qu'à peine.

On peut se représenter les mathématiques comme un puzzle gigantesque dont personne ne sait ce qu'il représente. Son assemblage est une entreprise collective, assurée par des milliers de personnes qui travaillent séparées en plusieurs groupes : ici les algébristes, là les théoriciens des nombres, plus loin les géomètres, etc. Chaque groupe a reconstitué aujourd'hui sa petite partie du puzzle, son îlot, sans que l'image finale ne se dégage encore. À mesure que les parties se rejoignent, des caractéristiques importantes de cette image globale émergent, tout en apportant un sens nouveau aux champs individuels.

Les travaux de Robert Langlands tendent précisément à ce but. Le programme qui porte son nom, initié à la fin des années 1960, cherche aujourd'hui à découvrir un mécanisme permettant de jeter des ponts entre de nombreuses îles, aussi indépendantes les unes des autres qu'elles puissent paraître.

Robert Langlands dans son bureau à Princeton, 1999. Photo Jeff Mozzochi.

Langlands est aujourd'hui professeur de mathématiques émérite à l'Institute for Advanced Study, à Princeton, où il occupe l'ancien bureau d'Albert Einstein. Ce visionnaire de grand talent naquit en 1936 et grandit dans une petite ville proche de Vancouver. Ses parents tenaient une entreprise de menuiserie. Lui qui ne parlait qu'anglais en entrant à l'université pratique aujourd'hui un nombre de langues étrangères étonnant : l'anglais, le français, l'allemand, le russe et le turc [1].

Lors de mes collaborations avec Langlands, ces dernières années, nous correspondions souvent dans ma langue natale. Il m'a un jour envoyé la liste impressionnante des auteurs russes qu'il avait lus dans le texte : il connaissait, semblait-il, la littérature de mon pays d'origine bien mieux que moi ! Je me suis souvent demandé si l'aptitude inhabituelle de Langlands pour les langues étrangères était liée à sa capacité d'unir des cultures mathématiques distinctes.

*

La symétrie entre pour une large part dans le programme de Langlands. Nous avons déjà rencontré ce concept dans un cadre géométrique, *via* l'exemple des symétries d'une table ronde ou carrée, qui nous avait ensuite menés à la notion de groupe. Nous avons également vu que ces groupes se manifestent sous diverses formes : groupe de rotations, groupe de tresses, etc. Nous savons en outre que les groupes ont été utilisés pour classer les particules élémentaires et prédire l'existence des quarks. Les groupes liés au programme de Langlands apparaissent quant à eux en théorie des nombres.

Partons des nombres que nous rencontrons dans la vie quotidienne. Chacun d'entre nous est né au cours d'une année précise, habite au *tant* de telle rue, dispose d'un certain numéro de téléphone, d'un code chiffré pour retirer de l'argent au distributeur, etc. Tous ces nombres ont en commun d'être obtenus en ajoutant 1 plusieurs fois à lui-même : 2 vaut 1 + 1, 3 vaut 1 + 1 + 1, etc. Ils sont appelés *entiers naturels.*

Nous connaissons aussi le nombre 0, ainsi que les nombres négatifs : −1, −2, −3... Comme nous l'avons déjà vu au chapitre 5, ces nombres forment l'ensemble des *entiers relatifs*, ou plus simplement des *entiers.* Un entier relatif est donc un entier naturel, 0, ou l'opposé d'un entier naturel.

Nous utilisons également des nombres plus généraux : les prix, exprimés en euros et en cents, par exemple. Qu'un produit soit affiché à 2,59 euros signifie qu'il coûte 2 euros et 59 cents, soit 2 plus la fraction 59/100 euros, soit encore 2 plus 59 fois 1/100 euros. Par 1/100, nous entendons que la quantité ajoutée à elle-même 100 fois donne 1. Les nombres de ce type sont dits *rationnels* ou *fractionnaires.*

Un « quart », par exemple, est un nombre rationnel mathématiquement représenté par la fraction 1/4. Plus généralement, pour deux entiers quelconques m et n donnés, nous pouvons former la fraction m/n. Si m et n ont un diviseur commun, c'est-à-dire s'il existe un entier d tel que $m = dm'$ et $n = dn'$, nous pouvons simplifier la fraction par d et écrire m'/n' au lieu de m/n. Ainsi 1/4 se représente aussi par 25/100, ce qui explique que nous employions indifféremment 25 centilitres pour un quart de litre.

Les nombres de la vie quotidienne s'expriment presque toujours sous forme de fractions de ce type. Mais il existe aussi des nombres qui ne sont pas rationnels : la racine de 2, par exemple, ou $\sqrt{2}$ en notation mathématique. Cette racine est par définition le nombre dont le carré vaut 2. Géométriquement, elle mesure la longueur de l'hypoténuse d'un triangle rectangle de petits côtés de longueur 1.

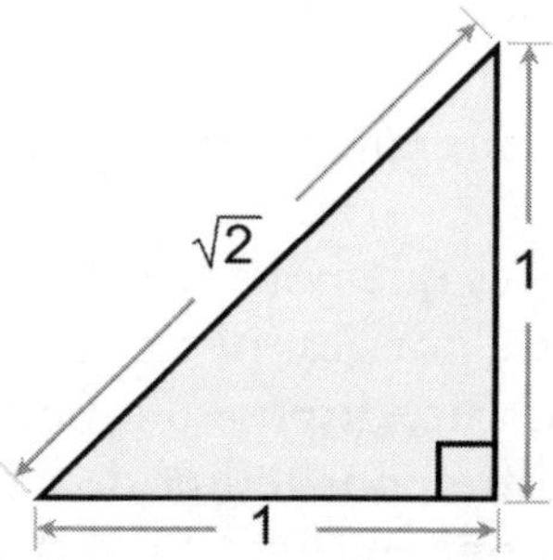

Il est impossible de représenter ce nombre par une fraction de type m/n, où m et n sont deux entiers [2]. Nous pouvons certes toujours l'approcher par des nombres rationnels, ne serait-ce qu'en écrivant les premiers chiffres de son développement décimal : 1,4142 ; 1,41421 ; 1,414213, etc. Mais quel que soit le nombre de décimales retenu, la valeur restera légèrement inexacte. Un nombre fini de décimales ne rendra jamais vraiment justice à $\sqrt{2}$.

Comme $\sqrt{2}$ est la longueur de l'hypoténuse du triangle représenté ci-dessus, nous savons que ce nombre existe. Mais il échappe tout simplement au système numérique formé par les rationnels.

Il existe bien d'autres nombres de ce type, comme la racine de 3, la racine cubique de 2, etc. Il nous faut donc trouver un moyen systématique de les ajouter aux rationnels. Imaginons que ces derniers soient versés dans une tasse de thé. Nous pourrions les déguster tels quels, nature, mais aussi décupler notre plaisir par l'addition tantôt d'un morceau de sucre, tantôt d'un nuage de lait, d'une pointe de miel ou encore de diverses épices – c'est le rôle que jouent les nombres $\sqrt{2}$, $\sqrt{3}$, etc.

Essayons d'adjoindre $\sqrt{2}$, l'équivalent d'un morceau de sucre, dans notre tasse de thé. Jetons donc $\sqrt{2}$ parmi les rationnels et regardons le système numérique obtenu. Comme nous voulons sûrement continuer à pouvoir multiplier deux nombres au sein de ce nouveau système, il nous faut aussi verser tous les nombres qui sont le produit de nombres rationnels et de $\sqrt{2}$, c'est-à-dire de la forme $\frac{k}{l}\sqrt{2}$. Notre système doit donc contenir les nombres rationnels, c'est-à-dire toutes les fractions $\frac{m}{n}$, et tous les nombres de la forme $\frac{k}{l}\sqrt{2}$. Comme nous voulons aussi continuer à pouvoir additionner dans ce système, il nous faut aussi inclure toutes les sommes

$$\frac{m}{n} + \frac{k}{l}\sqrt{2}.$$

La collection formée par les nombres de ce type est « autonome », en ce sens que nous pouvons y exécuter les opérations habituelles – addition, soustraction, multiplication et division – sans que le résultat ne sorte de ce cadre [3]. Voilà donc un morceau de sucre mélangé dans notre tasse de thé.

Il se trouve que ce nouveau système numérique présente une particularité cachée, que ne possèdent pas les rationnels, et qui va nous servir de porte d'entrée vers un monde magique. Il se trouve plus précisément que ce système présente des symétries.

Par « symétrie », j'entends ici une règle qui à tout nombre du système assigne un autre nombre du système, c'est-à-dire une *application* du système dans le système, ou, plus simplement, une *transformation* du système. Nous dirons que la symétrie *envoie* tel nombre sur tel nombre, ou que tel nombre *va* sur tel nombre. La transformation doit en outre se montrer compatible avec les opérations d'addition, de soustraction, de multiplication et de division.

Avant d'en venir à l'intérêt de les étudier, remarquons que notre système numérique admet l'*identité* pour symétrie, à savoir la transformation par laquelle chaque nombre va sur lui-même, comparable en cela à la rotation d'angle nul, par laquelle chaque point de la table ronde est envoyé sur lui-même.

Notre système admet aussi une symétrie non triviale. Pour nous en convaincre, remarquons d'abord que $\sqrt{2}$ est solution de l'équation $x^2 = 2$. En substituant $\sqrt{2}$ à x, nous obtenons en effet une égalité. Mais l'équation a aussi $-\sqrt{2}$ comme solution qui, par construction, appartient également à notre nouveau système numérique. L'interversion de ces deux solutions définit précisément une symétrie du système.

Reprenons notre analogie de la tasse de thé tout en la modifiant légèrement. Disons que nous y jetons un morceau de sucre blanc, $\sqrt{2}$, et un morceau de sucre brun, $-\sqrt{2}$. Les permuter ne change pas le mélange obtenu. De la même façon, que nous permutions $\sqrt{2}$ et $-\sqrt{2}$ ne change pas notre système numérique.

Cette permutation n'affecte pas les nombres rationnels [4]. Les nombres de la forme $\frac{m}{n}+\frac{k}{l}\sqrt{2}$ vont sur les nombres $\frac{m}{n}-\frac{k}{l}\sqrt{2}$. En d'autres termes, cette symétrie consiste à changer le signe devant $\sqrt{2}$ et à ne rien toucher d'autre [5].

De ce point de vue, notre système numérique ressemble à un papillon dont les petites écailles qui recouvrent les ailes formeraient les nombres $\frac{m}{n}+\frac{k}{l}\sqrt{2}$. La symétrie qui permute $\sqrt{2}$ et $-\sqrt{2}$ sur les nombres équivaudrait alors à la symétrie qui permute les ailes du papillon.

Nous pouvons plus généralement considérer d'autres équations de la variable x : prendre par exemple l'équation cubique $x^3 - x + 1 = 0$ plutôt que $x^2 = 2$. Si les solutions de l'équation ne sont pas des nombres rationnels, nous pouvons les y adjoindre, comme dans le cas présenté plus haut. Nous pouvons également adjoindre à ces rationnels les solutions de plusieurs équations prises en même temps. Nous obtenons par ces divers moyens autant de systèmes numériques, ou, pour parler comme un mathématicien, autant de *corps de nombres*. Le mot « corps » se rapporte au fait que le système numérique est fermé par l'addition, la soustraction, la multiplication et la division, c'est-à-dire que le résultat d'une opération reste dans le système.

Les corps de nombres, tout comme celui obtenu par l'adjonction de $\sqrt{2}$, présentent en général des symétries compatibles avec ses opérations. Les symétries d'un corps donné peuvent être appliquées, ou composées, les unes à la suite des autres, exactement comme les symétries d'un objet géométrique. Il n'est donc pas surprenant que ces symétries forment un groupe. Ce groupe est appelé le *groupe de Galois* du corps de nombres[6].

Il a été ainsi baptisé en l'honneur d'Évariste Galois, un mathématicien français qui a connu une existence des plus romantiques et des plus fascinantes. Il fit très jeune des découvertes révolutionnaires avant de mourir des suites d'un duel, le 31 mai 1832, à l'âge de 20 ans. Les versions divergent sur les causes de la dispute : pour certains, il s'agissait d'une histoire d'amour, pour d'autres de politique. Militant intransigeant, Galois s'était certainement fait beaucoup d'ennemis durant sa courte vie.

C'est littéralement à la veille du duel fatal, à la lueur d'une chandelle, au beau milieu de la nuit, qu'il acheva de coucher sur le papier ses principales idées en matière de symétries des nombres. Fondamentalement, dans la frénésie de ces derniers instants, en faisant part de ses éblouissantes découvertes, Galois écrivait une lettre d'amour à l'humanité. Les groupes de symétrie qu'il a découverts, et qui portent aujourd'hui son nom, font désormais partie des merveilles de notre monde, au même titre que les pyramides d'Égypte ou les jardins suspendus de Babylone. Et nul besoin de changer de continent ou de voyager dans le temps pour les contempler. Ils sont là, partout, sous la main. Et ils ne fascinent pas seulement par leur beauté, mais aussi par toutes les applications pratiques où ils interviennent potentiellement.

Galois était, hélas, trop en avance sur son temps. Ses idées radicales ne furent pas comprises par ses contemporains. L'Académie des sciences a par deux fois rejeté ses articles. Son travail, aujourd'hui considéré comme l'un des piliers des mathématiques actuelles, ne fut publié et apprécié à sa juste valeur qu'une cinquantaine d'années plus tard.

Nous devons à Galois d'avoir porté l'idée de symétrie, intuitivement familière en géométrie, en théorie des nombres. Et plus encore, il a montré la puissance incroyable de ce concept.

Avant Galois, les mathématiciens s'acharnaient à trouver des formules donnant explicitement les solutions d'équations polynomiales, des équations du type $x^2 = 2$ ou $x^3 - x + 1 = 0$. Il est d'ailleurs triste que cette approche soit encore enseignée à l'école, deux cents ans après la mort de Galois. On nous demande par exemple de mémoriser la formule pour l'équation générale du second degré, dite aussi équation quadratique,

$$ax^2 + bx + c = 0$$

en fonction des coefficients a, b et c. Je n'écrirai pas cette solution ici, histoire ne pas rappeler de mauvais souvenirs. Pour ce qui nous concerne, il suffit de savoir qu'elle demande l'extraction de racines carrées.

Une formule similaire, mais plus compliquée, existe aussi pour l'équation générale du troisième degré, dite encore équation cubique :

$$ax^3 + bx^2 + cx + d = 0.$$

Elle demande cette fois l'extraction de racines cubiques. Résoudre une équation polynomiale en termes de radicaux, c'est-à-dire de racines carrées, cubiques, etc., se complique rapidement quand le degré augmente.

La formule générale donnant les solutions de l'équation du second degré était déjà connue du mathématicien perse Al-Khwârizmî au IXe siècle – le mot « algèbre » vient du mot « al-jabr » qui apparaît dans le titre de son livre. Celles qui donnent les solutions de la cubique et de la quartique, ou équation du quatrième degré, ont été découvertes dans la première moitié du XVIe siècle. Les chercheurs visèrent ensuite naturellement à résoudre la quintique, l'équation du cinquième degré. Durant les quelque trois cents ans qui ont précédé l'arrivée de Galois, de nombreux mathématiciens se sont essayés en vain à trouver une formule donnant ses solutions. Puis Galois a compris qu'il fallait approcher le problème différemment, en l'occurrence se concentrer sur le groupe de symétrie du corps de nombres obtenu en adjoignant les solutions de l'équation aux nombres rationnels – raison pour laquelle ce type de groupes porte aujourd'hui le nom de Galois.

Décrire le groupe de Galois d'une équation est un problème qui se révèle bien plus facile à résoudre que celui de trouver une formule explicite des solutions. Il est en effet possible de déceler d'importantes propriétés de ce groupe sans connaître précisément les solutions. Et de là en déduire d'importantes propriétés vérifiées par les solutions. De fait, Galois a réussi à montrer qu'une formule donnant les solutions en termes de radicaux, c'est-à-dire de racines carrées, cubiques, etc., existe si et seulement si le groupe de Galois correspondant présente une structure particulièrement simple, si le groupe est *résoluble*, pour prendre le terme aujourd'hui employé par les mathématiciens. Il se trouve que les groupes de Galois des équations quadratiques, cubiques et quartiques sont toujours résolubles. Les solutions de ces équations peuvent donc toujours s'exprimer en termes de radicaux. Mais Galois a aussi montré que le groupe de symétrie d'une équation typique de degré cinq ou plus n'est pas résoluble. Il s'ensuit immédiatement que les solutions de ces équations ne peuvent s'exprimer en termes de radicaux[7].

Sans entrer dans les détails de la preuve, considérons tout de même deux exemples de groupes de Galois afin de voir à quoi ils ressemblent. Nous avons déjà décrit le groupe de Galois de l'équation $x^2 = 2$. Cette équation admet deux solutions, $\sqrt{2}$ et $-\sqrt{2}$, que nous avons adjointes aux nombres rationnels. Le groupe de Galois du corps de nombres ainsi obtenu est constitué de deux éléments : l'identité et la symétrie permutant $\sqrt{2}$ et $-\sqrt{2}$[8].

En guise de second exemple, considérons l'équation cubique présentée plus haut, en supposant que ses coefficients soient tous rationnels et que ses trois solutions soient irrationnelles. Nous construisons alors un nouveau corps de nombres en adjoignant ces solutions aux rationnels. Il s'agit ici de jeter trois ingrédients dans notre tasse de thé : disons un morceau de sucre, un nuage de lait et une pointe de miel. Une symétrie de ce corps de nombres, le thé et les trois ingrédients ajoutés, reste sans effet sur l'équation puisque ses coefficients sont rationnels, et que les rationnels sont préservés par la symétrie. Une solution de l'équation cubique, l'un des trois ingrédients ajoutés, va donc nécessairement sur une autre solution. Cette observation permet de décrire le groupe de Galois, c'est-à-dire le groupe de symétrie du corps de nombres, en termes des permutations de ces trois solutions. Il importe surtout de retenir ici que cette description ne demande pas de formuler explicitement les solutions [9].

De façon similaire, le groupe de Galois du corps de nombres obtenu en adjoignant toutes les solutions d'une équation polynomiale arbitraire aux nombres rationnels se décrit grâce aux permutations de ces solutions – une équation de degré n dont toutes les solutions sont distinctes et non rationnelles en compte n. Nous pouvons obtenir par ce biais une importante quantité d'information sur l'équation, sans devoir exprimer ses solutions en fonction des coefficients [10].

Le travail de Galois montre à quel point une nouvelle idée mathématique peut faire bouger les lignes. Galois n'a pas exprimé les solutions d'une équation polynomiale, il n'a pas résolu le problème comme on le comprenait alors. Il l'a *hacké*! Il a biaisé ! Il l'a tordu, pétri, reformulé, regardé sous une lumière totalement différente. Et cette brillante percée a changé pour toujours la façon dont nous pensons aux nombres et aux équations.

Langlands, cent cinquante ans plus tard, a poussé ces idées encore plus loin. En 1967, il a lié, par un travail révolutionnaire, la théorie des groupes de Galois à un autre domaine des mathématiques, apparemment situé à des années-lumière : l'analyse harmonique. Langlands, alors âgé d'un peu plus de 30 ans, résuma ses idées dans une lettre qu'il envoya à l'éminent mathématicien André Weil. Des copies ont largement circulé parmi les mathématiciens depuis lors [11]. Sa déclaration d'intention frappe par l'euphémisme dont elle est empreinte :

> Professeur Weil : En réponse à votre invitation à venir exposer, j'ai écrit la lettre ci-jointe. J'ai ensuite pris conscience qu'elle ne contenait guère d'assertions dont je fusse certain. Si vous vouliez bien la regarder comme une pure spéculation, j'en serais heureux ; sinon – je suis sûr qu'une corbeille à papier se trouve à portée de main [12].

Cette note introduisait une théorie révolutionnaire qui a changé à jamais notre vision des mathématiques. Elle marquait la naissance du programme de Langlands.

Plusieurs générations de mathématiciens ont consacré leur vie à résoudre les problèmes mis en exergue par Langlands. Qu'est-ce qui en rendait l'étude si captivante ? C'est ce que nous découvrirons dans le chapitre suivant.

8

DES NOMBRES MAGIQUES

En abordant le concept de symétrie, au chapitre 2, nous avons vu que les représentations d'un groupe, en l'occurrence $SU(3)$, gouvernent le comportement des particules élémentaires. Le programme de Langlands traite aussi de représentations de groupes, mais de représentations de groupes de Galois cette fois, c'est-à-dire de groupes de symétrie d'un corps de nombres semblable à ceux discutés dans le chapitre précédent. Il se trouve que ces représentations jouent un peu le rôle d'un « code source » du corps de nombres, dans lequel s'inscrit toute l'information pertinente à sa description.

La grande idée de Langlands a été de comprendre que ce code pouvait aussi se lire dans des objets de nature entièrement différente, à savoir les fonctions dites *automorphes*, issues d'un autre champ des mathématiques, l'analyse harmonique. Comme son nom le suggère, ce domaine tire son origine de l'étude des harmoniques, ces sons aux fréquences multiples d'une même fréquence fondamentale. L'approche consiste à regarder toute onde sonore comme une superposition d'harmoniques, de la même manière qu'une symphonie résulte du jeu de divers instruments. D'un point de vue mathématique, il s'agit d'exprimer une fonction donnée en additionnant des fonctions décrivant ces harmoniques, comme les fonctions sinus et cosinus. Les fonctions automorphes sont simplement des versions plus sophistiquées de ces fonctions trigonométriques usuelles, manipulables par de puissantes méthodes analytiques. Et Langlands a donc découvert que ces fonctions, étonnamment, permettent d'aborder des questions bien plus difficiles en théorie des nombres, d'accéder, pour ainsi dire, à l'harmonie cachée des nombres.

Comme je l'ai indiqué dans la préface, les mathématiques visent principalement à ordonner l'information, ou, pour reprendre l'expression même de Langlands, à « créer de l'ordre à partir d'un chaos apparent [1] ». La puissance de l'apport de Langlands tient précisément à ce qu'il contribue à organiser des données apparemment chaotiques issues de la théorie des nombres en motifs réguliers, symétriques et harmonieux.

Si on représentait les différents domaines des mathématiques comme des continents, la théorie des nombres constituerait peut-être l'Amérique du Nord et l'analyse harmonique l'Europe. Avec les années, le voyage d'une côte à l'autre a été de plus en plus rapide : ce qui prenait autrefois des jours de bateau prend aujourd'hui quelques heures en avion. L'invention d'une nouvelle technologie capable de nous transporter instantanément de n'importe quel point d'Amérique du Nord en n'importe que point d'Europe : voilà qui équivaudrait aux connexions découvertes par Langlands !

Je me propose maintenant de décrire l'une de ces connexions époustouflantes, intimement liée au Dernier théorème de Fermat dont nous avons parlé au chapitre 6.

Rappelons la formulation trompeusement simple de ce résultat : si n est un entier naturel supérieur à 2, il n'existe pas d'entiers naturels x, y et z solutions de l'équation

$$x^n + y^n = z^n.$$

Comme je l'ai mentionné plus haut, la validité de cette assertion avait été pressentie par le mathématicien français Pierre de Fermat, en 1637, il y a plus de trois cent cinquante ans. Sur une page du vieil ouvrage qu'il était en train de lire, il avait noté en avoir trouvé une preuve « véritablement merveilleuse » que « cette marge est trop étroite pour contenir ». Une sorte de tweet émis au XVIIe siècle : « J'ai trouvé une preuve véritablement merveilleuse de ce théorème, mais je ne peux malheureusement pas l'écrire car elle dépasse les 140 cara » – désolé plus de place.

Il paraît aujourd'hui certain que Fermat s'était fourvoyé. Il a fallu plus de trois cent cinquante ans pour dégager une démonstration qui tienne la route, une démonstration d'une complexité extrême de surcroît. Une première étape a été franchie en 1986 par Ken Ribet, qui a prouvé que le Dernier théorème de Fermat découlait de la conjecture dite de Shimura-Taniyama-Weil.

À ce stade, il convient peut-être que je rappelle qu'une conjecture est un énoncé mathématique que l'on croit vrai, mais pour lequel on ne connaît pas encore de démonstration. Une fois la preuve trouvée, la conjecture devient théorème [2].

Ken Ribet a plus précisément montré que l'existence d'entiers naturels x, y et z vérifiant l'équation de Fermat entraînait celle d'une équation cubique présentant des propriétés interdites par la conjecture de Shimura-Taniyama-Weil. (Je reviendrai dans un instant sur cette équation et sur cette propriété.) Dès lors, si nous savons prouver la conjecture de Shimura-Taniyama-Weil, cette équation cubique ne peut exister, pas plus que les entiers x, y et z solutions de l'équation de Fermat [3].

Arrêtons-nous un instant pour examiner une fois de plus la structure logique de l'argument. Afin de prouver le Dernier théorème de Fermat, nous supposons qu'il est faux, c'est-à-dire qu'il existe des entiers naturels x, y et z solutions de l'équation de Fermat. Nous associons alors à ces nombres une équation cubique, qui se trouve présenter une propriété *impossible à vérifier* si la conjecture de Shimura-Taniyama-Weil est vraie. Dans ce cas les nombres x, y et z ne peuvent exister. Donc ils ne peuvent pas être solutions de l'équation de Fermat. Donc le Dernier théorème de Fermat est vrai ! Schématiquement, en notant « DTF » pour « Dernier théorème de Fermat » et « CSTW » pour « conjecture de Shimura-Taniyama-Weil », l'argumentation se décompose ainsi :

[DTF est faux] $\Longrightarrow$ [il existe x, y et z solutions de l'équation] $\Longrightarrow$ [une équation cubique]

$\overset{\text{CSTW}}{\Longrightarrow}$ [cette équation cubique ne peut exister] $\Longrightarrow$ [les solutions x, y et z de l'équation ne peuvent exister]

Une démonstration de ce type se nomme *preuve par contradiction.* Nous partons d'une assertion contraire à celle que nous cherchons à prouver – ici qu'il existe des entiers naturels x, y et z solutions de l'équation de Fermat. Si, par voie de conséquence, nous parvenons à une assertion dont la fausseté est démontrée – ici qu'il existe une cubique prohibée par la conjecture de Shimura-Taniyama-Weil –, nous concluons que l'assertion de départ est fausse. Donc que l'assertion que nous voulons prouver – ici le Dernier théorème de Fermat – est vraie.

Pour démontrer le Dernier théorème de Fermat, il reste donc à prouver la validité de la conjecture de Shimura-Taniyama-Weil. En 1986, une fois le terrain ainsi déblayé par les travaux de Ken Ribet, la recherche s'est tout naturellement orientée dans cette direction.

Au cours des années, plusieurs chercheurs ont prétendu avoir montré la conjecture. Une analyse ultérieure de leur preuve a pourtant invariablement conclu à une erreur ou à une lacune. En 1993, Andrew Wiles déclara lui aussi l'avoir prouvée. Là encore, un trou fut découvert quelques mois plus tard dans l'un de ses raisonnements. Pendant un certain temps, il sembla donc que son travail connaîtrait un sort identique à celui de nombreuses autres « non-preuves » célèbres, aux lacunes jamais comblées.

Wiles, aidé d'un autre mathématicien, Richard Taylor, parvint heureusement cette fois à boucher le trou, et cela en moins de un an [4]. Dans un magnifique documentaire consacré au Dernier théorème de Fermat, Wiles s'émeut encore en se remémorant le moment où la preuve fut enfin bouclée. On ne peut qu'imaginer l'intensité du sentiment qui l'a envahi à cet instant.

*

La conjecture de Shimura-Taniyama-Weil s'avère donc essentielle à la démonstration du Dernier théorème de Fermat. Or elle se laisse aussi regarder comme un cas spécial du programme de Langlands, illustrant ainsi à merveille les connexions inattendues dont je parlais un peu plus haut.

La conjecture de Shimura-Taniyama-Weil porte sur certaines équations. De fait, une large part des mathématiques consiste à résoudre des équations. Nous cherchons à savoir si une équation donnée admet une solution dans un domaine donné. Et, dans ce cas, si nous pouvons en exhiber une. Et s'il en existe plusieurs, combien il y en a. Ou encore, pourquoi certaines équations admettent des solutions et d'autres pas.

Dans le chapitre précédent, nous avons considéré des équations polynomiales à une variable, comme $x^2 = 2$. Le Dernier théorème de Fermat porte sur une équation à trois variables : $x^n + y^n = z^n$. La conjecture de Shimura-Taniyama-Weil porte sur une classe d'équations algébriques à deux variables comme celle-ci :

$$y^2 + y = x^3 - x^2.$$

Trouver une solution de cette équation, c'est trouver deux nombres x et y pour lesquels le membre de gauche est égal au membre de droite.

Mais quelle sorte de nombres x et y ? Plusieurs possibilités s'offrent à nous. Voulons-nous des nombres x et y entiers, naturels ou relatifs ? Les voulons-nous rationnels ? Ou réels ? Ou même complexes ? – nous discuterons de ce dernier choix plus en détail dans le chapitre suivant.

Une autre option, moins évidente mais pourtant tout aussi importante, consiste à rechercher les solutions x, y « modulo N » pour un certain entier naturel fixé N. Il s'agit dans ce cas de trouver deux entiers x et y pour lesquels le membre de gauche et le membre de droite de l'équation sont égaux à un nombre divisible par N près.

Considérons par exemple l'équation présentée plus haut et cherchons ses solutions modulo $N = 5$. L'une d'entre elles s'impose avec évidence : $x = 0, y = 0$. Trois autres se dissimulent un peu plus. Parmi elles, $x = 0, y = 4$, car le membre de gauche vaut alors 20 et le membre de droite 0, d'où une différence de 20, un nombre divisible par 5. Ce couple forme donc bien une solution de l'équation modulo 5. Un argument similaire montre que $x = 1, y = 0$ et $x = 1, y = 4$ sont aussi des solutions modulo 5.

Nous avons déjà rencontré ce type d'arithmétique, au chapitre 2, en évoquant le groupe des rotations d'une table ronde. Nous avions vu que la somme des angles s'effectue « modulo 360 ». En l'occurrence, quand un angle ajouté à un autre dépasse 360, nous ôtons 360 à cette somme pour la ramener dans une plage de valeurs comprises entre 0 et 360 degrés. La rotation d'angle 450 degrés, par exemple, est identique à la rotation de 90 degrés : $450 - 360 = 90$.

Cette façon de calculer se visualise aussi sur une montre. Si je dors huit heures à partir de 23 heures, à quelle heure est-ce que je me réveille ? Facile, $23 + 8 = 31$, donc je me réveille à 31 heures ? Non, à 7 heures ! Et comment j'ai obtenu ce 7 ? En ôtant 24 à 31 : $31 - 24 = 7$.

Nous appliquons avec les heures le même principe qu'avec les angles. Dans un cas, nous additionnons « modulo 24 », dans l'autre « modulo 360 ».

Une telle addition se laisse définir modulo tout entier N. On considère alors l'ensemble de tous les entiers compris entre 0 et $N - 1$,

$$\{0, 1, 2, \ldots, N - 2, N - 1\}.$$

Pour $N = 24$, il est formé de toutes les heures possibles. Plus généralement, N joue le rôle de 24, de sorte que ce n'est pas 24 qui nous ramène à 0 mais N.

Pour définir l'addition, nous procédons de la même façon qu'avec les heures. Étant donné deux nombres de notre ensemble, nous les ajoutons l'un à l'autre, puis, si le résultat est supérieur à N, nous lui ôtons N. Le nombre ainsi obtenu reste dans le même ensemble. Grâce à cette opération, l'ensemble acquiert une structure de groupe. L'élément neutre est 0, puisque l'ajouter à n'importe quel autre élément n de l'ensemble ne change pas ce dernier, c'est-à-dire que $n + 0 = n$. Tout élément n admet un « inverse pour l'addition », en l'occurrence $N - n$, car $n + (N - n) = N$, et $N = 0$ en vertu de notre règle.

Avec $N = 3$, par exemple, nous obtenons l'ensemble $\{0, 1, 2\}$ et l'addition modulo 3. Dans ce système, nous aurons

$$2 + 2 = 1 \qquad \text{modulo} \quad 3.$$

En effet, $2 + 2 = 4$, mais $4 = 1$ modulo 3 puisque $4 = 3 + 1$.

Si quelqu'un vous affirme que « 2 et 2 font 4 » pour signifier qu'un fait est bien établi, vous pourrez désormais lui rétorquer, avec un petit sourire condescendant si vous le souhaitez : « Pas toujours ! » Et s'il vous demande de préciser votre pensée, vous pourrez lui répondre : « Eh bien, modulo 3, 2 et 2 font 1, par exemple. »

Deux nombres de notre ensemble se multiplient aussi selon le même principe. Le résultat brut de l'opération ne se situera peut-être pas entre 0 et $N - 1$, mais un unique nombre compris dans cette plage de valeurs différera du résultat par un multiple de N. En général, cependant, l'ensemble $\{1, 2, \ldots, N-1\}$ ne forme pas un groupe pour la multiplication. Nous avons bien un élément neutre, à savoir 1, mais un élément n'admet pas toujours un inverse pour la multiplication modulo N. La propriété d'inversion est vérifiée si et seulement si N est un *nombre premier*, c'est-à-dire un nombre qui n'est divisible que par 1 et lui-même[5].

Voici le début de la liste des nombres premiers : 2, 3, 5, 7, 11, 13... Une tradition veut que 1 ne soit pas compté comme nombre premier ; les entiers pairs, excepté 2, ne sont pas premiers car ils sont divisibles par 2 ; 9 n'est pas premier car il est divisible par 3. Il existe une infinité de nombres premiers, c'est-à-dire qu'aussi grand que soit un nombre premier, il en existe un encore plus grand[6]. Par leur propriété d'indivisibilité, les nombres premiers jouent en quelque sorte le rôle des particules élémentaires dans le monde des entiers naturels. De fait, tout entier naturel se décompose de façon unique en produit de facteurs premiers. Pour donner un exemple, $60 = 2 \cdot 2 \cdot 3 \cdot 5$.

Fixons-nous un nombre premier, que nous notons p pour suivre la pratique habituelle. Considérons ensuite l'ensemble de tous les entiers compris entre 0 et $p - 1$, c'est-à-dire

$$\{0, 1, 2, 3, 4, \ldots, p-2, p-1\}.$$

Considérons enfin sur cet ensemble l'addition et la multiplication modulo p.

Comme nous l'avons vu plus haut, cet ensemble forme un groupe pour l'addition modulo p. Et, plus remarquable encore, cet ensemble privé de 0, c'est-à-dire $\{1, 2, \ldots, p - 1\}$, forme un groupe pour la multiplication modulo p. Il est facile de voir que 1 est l'élément neutre, et à peine plus que tout entier compris entre 1 et $p - 1$ admet un inverse[7].

Si $p = 5$, par exemple, le calcul montre que

$$2 \cdot 3 = 1 \qquad \text{modulo} \quad 5,$$

c'est-à-dire que 3 est l'inverse de 2 pour la multiplication modulo 5.

De même,

$$4 \cdot 4 = 1 \qquad \text{modulo} \quad 5,$$

ce qui signifie que 4 est son propre inverse.

Ce type de considérations se généralise pour tout p premier[8].

Dans la vie quotidienne, nous utilisons des entiers, des fractions et, plus rarement, des nombres comme $\sqrt{2}$. Nous venons de découvrir un système numérique de nature entièrement différente : l'ensemble fini des entiers $\{0, 1, 2, \ldots, p-1\}$, avec p premier, muni des opérations d'addition et de multiplication modulo p. Un tel système se nomme un *corps fini* à p éléments. Ces corps finis constituent un important archipel du monde des nombres, même si, malheureusement, leur existence ne nous est que rarement signalée.

Bien qu'ils semblent très différents des systèmes auxquels nous sommes habitués, comme celui des nombres rationnels, ces corps partagent avec eux certaines propriétés importantes : ils sont notamment fermés pour l'addition, la soustraction, la multiplication et la division, c'est-à-dire que le résultat d'une de ces opérations exécutées sur deux éléments du système donne encore un élément du système[9]. Tout ce que nous faisons avec les rationnels peut donc aussi se faire avec ces corps finis, en apparence plus ésotériques.

Cet ésotérisme se révèle d'ailleurs assez relatif, car les corps finis connaissent d'importantes applications, en cryptographie notamment. Lors d'une transaction en ligne, notre numéro de carte bleue est chiffré par un algorithme utilisant une arithmétique similaire – la méthode est décrite en note 7 du chapitre 14.

Mais revenons à l'équation cubique que nous avons considérée plus haut :

$$y^2 + y = x^3 - x^2.$$

Proposons-nous d'en chercher les solutions modulo p pour divers premiers p. Nous avions vu, par exemple, qu'elle admettait 4 solutions modulo 5. Notons toutefois que les solutions modulo $p = 5$ ne sont pas nécessairement des solutions modulo d'autres premiers, disons $p = 7$ ou $p = 11$. Le nombre de solutions de l'équation dépend donc du nombre premier p que nous choisissons.

Intéressons-nous dès lors à la manière dont varie ce nombre de solutions en fonction de p. Pour de petites valeurs de p, quitte à recourir à l'ordinateur, il est tout à fait possible de les compter explicitement et d'étudier la liste ainsi obtenue.

Les mathématiciens savaient depuis un certain temps que le nombre de solutions d'une équation de ce type modulo p est en gros égal à p. Notons a_p le « déficit » par rapport à p, c'est-à-dire la différence entre p, le nombre attendu de solutions, et le vrai nombre de solutions. En d'autres termes, l'équation compte exactement $p - a_p$ solutions modulo p. Pour un p donné, a_p peut être positif ou négatif. Comme nous avions trouvé 4 solutions pour $p = 5$, et que $4 = 5 - 1$, nous avons par exemple $a_5 = 1$.

Ces nombres a_p, calculés pour de petits premiers grâce à un ordinateur, paraissent aléatoires. Nous ne connaissons aucune formule ou règle naturelle qui nous dispenserait de les calculer. Et pis encore, les calculs se compliquent rapidement à mesure que p croît.

Mais si je vous disais qu'il existe pourtant une règle simple qui engendre tous les a_p d'un coup ?

Au cas où vous vous demanderiez ce que j'entends ici par « règle », considérons une suite plus connue, celle des *nombres de Fibonacci* :

$$1, 1, 2, 3, 5, 8, 13, 21, 34\ldots$$

Cette suite doit son nom au mathématicien italien qui l'a introduite, au détour d'un livre publié en 1202, dans un contexte de reproduction de lapins – pas moins. Les nombres de Fibonacci se retrouvent un peu partout dans la nature, aussi bien dans l'organisation des pétales de fleurs que dans les motifs formés à la surface d'un ananas. Cette suite connaît elle aussi de nombreuses applications, avec la méthode dite des *retracements de Fibonacci*, par exemple, en analyse de cours boursiers.

Les nombres de Fibonacci se définissent en disant que les deux premiers valent 1 et que les suivants sont égaux à la somme des deux qui le précèdent. Nous obtenons donc la suite : $1, 1, 2 = 1 + 1, 3 = 2+1, 5 = 3+2$, et ainsi de suite. En notant F_n le n^e nombre de Fibonacci, en posant $F_1 = 1$ et $F_2 = 1$, nous pouvons aussi écrire :

$$F_n = F_{n-1} + F_{n-2}, \qquad n > 2.$$

Cette règle permet donc en principe de calculer le n^e nombre de Fibonacci pour tout n. Mais elle suppose aussi de connaître tous les nombres de Fibonacci F_i pour i compris entre 1 et $n - 1$.

Il se trouve pourtant que ces nombres peuvent être engendrés d'une autre manière. Considérons à cette fin la série :

$$q + q(q + q^2) + q(q + q^2)^2 + q(q + q^2)^3 + q(q + q^2)^4 + \ldots.$$

En d'autres termes, nous multiplions une variable auxiliaire q par la somme de toutes les puissances de l'expression $(q + q^2)$. En développant, nous obtenons une série infinie qui commence ainsi :

$$q + q^2 + 2q^3 + 3q^4 + 5q^5 + 8q^6 + 13q^7 + \ldots$$

Calculons par exemple le terme en q^3. Il ne peut survenir que des termes q, $q(q+q^2)$ et $q(q+q^2)^2$, car tous les autres termes de la série de définition, à commencer par $q(q + q^2)^3$, ne donneront que des puissances de q supérieures à 3. Le premier terme ne contient pas q^3 ; chacune des deux autres q^3 une fois. Leur somme donne $2q^3$. Tous les coefficients de la série se calculent de manière analogue.

Nous remarquons alors que les coefficients des termes en q^n sont précisément les nombres de Fibonacci F_n. Nous avons par exemple d'un côté $13q^7$ et de l'autre $F_7 = 13$. Cette propriété, présentée ici pour n compris entre 1 et 7, se vérifie en réalité pour tout n. Les mathématiciens disent donc que la série est une *fonction génératrice* des nombres de Fibonacci.

Cette fonction remarquable permet de calculer le n^e nombre de Fibonacci sans connaître ceux qui le précèdent [10]. Aspects purement calculatoires mis à part, cette fonction génératrice présente une valeur certaine : elle remplace un laborieux calcul de récurrence autoréférentiel par une vision globale des nombres de Fibonacci.

*

Revenons maintenant à nos nombres a_p, qui comptent les solutions de l'équation cubique modulo les premiers. Regardons-les comme des nombres similaires aux nombres de Fibonacci, en ignorant le fait qu'ils soient indexés sur les premiers p et non sur tous les entiers naturels n.

Ne paraîtrait-il pas proprement incroyable qu'une règle puisse les engendrer ? Martin Eichler, un mathématicien allemand, en a découvert une en 1954 [11] ! Considérons plus précisément la fonction génératrice suivante :

$$q(1-q)^2(1-q^{11})^2(1-q^2)^2(1-q^{22})^2(1-q^3)^2(1-q^{33})^2 (1-q^4)^2(1-q^{44})^2\ldots$$

En d'autres termes, nous multiplions q par le produit de facteurs de la forme $(1-q^a)^2$, où a parcourt la liste des entiers de la forme n et $11n$, avec $n = 1, 2, 3, \ldots$ Le développement de ces facteurs selon les règles usuelles donne :

$$(1-q)^2 = 1-2q+q^2, \qquad (1-q^{11})^2 = 1-2q^{11}+q^{22}, \qquad \ldots$$

En les multipliant entre eux et en regroupant les termes obtenus, nous trouvons une somme infinie qui débute ainsi :

$$q-2q^2-q^3+2q^4+q^5+2q^6-2q^7-2q^9-2q^{10}+q^{11}-2q^{12}+4q^{13}+\ldots$$

Les trois petits points finaux englobent toutes les puissances de q supérieures à 13. Bien que cette série soit infinie, chaque coefficient est bien défini du fait qu'il est déterminé par un nombre fini de facteurs du produit de départ. Notons b_m le coefficient de q^m. Nous avons donc $b_1 = 1$, $b_2 = -2$, $b_3 = -1$, $b_4 = 2$, $b_5 = 1$, etc. Ces coefficients se calculent aisément à la main ou avec un ordinateur.

Le résultat stupéfiant d'Eichler est que le coefficient b_p est égal à a_p pour tout nombre premier p, c'est-à-dire que $a_2 = b_2$, $a_3 = b_3$, $a_5 = b_5$, $a_7 = b_7$, et ainsi de suite.

Vérifions cette propriété pour $p = 5$. Un coup d'œil sur la fonction génératrice nous indique que le coefficient de q^5 est $b_5 = 1$. D'un autre côté, nous avions vu que notre équation cubique comptait 4 solutions modulo $p = 5$, d'où $a_5 = 5 - 4 = 1$, soit $a_5 = b_5$.

Nous sommes partis de ce qui se présentait comme un problème d'une complexité infinie, à savoir compter les solutions de l'équation cubique

$$y^2 + y = x^3 - x^2$$

modulo p, pour tous les premiers p. Et il s'avère que toute l'information recherchée tient en une ligne :

$$q(1-q)^2(1-q^{11})^2(1-q^2)^2(1-q^{22})^2(1-q^3)^2(1-q^{33})^2 (1-q^4)^2(1-q^{44})^2\ldots$$

Cette ligne unique est un code secret contenant toute l'information sur le nombre de solutions de l'équation cubique modulo tous les premiers.

Pour prendre une analogie, on peut voir l'équation cubique comme un organisme biologique sophistiqué et ses solutions comme autant de caractéristiques particulières. La fonction génératrice joue alors pour l'équation le rôle que joue l'ADN pour l'organisme : il encode toute sa complexité. Cette fonction est en outre définie par une règle simple.

Plus fascinant encore, si la valeur absolue de q est inférieure à 1, la somme infinie présentée plus haut converge vers un nombre bien défini. Nous obtenons donc une fonction de la variable q, qui se trouve présenter une propriété très particulière, similaire à la périodicité affichée par les fonctions trigonométriques usuelles, les fonctions sinus et cosinus.

La fonction $\sin(x)$ est périodique de période 2π, ce qui revient à dire que $\sin(x+2\pi) = \sin(x)$. Cette propriété entraîne aussi que $\sin(x + 4\pi) = \sin(x)$ et, plus généralement, que $\sin(x + 2\pi n) = \sin(x)$ pour tout entier n. Voyons maintenant chaque entier n comme une symétrie de la droite, qui translate tout point x sur le point $x + 2\pi n$. Le groupe des entiers se réalise ainsi en groupe de symétries de la droite. Dans ce contexte, que la fonction sinus soit périodique signifie que la fonction est invariante par ce groupe.

Il se trouve de même que la fonction génératrice d'Eichler est invariante par un certain groupe de symétrie. Nous devons ici considérer q non pas comme un nombre réel mais comme un nombre complexe – un sujet dont nous parlerons au chapitre suivant. La variable q se représente alors non pas comme un point de la droite, comme dans le cas de la fonction sinus, mais comme un point du disque unité du plan complexe. La propriété de symétrie est similaire : il existe un groupe de symétries du disque, par lequel la fonction est invariante [12]. Une fonction qui présente ce type d'invariance est appelée une *forme modulaire*.

Le groupe de symétrie en question est très riche. Pour nous donner une idée de la profusion des ses éléments, considérons l'infinité de triangles qui divise ce disque [13] :

Les symétries agissent sur le disque en permutant ces triangles. De fait, il en existe une qui échange deux quelconques triangles donnés à l'avance. Bien que ces symétries soient assez sophistiquées, leur action sur le disque se compare à celle des entiers sur la droite, qui déplacent les intervalles $[2\pi m, 2\pi(m+1)]$. Et de la même façon que la fonction sinus est invariante par ces symétries de la droite, la fonction d'Eichler est invariante par ces symétries du disque.

Comme je l'ai mentionné au début de ce chapitre, la fonction sinus est l'une des harmoniques, ou ondes fondamentales, les plus simples qui soient utilisées en analyse harmonique de la droite. La fonction d'Eichler et quelques autres formes modulaires jouent un rôle similaire en analyse harmonique du disque unité.

Eichler a donc découvert que les nombres de solutions de notre équation cubique modulo les premiers, apparemment aléatoires, s'obtiennent à partir d'une unique fonction génératrice, laquelle obéit à une délicate symétrie – ce qui révèle une harmonie cachée et un ordre parmi ces nombres. De la même manière, comme par un coup de baguette magique, le programme de Langlands ordonne une information auparavant inaccessible en une élégante tapisserie de nombres, de symétries et d'équations.

En introduisant le monde des mathématiques, au tout début de ce livre, j'ai parlé de beauté et d'élégance. Voilà le type de résultat que j'avais en tête. Le fait que ces notions hautement abstraites se fondent avec tant d'harmonie est absolument renversant. Un rideau se tire soudainement, qui nous permet de jeter un œil furtif sur une réalité soigneusement cachée, sur quelque créature mystérieuse qui vit en profondeur. Telles sont les merveilles dévoilées par les mathématiques d'aujourd'hui.

Outre sa beauté propre et le fait de relier différents domaines apparemment très éloignés, me demandera-t-on, le résultat d'Eichler fait-il l'objet d'applications pratiques ? Pas encore, à ma connaissance. Mais les équations cubiques sur des corps finis à p éléments du type de celle que nous avons considérée plus haut – et qui définissent les courbes dites *elliptiques* – sont largement utilisées en cryptographie [14]. Je ne serais donc pas étonné que des résultats analogues à celui d'Eichler puissent un jour servir dans des applications aussi puissantes et omniprésentes que les algorithmes de chiffrement.

*

La conjecture de Shimura-Taniyama-Weil généralise le résultat d'Eichler. Elle affirme que les nombres de solutions modulo les premiers de *toute* équation cubique du type précédent, moyennant de légères hypothèses, s'obtiennent comme coefficients d'une forme modulaire. Il existe de plus une correspondance bijective entre les équations cubiques et les formes modulaires d'un certain type.

Qu'est-ce que j'entends ici par correspondance bijective ? Supposons que nous disposions de cinq crayons et de cinq pinceaux. Nous pouvons assigner un pinceau à chaque crayon de façon à ce que chaque pinceau soit associé à un unique crayon. Une telle mise en relation est une correspondance bijective.

Il existe plusieurs correspondances bijectives entre les crayons et les pinceaux, plusieurs manières de les associer. Mais supposons que chaque crayon ait une longueur identique à celle du pinceau qui lui est assigné. Nous dirons alors que cette longueur est un *invariant*, et que la correspondance bijective *préserve* cet invariant. Si tous les crayons sont de longueurs différentes, la correspondance bijective sera uniquement déterminée par cette propriété de préservation.

Dans le cas de la conjecture de Shimura-Taniyama-Weil, les crayons sont les équations cubiques, avec pour invariants les nombres a_p qui leur sont attachés. Il n'y a donc pas un seul invariant, comme la longueur du crayon, mais une collection, indexée par les nombres premiers p.

De l'autre côté de la correspondance, les pinceaux sont les formes modulaires, chacune d'elles attachée à ses coefficients b_p – analogues à la longueur du pinceau.

La conjecture de Shimura-Taniyama-Weil affirme qu'il existe une correspondance bijective entre ces objets, qui préserve ces invariants :

$$\boxed{\begin{array}{c}\text{équations cubiques}\\ \{\text{nombre de solutions } a_p\}\end{array}} \longleftrightarrow \boxed{\begin{array}{c}\text{formes modulaires}\\ \{\text{coefficients } b_p\}\end{array}}$$

Pour toute équation cubique, il existe donc une forme modulaire telle que $a_p = b_p$ pour tous les premiers p, et vice versa [15].

Je suis maintenant en état d'expliquer le lien entre la conjecture de Shimura-Taniyama-Weil et le Dernier théorème de Fermat : en partant d'une solution de l'équation de Fermat, il est possible de construire une certaine équation cubique, dont les nombres de solutions modulo les premiers, ainsi que l'a montré Ken Ribet, ne constituent les coefficients d'aucune forme modulaire, à l'encontre de ce qu'affirme la conjecture de Shimura-Taniyama-Weil [16]. Dès lors que la conjecture est prouvée, il s'ensuit que l'équation cubique ne saurait exister, que l'équation de Fermat n'admet donc aucune solution.

L'aspect particulièrement impressionnant de la conjecture de Shimura-Taniyama-Weil tient à ce que les nombres a_p apparaissent via l'étude des solutions d'une équation modulo les nombres premiers – ils sont issus du monde de la théorie des nombres – alors que les nombres b_p sont les coefficients d'une forme modulaire – et proviennent donc du monde de l'analyse harmonique. Deux mondes apparemment situés à des années-lumière l'un de l'autre se trouvent donc décrire une seule et même réalité.

*

La conjecture de Shimura-Taniyama-Weil peut aussi se reformuler comme un cas particulier du programme de Langlands. Il faut pour cela remplacer l'équation cubique qui intervient dans la conjecture par une certaine représentation bidimensionnelle du groupe de Galois. Cette représentation se déduit naturellement de l'équation cubique et charrie avec elle les nombres a_p qui lui sont attachés. La conjecture s'exprime alors comme une relation entre représentations bidimensionnelles de groupes de Galois et formes modulaires.

(Comme nous l'avons vu dans le chapitre 2, une représentation bidimensionnelle d'un groupe est une règle qui à tout élément du groupe assigne une symétrie d'un espace bidimensionnel, c'est-à-dire une symétrie du plan. Nous y avions notamment traité d'une représentation bidimensionnelle du cercle.)

Plus généralement encore, les conjectures du programme de Langlands relient, de manière aussi profonde qu'inattendue, les représentations de dimension n du groupe de Galois – l'équivalent en dimension plus grande des représentations bidimensionnelles correspondant aux équations cubiques de la conjecture de Shimura-Taniyama-Weil – et les fonctions dites *automorphes* – l'équivalent des formes modulaires dans la conjecture de Shimura-Taniyama-Weil :

représentations du groupe de Galois	$\longleftrightarrow$	fonctions automorphes

Bien que la validité de ces conjectures ne fasse aujourd'hui plus guère de doute, la plupart d'entre elles résistent encore aux prodigieux efforts que des générations de mathématiciens ont déployés depuis quelque quarante-cinq années.

*

Mais comment diable a-t-on pu en arriver à formuler ces conjectures ?

Cette question interroge la notion de perspicacité en mathématiques. La capacité à déceler des régularités et des liens que personne auparavant n'avait jamais remarqués ne s'acquiert pas facilement. Elle vient avec le temps, au prix de mois si ce n'est d'années de lourd travail. Petit à petit, le soupçon d'un nouveau phénomène ou d'une nouvelle théorie se fraie un passage. Il peine d'abord à vaincre nos résistances, puis conduit à cette interrogation : « Et si c'était vrai ? » Nous nous lançons alors dans une série de calculs tests, parfois difficiles, qui demandent de venir à bout de montagnes de formules indigestes. Ces calculs ne donneront probablement pas le résultat attendu, car la probabilité de commettre une erreur est très élevée. Ne pas hésiter à remettre sur le métier son ouvrage, encore et toujours...

Très souvent, à la fin de la journée, du mois, de l'année..., nous comprenons que notre première idée était fausse, qu'il faut essayer autre chose. Nous connaissons des moments de frustration et de désespoir. Nous avons le sentiment d'avoir perdu un temps énorme, de l'avoir gaspillé à jamais. Le moral en prend un coup. Mais nous n'abandonnons pas. Nous retournons nous asseoir, nous passons en revue d'autres données, nous tirons les leçons de nos erreurs passées, nous cherchons une meilleure piste. Et de temps à autre, soudainement, l'idée commencera à porter ses fruits. Comme un surfeur qui, après avoir attendu en vain toute la journée, attrape enfin une vague, nous essayons de la chevaucher le plus longtemps possible. En ces rares moments, il faut lâcher la bride à son imagination et se laisser emporter au plus loin. Quand bien même l'idée semblerait au début tout à fait folle.

La conjecture de Shimura-Taniyama-Weil a dû paraître folle à ceux qui l'ont énoncée. Comment aurait-il pu en aller autrement ? Elle trouvait bien sûr son origine dans des résultats précédents, comme celui d'Eichler, dont nous avons parlé plus haut, qui fut ensuite généralisé par Shimura, à savoir que les nombres de solutions modulo *p* de *certaines* équations cubiques s'inscrivent dans les coefficients d'une forme modulaire. Mais penser que la chose était vraie pour *toutes* les équations cubiques a dû paraître terriblement osé à l'époque. Le grand saut a été effectué par le mathématicien japonais Yutaka Taniyama, sous la forme d'une question posée lors de l'International Symposium on Algebraic Number Theory, à Tokyo, en septembre 1955.

Je me suis toujours demandé par quel cheminement il en était venu à *croire* que cette conjecture n'était pas folle mais bien exacte ? Et à trouver le courage de l'annoncer publiquement ?

Nous ne le saurons jamais. Trois ans après sa grande découverte, en novembre 1958, Taniyama s'est suicidé. Il avait seulement 31 ans. Pour comble de tragédie, la femme avec qui il avait projeté de se marier s'est elle aussi ensuite donné la mort. Elle a laissé derrière elle la note suivante :

> Nous nous étions promis de ne jamais nous séparer. Maintenant qu'il est parti, je dois le rejoindre [17].

La conjecture fut ensuite précisée par un autre mathématicien japonais, Goro Shimura, collègue et ami de Taniyama. Shimura a effectué l'essentiel de sa carrière à l'université de Princeton, où il est actuellement professeur émérite. Ses immenses contributions aux mathématiques entretiennent souvent des rapports étroits avec le programme de Langlands. Plusieurs des concepts fondamentaux de ce domaine portent son nom – les « relations de congruences d'Eichler–Shimura » ou les « variétés de Shimura », par exemple.

Dans un essai amical qu'il a consacré à Taniyama, Shimura fait cette remarque étonnante :

> Sans pour autant être négligent, il était doué de cette aptitude particulière à commettre de nombreuses erreurs, qui conduisaient la plupart du temps dans la bonne direction. Je l'enviais pour cela, et essayais de l'imiter, mais en vain, tant je trouvais très difficile de faire de bonnes erreurs [18].

Au dire même de Shimura, Taniyama « n'a pas soigneusement formulé le problème » lors du Symposium de Tokyo en septembre 1955 [19]. Il a fallu apporter quelques corrections. Son apport constitue néanmoins une percée révolutionnaire qui a conduit à l'un des plus grands résultats mathématiques du XXe siècle.

La conjecture porte enfin le nom d'un troisième homme, André Weil, déjà mentionné. Ce géant des mathématiques du XXe siècle, connu pour son talent autant que pour son caractère difficile, quitta sa France natale pour les États-Unis durant la Seconde Guerre mondiale. Après avoir occupé plusieurs postes dans diverses universités américaines, il s'installa en 1958 à l'Institute for Advanced Study, à Princeton, où il demeura jusqu'à sa mort, survenue en 1998, à l'âge de 92 ans.

André Weil, 1981. Photo Herman Landshoff. Tirée du Shelby White and Leon Levy Archives Center, Institute for Advanced Study, Princeton.

Le programme de Langlands doit beaucoup à Weil. Sa participation dépasse la lettre célèbre que lui adressa Robert Langlands, dans laquelle ce dernier formulait ses idées pour la première fois, ou même la conjecture de Shimura-Taniyama-Weil. Par sa « vue d'ensemble » des mathématiques, résumée dans une lettre à sa sœur, la philosophe Simone Weil, il a permis de mieux appréhender le programme de Langlands. Nous parlerons de cette vision dans le prochain chapitre. Elle nous servira de pierre de gué pour porter ce fameux programme dans les terres de la géométrie.

9

LA PIERRE DE ROSETTE

En 1940, durant la guerre, André Weil fut emprisonné en France pour avoir refusé de rejoindre l'armée. Comme l'indique sa notice nécrologique publiée dans *The Economist* :

> [Weil] avait été frappé [...] du dommage causé aux mathématiques en France durant la Première Guerre mondiale : « un souci mal entendu d'égalité devant le sacrifice » avait conduit au massacre de l'élite des jeunes générations scientifiques du pays. Dans ce contexte, il pensait qu'il devait, tant à lui-même qu'à la civilisation, de consacrer sa vie aux mathématiques. Le péché, affirmait-il, eût été au contraire de s'en laisser détourner. Quand certains lui objectaient : « Mais si tout le monde faisait comme vous... », il répondait que cette éventualité ne lui paraissait pas assez vraisemblable pour qu'il se crût obligé d'en tenir compte [1].

Durant son séjour en prison, Weil a écrit une lettre à sa sœur Simone, philosophe et humaniste célèbre. Dans ce remarquable document, il expose sa vision d'ensemble des mathématiques en termes relativement élémentaires – accessibles même à un philosophe (je plaisante !). N'empêche que c'est un bon exemple qu'il donne aux autres mathématiciens. Je dis souvent pour rire qu'il faudrait peut-être comme lui tous les enfermer pour les forcer à exprimer leurs idées de façon compréhensible.

Weil évoque dans sa lettre le rôle de l'analogie en mathématiques, et illustre son propos par celle qui l'intéressait au premier chef : l'analogie entre théorie des nombres et géométrie.

Cette analogie s'est montrée extrêmement féconde pour le développement du programme de Langlands. Comme nous l'avons mentionné plus haut, ce programme trouve son origine en théorie des nombres. Langlands avait conjecturé que certaines des questions difficiles qui se posaient en la matière, comme le dénombrement des solutions des équations modulo les nombres premiers, se résoudraient par des techniques d'analyse harmonique – en l'occurrence par l'étude des fonctions automorphes. C'est une voie séduisante, d'abord parce qu'elle laisse entrevoir la solution à des problèmes jugés auparavant hors d'atteinte, mais aussi parce qu'elle surplombe des connexions profondes et fondamentales entre différents domaines des mathématiques. Il est donc naturel de vouloir connaître le fond des choses, ce qui fait que ces connexions cachées existent. Et nous ne le comprenons pas encore totalement. Il a fallu longtemps pour prouver ne serait-ce que la conjecture de Shimura-Taniyama-Weil, qui n'est qu'une des conjectures générales de Langlands. Des centaines sinon des milliers de propositions similaires attendent encore leur démonstration.

Alors quelle approche adopter pour venir à bout de ces conjectures difficiles ? La première consiste tout simplement à poursuivre ses efforts en espérant déboucher sur de nouvelles idées et de nouvelles percées. Cette méthode a été testée, et a d'ores et déjà donné lieu à de nombreux progrès significatifs. On peut aussi chercher à élargir le cadre du programme de Langlands. Que ce dernier porte à notre attention certaines structures essentielles en théorie des nombres et en analyse harmonique, ainsi que les connexions qui les lient, laisse espérer que des structures et des connexions similaires pourront également être dégagées ailleurs en mathématiques.

Et c'est bien ce qui s'est produit ! On a progressivement compris que ces mystérieuses régularités s'observaient dans d'autres champs de recherche, comme en géométrie ou même en physique quantique. Et chaque fois, la connaissance acquise dans un domaine augmente notre connaissance dans les autres. J'ai déjà dit que le programme de Langlands est une Grande théorie d'unification des mathématiques. Ce que j'entends par là, c'est qu'il met en lumière un certain nombre de phénomènes universels et souligne les liens entre ces phénomènes par-delà les frontières des divers champs des mathématiques. J'irai même plus loin : à mon avis, il nous fera toucher à l'essence même des mathématiques, bien au-delà des conjectures originales de Langlands.

Le programme de Langlands réunit aujourd'hui une large communauté de chercheurs qui travaillent dans des domaines différents : théorie des nombres, analyse harmonique, géométrie, théorie des représentations, physique mathématique... Bien que les objets soient très différents, les phénomènes observés sont similaires. Et ces phénomènes nous aident à comprendre comment se connectent ces divers domaines, comment s'assemblent les pièces d'un puzzle gigantesque.

Pour ma part, j'ai intégré le programme de Langlands par un travail sur les algèbres de Kac-Moody, sur lequel je reviendrai un peu plus tard. Ce qui est sûr, c'est que plus je me suis immergé dans ce programme, plus son omniprésence en mathématiques m'a fasciné.

Représentons-nous les différents domaines des mathématiques d'aujourd'hui comme des langues étrangères. Nous connaissons certaines phrases dans ces différentes langues dont nous pensons qu'elles signifient les mêmes choses. Nous les plaçons les unes à côté des autres, de manière à élaborer, petit à petit, un dictionnaire, grâce auquel nous traduisons un domaine des mathématiques en un autre. André Weil nous a donné un cadre de travail très utile à la compréhension des liens qui unissent la théorie des nombres et la géométrie, une sorte de « pierre de Rosette » des mathématiques d'aujourd'hui.

D'un côté, nous avons des objets de la théorie des nombres, en l'occurrence les nombres rationnels ou les autres corps de nombres dont nous avons parlé dans le précédent chapitre, comme celui obtenu en adjoignant $\sqrt{2}$ aux rationnels, ainsi que leurs groupes de Galois.

De l'autre côté, nous avons les surfaces dites *de Riemann*. La plus simple d'entre elles est la sphère [2].

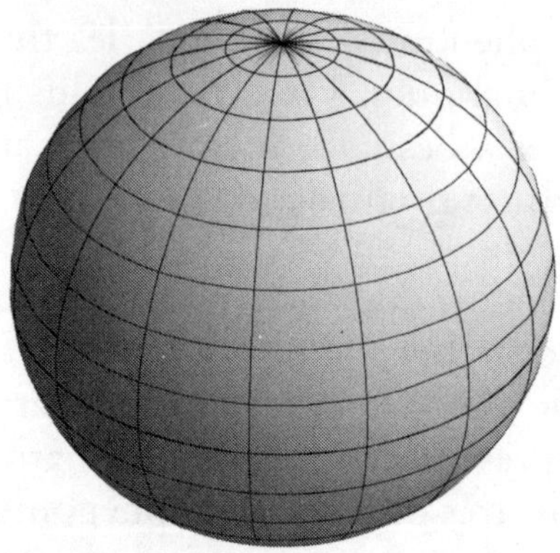

Vient ensuite le tore, soit la surface d'un donut. J'insiste sur le fait qu'il s'agit ici de la *surface* du donut, et non de son intérieur.

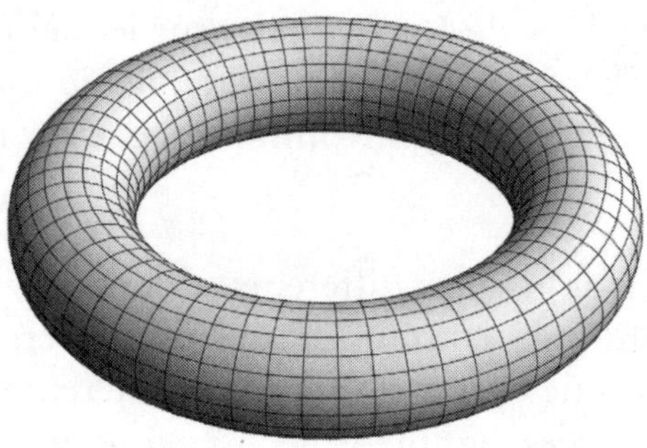

Puis il y a la surface de certains bretzels ou d'une pâtisserie dite *danoise*, pour ceux qui la connaissent.

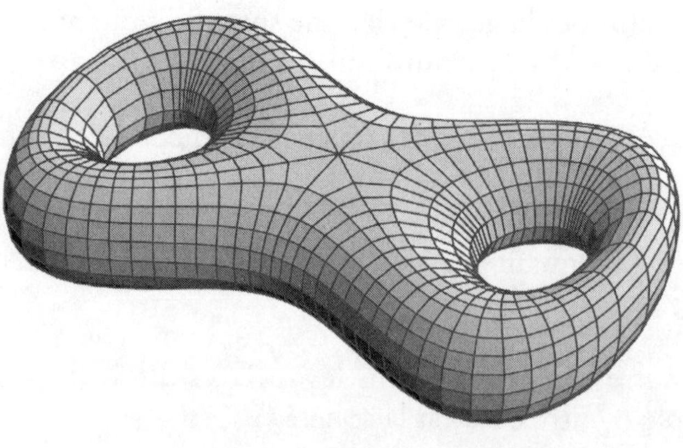

Le tore n'a qu'un « trou » alors que la pâtisserie danoise en a deux. Il existe aussi des surfaces à n trous pour tout $n = 3, 4, 5\ldots$ Les mathématiciens appellent ce nombre de trous le *genre* de la surface*. Ces surfaces doivent leur nom à Bernhard Riemann, un mathématicien allemand du XIXe siècle dont les travaux ont orienté les mathématiques dans plusieurs directions nouvelles. La théorie de la relativité générale, par exemple, repose sur la théorie des espaces courbes de Riemann : les équations d'Einstein décrivent la force de la gravité par un *tenseur de Riemann*, qui exprime la courbure de l'espace-temps.

*

De prime abord, la théorie des nombres n'a guère à voir avec les surfaces de Riemann. Les deux sujets présentent pourtant de nombreuses analogies. Une classe d'objets intermédiaire à ces deux théories se montre cruciale à cet égard.

Il nous faut comprendre au préalable qu'une surface de Riemann peut se décrire par une équation algébrique. Pour donner un exemple, considérons une fois de plus une équation cubique comme

$$y^2 + y = x^3 - x^2.$$

Pour avoir déjà traité de la question, nous savons qu'il importe de préciser le système numérique dans lequel nous travaillons quand nous discutons des solutions de l'équation. Les options ne manquent pas, et différents choix produisent différentes théories.

Dans le chapitre précédent, par exemple, nous avions envisagé le cas, ou la théorie, des solutions modulo les nombres premiers. En considérant les solutions parmi les *nombres complexes*, nous obtenons une autre théorie, celle qui conduit précisément aux surfaces de Riemann.

On attribue souvent des qualités quasi mystiques aux nombres complexes, comme s'il s'agissait d'objets incroyablement compliqués. Ils ne sont, à la vérité, guère plus compliqués que les nombres dont nous avons parlé au chapitre 7, en tentant de donner sens à la racine de 2.

---

* Mon éditeur m'informe que les bretzels servis au bar allemand près de chez lui sont de genre 3 – et délicieux.

Je m'explique. Nous avions alors adjoint aux nombres rationnels deux solutions de l'équation $x^2 = 2$, l'une notée $\sqrt{2}$, l'autre $-\sqrt{2}$. Plutôt que $x^2 = 2$, considérons maintenant l'équation $x^2 = -1$. Paraît-elle plus compliquée que la précédente ? Non. Elle non plus n'admet pas de solutions parmi les nombres rationnels, ce qui n'est pas pour nous effrayer. Adjoignons, là encore, ses deux solutions aux nombres rationnels, en les notant $\sqrt{-1}$ et $-\sqrt{-1}$. Ces solutions de l'équation $x^2 = -1$ vérifient donc

$$\sqrt{-1}^2 = -1 \qquad \text{et} \qquad (-\sqrt{-1})^2 = -1.$$

Il y a seulement une légère différence entre les deux cas. Le nombre $\sqrt{2}$ n'est pas un nombre rationnel mais un nombre *réel*, de sorte qu'en l'adjoignant aux nombres rationnels, nous restons dans le monde des nombres réels.

Les nombres réels s'interprètent géométriquement comme une droite. Pour nous en convaincre, traçons une ligne sur laquelle nous marquons deux points, représentant les nombres 0 et 1. Marquons ensuite à la droite de 1 le point dont la distance à 1 est égale à la distance entre 0 et 1. Ce point représente le nombre 2. Tous les entiers se représentent de façon similaire. Pour représenter les nombres rationnels, il faut subdiviser les intervalles entre les points représentant les entiers. Le nombre $\frac{1}{2}$, par exemple, se situe exactement entre 0 et 1, le nombre $\frac{7}{3}$ au tiers du segment joignant 2 à 3, etc. Nous comprenons ainsi intuitivement qu'il existe une correspondance bijective entre les nombres réels et les points de la droite[3].

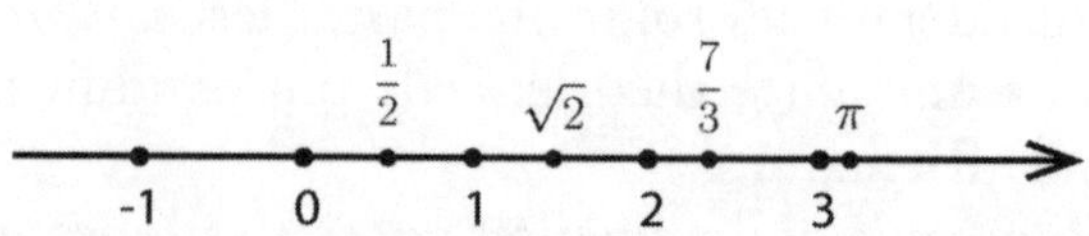

Nous avions déjà rencontré le nombre $\sqrt{2}$, la longueur de l'hypoténuse d'un triangle rectangle aux petits côtés de longueur 1. Nous le marquons donc sur la ligne des réels par le point situé à la droite de 0, dont la distance à 0 est égal à la longueur de cette hypoténuse. De la même manière, nous pouvons marquer le nombre π[4], qui mesure la circonférence d'une cercle de diamètre 1.

D'un autre côté, l'équation $x^2 = -1$ n'admet pas de solutions rationnelles ou réelles. Le carré de tout nombre réel, toujours positif ou nul, ne peut en effet valoir -1. Contrairement à $\sqrt{2}$ et $-\sqrt{2}$, les nombres $\sqrt{-1}$ et $-\sqrt{-1}$ ne sont donc pas des réels. Et alors ? Nous pouvons appliquer avec eux la procédure que nous avions appliquée en introduisant $\sqrt{2}$ et $-\sqrt{2}$. Et utiliser les mêmes règles arithmétiques pour calculer avec ces nouveaux nombres.

Après avoir d'abord remarqué que l'équation $x^2 = 2$ n'admettait aucune solution rationnelle, nous avions créé deux solutions de cette équation, que nous avions baptisées $\sqrt{2}$ et $-\sqrt{2}$, et que nous avions adjointes aux nombres rationnels, donnant du même coup naissance à un nouveau système numérique – un corps de nombres. De la même manière, nous remarquons maintenant que l'équation $x^2 = -1$ n'admet aucune solution réelle. Nous *créons* donc deux solutions de cette équation, que nous notons $\sqrt{-1}$ et $-\sqrt{-1}$, et que nous adjoignons aux nombres rationnels. La procédure est identique. Pourquoi ce nouveau système numérique devrait-il nous apparaître plus compliqué que le précédent, celui bâti avec $\sqrt{2}$?

Pour des raisons purement psychologiques... Alors que $\sqrt{2}$ se visualise facilement par la longueur du côté d'un triangle rectangle, $\sqrt{-1}$ ne se perçoit pas géométriquement de manière aussi simple. Mais $\sqrt{-1}$ se manipule algébriquement tout aussi efficacement que $\sqrt{2}$. Les éléments du système numérique obtenu en adjoignant $\sqrt{-1}$ aux nombres rationnels sont des *nombres complexes.* Ils s'écrivent

$$r + s\sqrt{-1},$$

où r et s sont des nombres rationnels. Cette formule est semblable à celle de la page 101, qui exprime la forme générale des éléments du système numérique obtenu en adjoignant $\sqrt{2}$ aux rationnels. Des nombres de cette forme s'additionnent en ajoutant séparément leur partie en r et leur partie en s. Ils se multiplient en développant leur produit et en tenant compte du fait que $\sqrt{-1} \cdot \sqrt{-1} = -1$. La soustraction et la division se définissent par des voies analogues.

Pour finir, étendons notre définition des nombres complexes en laissant r et s parcourir les nombres réels, sans les restreindre aux nombres rationnels comme plus haut. Nous obtenons ainsi les nombres complexes sous leur forme la plus générale. Notons que $\sqrt{-1}$ se désigne habituellement par i, pour « imaginaire ». J'ai choisi de ne pas utiliser ici cette notation pour mieux mettre en valeur la signification algébrique de ce nombre, qui n'est ni plus ni moins que la racine carrée de -1. Il est tout aussi concret que la racine de 2. Il ne présente rien de mystérieux.

La réalité de ces nombres complexes se perçoit mieux si on les représente de façon géométrique [5]. De même que les nombres réels se visualisent par les points d'une droite, les nombres complexes se visualisent par les points d'un plan. Plus précisément, un nombre complexe $r + s\sqrt{-1}$ se décrit par le point du plan de coordonnées r et s :

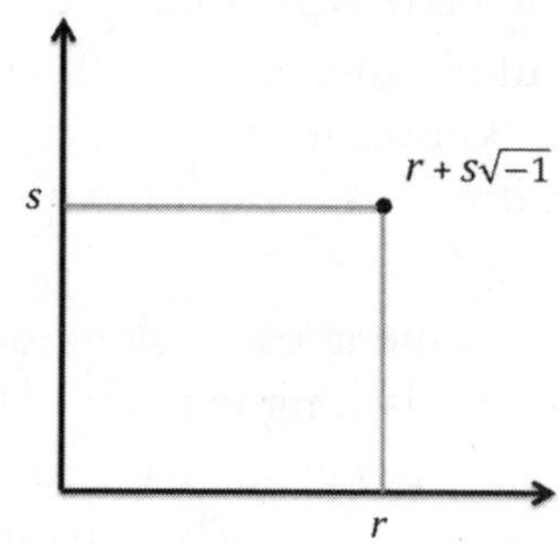

Revenons maintenant à notre équation cubique et cherchons ses solutions complexes, c'est-à-dire les nombres complexes x et y qui vérifient :

$$y^2 + y = x^3 - x^2.$$

Il s'avère, de manière tout à fait remarquable, que l'ensemble de ces solutions forme un tore semblable à celui présenté plus haut. Ou, pour le dire autrement, nous pouvons assigner à tout point du tore une unique paire de nombres complexes x, y solution de l'équation cubique et vice versa [6].

J'imagine que les lecteurs qui découvrent les nombres complexes avec ce livre doivent éprouver à ce stade un sérieux mal de crâne. Rien de plus normal. Comprendre la notion de nombre complexe constitue déjà en soi un petit défi, alors ne parlons pas des couples de nombres complexes solutions d'une équation cubique... Que l'ensemble de ces paires soit en correspondance bijective avec l'ensemble des points d'un tore ne présente rien d'évident. De nombreux mathématiciens professionnels peineraient même à prouver ce résultat [7].

Pour nous convaincre que les solutions d'équations algébriques définissent des formes géométriques, étudions le cas plus simple des solutions sur les nombres réels plutôt que sur les nombres complexes. Considérons par exemple l'équation

$$x^2 + y^2 = 1$$

et représentons ses solutions par des points du plan de coordonnées x et y. L'ensemble de toutes ces solutions forme un cercle de rayon 1, centré sur l'origine. De manière analogue, les solutions de toute autre équation algébrique à deux variables *réelles* x et y forment des courbes dans le plan [8].

Comme les nombres complexes sont en quelque sorte deux fois les nombres réels – un nombre complexe est parfaitement déterminé par un couple de nombres réels –, il n'est guère surprenant que les solutions de telles équations algébriques à deux variables *complexes* x et y forment des surfaces de Riemann. (Une courbe est de dimension 1, une surface de Riemann est de dimension 2, au sens expliqué dans le chapitre 10.)

Outre les solutions complexes et réelles, nous pouvons chercher les solutions de ces équations dans un corps fini $\{0, 1, 2, \ldots, p-2, p-1\}$, où p est un nombre premier. Il s'agit alors de trouver l'ensemble des x et y qui, substitués dans l'équation cubique présentée ci-dessus par exemple, donneront de chaque côté des entiers égaux à un multiple entier de p près. Les mathématiciens appellent l'objet ainsi obtenu une *courbe sur un corps fini.* Ce n'est pas, bien sûr, une courbe à proprement parler. Cette terminologie provient du cas des solutions réelles, qui forment des courbes du plan [9].

Selon la vue pénétrante de Weil, l'objet le plus fondamental est ici l'équation algébrique – l'équation cubique présentée plus haut. En fonction du domaine dans lequel nous cherchons les solutions, cette équation fait naître une surface, une courbe ou un bouquet de points. Autant d'*avatars* d'un être ineffable, à savoir l'équation elle-même, comme, dans l'hindouisme, les dix incarnations de Vishnou. Un peu par hasard, dans une lettre à sa sœur, André Weil invoqua le *Bhagavad-Gita*, un texte sacré de l'hindouisme qui paraît présenter pour la première fois la doctrine des avatars de Vishnou [10]. Weil a décrit non sans poésie le passage du soupçon d'une analogie entre deux théories à un savoir établi :

> Finies les deux théories, finis ces troubles et délicieux reflets de l'une à l'autre, ces caresses furtives, ces brouilleries inexplicables ; nous n'avons plus, hélas, qu'une seule théorie, dont la beauté majestueuse ne saurait nous émouvoir. Rien n'est plus fécond que ces attouchements quelque peu adultères ; rien ne donne plus de plaisir au connaisseur [...]. Le plaisir vient de l'illusion et du trouble des sens ; partie l'illusion, obtenue la connaissance, on atteint l'indifférence en même temps ; il y a du moins là-dessus, dans la Gîtâ, un tas de çlokas plus définitifs les uns que les autres. Mais revenons à nos fonctions algébriques [11].

Le lien entre les surfaces de Riemann et les courbes sur des corps finis devrait maintenant apparaître clairement : ces deux concepts puisent leur source dans le même type d'équations, même si les solutions sont cherchées dans des domaines différents – celui des nombres complexes dans le premier cas, celui des corps finis dans le second. D'un autre côté, comme l'écrivait André Weil dans la lettre à sa sœur déjà citée, « il n'est pas de raisonnement ni de résultat de [la théorie des nombres] qui ne se transporte presque mot pour mot » aux courbes sur les corps finis [12]. Dans l'esprit de Weil, les courbes sur les corps finis jouaient donc le rôle d'intermédiaire entre la théorie des nombres et les surfaces de Riemann.

Nous nous trouvons alors sur un pont, ou plutôt sur une « plaque tournante », pour reprendre une expression utilisée par Weil, entre la théorie des nombres, les surfaces de Riemann, et ce qui se nomme proprement la théorie des courbes algébriques sur les corps finis. En d'autres termes, trois voies, ou plutôt trois colonnes, se déploient parallèlement :

Théorie des nombres	*Courbes sur les corps finis*	*Surfaces de Riemann*

Pour exploiter cette spécificité, indiquait Weil, prenons un résultat sur l'une des trois colonnes et traduisons-le en résultat sur les deux autres. Voici ce qu'il écrivait à sa sœur :

> Mon travail consiste un peu à déchiffrer un texte trilingue ; de chacune des trois colonnes je n'ai que des fragments assez décousus ; j'ai quelques notions sur chacune des trois langues : mais je sais aussi qu'il y a de grandes différences de sens d'une colonne à l'autre, et dont rien ne m'avertit à l'avance. Depuis quelques années que j'y travaille, j'ai des bouts de dictionnaire [13].

De fil en aiguille, Weil parvint à trouver l'une des applications les plus spectaculaires de sa pierre de Rosette, ce que nous appelons aujourd'hui les conjectures de Weil. La recherche de preuves à ces conjectures allait grandement stimuler le développement des mathématiques de la seconde moitié du XXe siècle[14].

*

Revenons maintenant au programme de Langlands. Les idées originales de Langlands portaient sur la colonne de gauche de la pierre de Rosette de Weil, c'est-à-dire la théorie des nombres. Langlands a relié les représentations des groupes de Galois de corps de nombres, dont l'étude relève de la théorie des nombres, aux fonctions automorphes, des objets de l'analyse harmonique – un domaine des mathématiques très éloigné de la théorie des nombres, et tout aussi éloigné des autres colonnes de la pierre de Rosette. Dès lors se pose naturellement la question de savoir si un type analogue de relation se trouve en remplaçant les groupes de Galois par des objets de la colonne centrale ou de la colonne de droite de la pierre de Rosette.

La relation de Langlands se traduit assez directement à la colonne centrale, car tout se trouve déjà en place pour cela. Les groupes de Galois de corps de nombres se transportent sur les groupes de Galois propres aux courbes sur les corps finis ; une branche de l'analyse harmonique étudie également les fonctions automorphes adéquates. Dans son travail original, Langlands reliait déjà les représentations des groupes de Galois et les fonctions automorphes correspondant à la colonne centrale.

La traduction de ce lien à la colonne droite est une tout autre affaire. Il faut trouver des analogues géométriques aux groupes de Galois et aux fonctions automorphes en théorie des surfaces de Riemann. Du temps où Langlands formulait ses idées, seuls les premiers étaient connus. Le seconds restèrent bien mystérieux jusqu'aux années 1980, époque à laquelle, grâce au travail de pionnier du brillant mathématicien russe Vladimir Drinfeld, la notion appropriée fut découverte. Elle a permis la traduction de la relation de Langlands dans la troisième colonne de la pierre de Rosette.

Commençons par l'analogue géométrique du groupe de Galois : cet objet s'appelle le *groupe fondamental* de la surface de Riemann.

Le groupe fondamental est l'un des grands concepts de la *topologie*, un domaine des mathématiques qui se focalise sur les propriétés les plus remarquables des formes géométriques – comme le nombre de « trous » d'une surface de Riemann.

Considérons un tore, par exemple, sur lequel nous marquons un point P. Considérons maintenant les chemins fermés qui partent et arrivent à ce point. Deux d'entre eux sont représentés sur la figure ci-dessous.

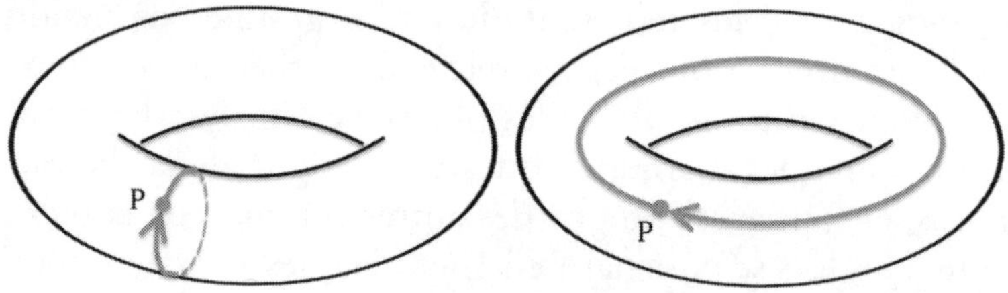

Plus généralement, le groupe fondamental d'une surface de Riemann donnée est constitué de tous les chemins fermés de cette sorte, qui partent et reviennent sur un point P fixé de la surface [15].

Étant donné deux chemins qui commencent et finissent au point P, un autre chemin se construit en parcourant d'abord le premier puis le second. Ce troisième chemin commence et se termine lui aussi au point P. Cette opération définit une « addition » entre chemins fermés qui vérifie toutes les propriétés constitutives d'un groupe – listées dans le chapitre 2. L'ensemble de ces chemins forme donc bien un groupe [16].

L'addition de chemins dans le groupe fondamental, vous l'aurez sans doute remarqué, ressemble fortement à l'addition de tresses dans les groupes de tresses, définie dans le chapitre 5. Il ne s'agit pas d'une coïncidence. Comme je l'avais alors expliqué, les tresses à *n* brins peuvent se voir comme des chemins dans l'espace des collections de *n* points distincts du plan. En fait, le groupe des tresses T_n est précisément le groupe fondamental de cet espace[17].

Il se trouve que l'addition des deux chemins du tore représentés plus haut est commutative, c'est-à-dire qu'ajouter le premier au second ou le second au premier donne le même résultat, le même élément du groupe fondamental[18]. En toute généralité, un élément du groupe fondamental du tore s'obtient en suivant le premier chemin M fois puis le second N fois, où M et N désignent deux entiers (si M est négatif, nous suivons le chemin $-M$ fois dans la direction opposée ; idem pour N négatif). Comme les deux chemins de base commutent l'un avec l'autre, l'ordre dans lequel ces chemins sont parcourus n'a aucune importance, le résultat sera le même.

D'autres surfaces de Riemann admettent un groupe fondamental à la structure plus compliquée[19]. Des chemins distincts ne commutent pas nécessairement entre eux. Nous avons déjà rencontré de tels groupes non commutatifs, au chapitre 5, avec les groupes de tresses à plus de deux brins.

*

L'analogie profonde qui existe entre les groupes de Galois et les groupes fondamentaux était connue depuis un certain temps[20]. Elle apporte une réponse à notre première question : le rôle du groupe de Galois est joué par le groupe fondamental de la surface de Riemann sur la colonne de droite de la pierre de Rosette de Weil.

Vient ensuite la question de savoir ce qui joue le rôle des fonctions automorphes, ces objets qui apparaissent de l'autre côté de la relation de Langlands. Il faut ici effectuer un saut quantique. Les bonnes vieilles fonctions se révèlent ici inadéquates et doivent être remplacées par des objets mathématiques plus sophistiqués, les *faisceaux*, que nous décrirons dans le chapitre 14.

Cette approche fut proposée par Vladimir Drinfeld dans les années 1980. Il formula de manière différente les parties du programme de Langlands correspondant à la colonne centrale et la colonne de droite, à propos des courbes sur les corps finis et des surfaces de Riemann, respectivement. Cette reformulation prit le nom de *programme de Langlands géométrique.*

Et Drinfeld trouva donc en particulier ce qui jouait le rôle des fonctions automorphes dans la colonne de droite de la pierre de Rosette évoquée par Weil.

*

J'ai rencontré Drinfeld à l'université Harvard, au printemps 1990. Non content d'avoir excité mon intérêt sur le programme de Langlands, il m'a assuré que j'avais un rôle à jouer dans son développement. Il avait, de fait, décelé un lien entre le programme de Langlands géométrique et le travail que j'avais effectué comme étudiant à Moscou. Les résultats que j'avais dégagés se révélaient essentiels à la nouvelle approche de Drinfeld, laquelle, en retour, a bouleversé ma vie mathématique : depuis lors, mes recherches ont été principalement consacrées au programme de Langlands.

Retournons donc à Moscou pour voir ce que l'avenir me réservait après la rédaction de mon premier article, sur les groupes de tresses.

10

DANS LA BOUCLE

À Moscou, en cet automne 1986, je suivais donc ma troisième année d'études à la Kerosinka. Une fois mon article sur les tresses achevé et soumis, Fuchs m'a demandé ce que j'avais désormais l'intention de faire.

Moi, je ne voulais qu'une chose : un autre problème à résoudre. Or il se trouve que Fuchs travaillait depuis plusieurs années avec Boris Feigin, un de ses anciens étudiants, sur les représentations des *algèbres de Lie*. Et selon lui, ce domaine de recherche très actif regorgeait de questions étroitement liées à la physique quantique.

L'information, bien sûr, n'est pas tombée dans l'oreille d'un sourd. Même si Evgeny Evgenievich m'avait « converti » aux mathématiques, et même si elles m'enchantaient toujours autant, je n'avais jamais perdu ma fascination d'enfance pour la physique. Et que le monde des mathématiques soit ainsi relié à celui de la physique quantique me paraissait très excitant.

Fuchs m'a fait passer un article de quatre-vingts pages qu'il avait écrit avec Feigin.

« J'avais d'abord pensé te donner un manuel d'introduction aux algèbres de Lie, m'a-t-il confié, et puis après tout, me suis-je dit, pourquoi ne pas simplement te donner ce papier ? »

J'ai soigneusement rangé dans mon sac à dos ce précieux travail, encore inédit. À l'époque, en effet, les autorités soviétiques exerçaient un contrôle sévère sur les photocopieurs, craignant qu'ils ne servent à diffuser la littérature interdite, comme les livres de Soljenitsyne ou *Docteur Jivago* ; du coup, il n'existait dans le monde qu'une poignée de copies de cet article. Rares étaient ceux qui avaient pu y poser les yeux – plus tard, Feigin me dirait même, en ne plaisantant qu'à moitié, que j'avais probablement été le seul à l'avoir lu d'un bout à l'autre.

Il était rédigé en anglais, et devait être publié dans un recueil aux États-Unis. Mais l'éditeur s'y est pris de telle façon que la parution a été retardée pendant une quinzaine d'années. Entretemps, la plupart des résultats que présentait l'article avaient été reproduits ailleurs, de sorte qu'il ne fut pas tellement lu à sa sortie. Ce qui n'a pas empêché que, sous sa forme inédite, le papier soit largement cité dans la littérature (au titre de« prépublication de Moscou »), et acquière une certaine célébrité. Feigin et Fuchs en reçurent d'ailleurs le juste crédit, puisque les nouvelles représentations des algèbres de Lie qu'ils y étudiaient furent baptisées « représentations de Feigin-Fuchs ».

En entamant la lecture de l'article, je me demandais ce que pouvaient bien être ces « algèbres de Lie », au nom aussi étrange. Les auteurs, me suis-je vite aperçu, supposaient chez leur lecteur un savoir que je ne possédais pas. J'ai donc couru dévaliser les librairies de tous les manuels que je pouvais trouver sur le sujet. Et ceux qui ne s'y trouvaient pas, je les ai empruntés à la bibliothèque de la Kerosinka. J'ai lu ces livres parallèlement à l'article de Feigin et Fuchs. Depuis, j'ai conservé cette façon d'appréhender un nouveau domaine : je ne me contente jamais d'une seule source ; j'essaye de les trouver toutes et je les dévore.

*

Avant d'expliquer ce que sont les algèbres de Lie, il me faut dire deux mots des *groupes de Lie*. Les deux notions doivent leur nom à Sophus Lie, le mathématicien norvégien qui les a dégagées.

Les concepts mathématiques peuplent le Règne des mathématiques de la même manière que les animaux peuplent le Règne animal : ils sont liés les uns aux autres, formant familles et sous-familles, et souvent s'accouplent pour produire une descendance.

Les groupes illustrent à merveille cet état de fait. Prenons par exemple à la classe des oiseaux – ou Aves –, qui se décompose en vingt-trois ordres, chacun se décomposant lui-même en familles, puis en genres. L'aigle pêcheur d'Afrique appartient ainsi à l'ordre des Accipitriformes, à la famille des Accipitridae et au genre des *Haliaeetus* – des noms au moins aussi exotiques que celui de « groupe de Lie » ! Eh bien c'est de la même façon que les groupes forment une large classe de concepts mathématiques, qui se déclinent en différents « ordres », « familles » et « genres ».

Il existe par exemple l'ordre des groupes finis, constitués de tous les groupes comptant un nombre fini d'éléments. Le groupe des symétries d'une table carrée, par exemple, dont nous avons discuté au chapitre 2, est un groupe fini à quatre éléments. Le groupe de Galois d'un corps de nombres obtenu en adjoignant les solutions d'une équation polynomiale aux nombres rationnels est un groupe fini – à deux éléments dans le cas des équations quadratiques. L'ordre des groupes finis se subdivise lui-même en familles, comme celle des groupes de Galois, précisément, ou celle des groupes cristallographiques, c'est-à-dire des groupes de symétrie propres à diverses structures cristallines.

Il existe aussi l'ordre des groupes infinis. Le groupe des entiers y appartient, de même que les groupes T_n de tresses à n brins, rencontrés au chapitre 5, pour tout $n = 2, 3, 4\ldots$ fixé. Le groupe des rotations d'une table ronde, constitué de tous les points d'un cercle, est aussi un groupe infini.

Les entiers et le cercle présentent cependant une différence de taille. Le groupe des entiers est discret, c'est-à-dire que ses éléments ne s'assemblent pas, de quelque façon naturelle que l'on s'y prenne, en une forme géométrique continue. Il est impossible de se déplacer continûment d'un entier à un autre, de passer de l'un à l'autre sans faire de sauts. Sur le cercle, au contraire, l'angle de rotation varie continûment entre 0 et 360 degrés. Et d'un point de vue global, ces angles s'assemblent en une forme géométrique : en un cercle, précisément. Les mathématiciens donnent à de telles formes le nom de *variétés.*

Le groupe des entiers et les groupes de tresses appartiennent à la famille des groupes discrets de l'ordre des groupes infinis du Règne mathématique. Le cercle appartient à une autre famille de cet ordre, la famille des groupes de Lie. En termes simples, un groupe de Lie est un groupe dont les éléments sont les points d'une variété. Le concept de groupe marié à celui de variété enfante en quelque sorte le concept de groupe de Lie :

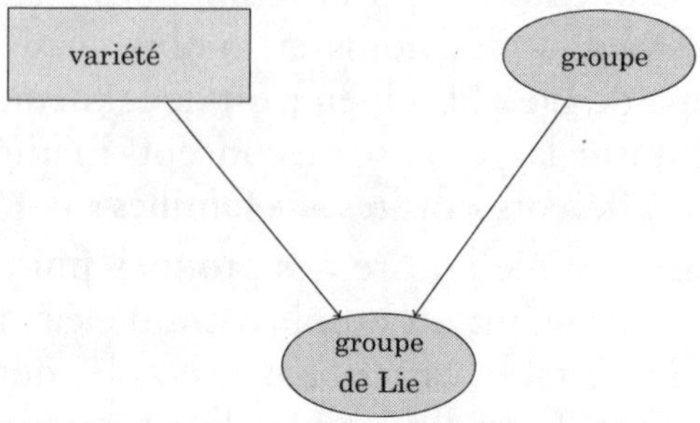

Voici l'arbre des différentes sortes de groupes que nous rencontrerons dans ce chapitre – toutes n'ont pas encore été introduites :

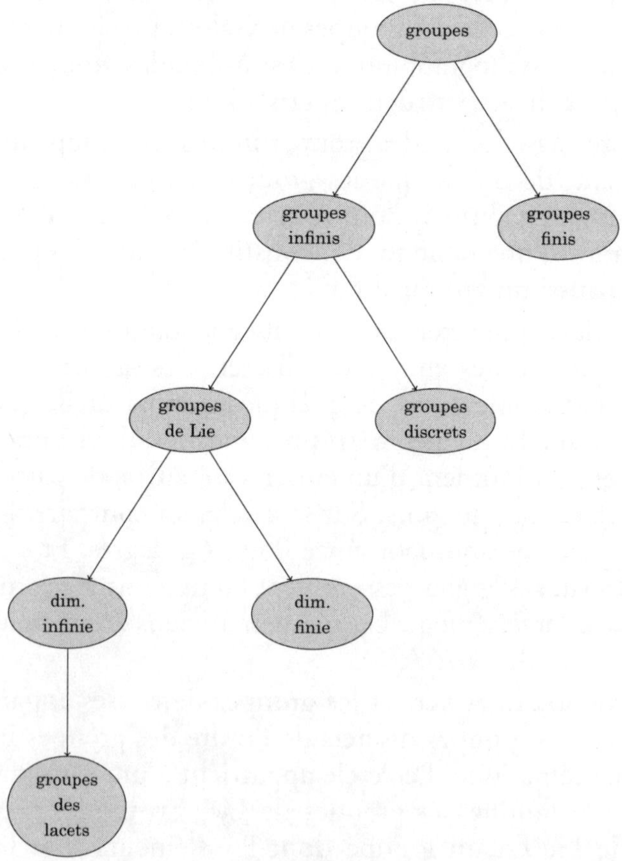

Les groupes de Lie décrivent de nombreuses symétries naturelles, d'où l'importance de les étudier. Le groupe $SU(3)$, par exemple, qui permet de classifier les particules élémentaires, comme nous l'avons vu au chapitre 2, est un groupe de Lie.

Pour donner un autre exemple, considérons le groupe des rotations d'une sphère. Une telle rotation ne se détermine plus simplement par son angle, comme dans le cas d'une table ronde. Ici, il faut aussi spécifier l'axe de la rotation, ainsi que le suggère la figure ci-dessous. Toute droite passant par le centre de la sphère en définit un.

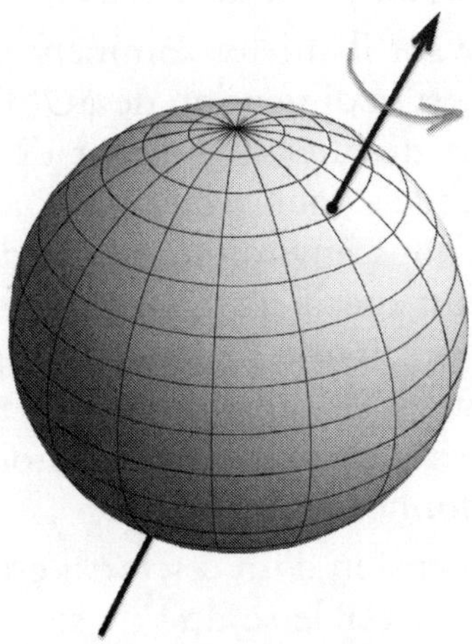

Le groupe des rotations de la sphère porte en mathématiques le nom de *groupe Spécial Orthogonal de l'espace de dimension trois*, plus communément abrégé en $SO(3)$. On peut considérer ces rotations comme des transformations de l'espace tridimensionnel dans lequel la sphère est plongée. Qu'elles soient orthogonales signifie qu'elles préservent les distances [1]. Incidemment, nous obtenons une représentation de dimension trois du groupe $SO(3)$, au sens où nous l'avons introduit au chapitre 2.

De même, le groupe des rotations de la table ronde, dont nous avons discuté plus haut, se note $SO(2)$. Ces rotations définissent aussi des transformations du plan, espace de dimension deux, et plus précisément les transformations spéciales orthogonales du plan, une représentation de dimension deux du groupe $SO(2)$.

Les groupes $SO(2)$ et $SO(3)$ sont également des variétés, c'est-à-dire des formes géométriques : un cercle pour $SO(2)$, par exemple. Il s'agit donc de groupes de Lie. La variété que forment les éléments du groupe $SO(3)$ se visualise plus difficilement que le cercle. Ce n'est pas une sphère. Nous avons vu qu'une rotation de la sphère est entièrement déterminée par un axe et un angle de rotation. Or un point de la sphère définit un axe de rotation : la droite passant par ce point et le centre de la sphère. Et un angle de rotation équivaut à un point du cercle. Un élément du groupe $SO(3)$ se détermine donc par un point de la sphère, qui définit l'axe de la rotation, et un point du cercle, qui définit son angle.

Mais peut-être vaut-il mieux commencer par une question plus simple : quelle est la dimension de $SO(3)$? Pour y répondre, il nous faut d'abord discuter le concept de dimension de manière plus systématique. Nous avons déjà indiqué au chapitre 2 que le monde qui nous environne est de dimension trois. En d'autres termes, il faut spécifier trois nombres, ou trois coordonnées, (x, y, z), pour préciser la position d'un point dans l'espace. Un plan, quant à lui, est de dimension deux : deux coordonnées, (x, y), suffisent à repérer un point. Et une droite est de dimension un : seule une coordonnée est nécessaire.

Quelle est la dimension d'un cercle ? Il est d'abord tentant de répondre deux, car un cercle se dessine sur un plan, de dimension deux. Tout point du cercle, en tant que point du plan, se décrit par deux coordonnées. Mais la dimension d'un objet géométrique – ici le cercle – se définit par le nombre de coordonnées indépendantes de cet objet nécessaires à la localisation de chacun de ses points. Ce nombre n'a rien à voir avec la dimension du paysage, ici le plan, dans lequel est plongé l'objet. Le cercle peut tout aussi bien être plongé dans un espace de dimension trois, à la manière d'une bague, voire d'un espace de dimension plus grande. Seul importe qu'un point du cercle soit déterminé par un unique nombre, en l'occurrence l'angle. Le cercle se décrit par une unique coordonnée : il est donc de dimension un.

Bien sûr, pour parler d'angle, il faut choisir un point de référence sur le cercle correspondant à l'angle 0. Exactement comme il faut choisir un point de référence correspondant à $x = 0$ pour associer une coordonnées x à tout point d'une droite. Un même objet admet dont différents systèmes de coordonnées. Mais tous ces systèmes présenteront le même nombre de coordonnées, un nombre précisément appelé *dimension* de l'objet.

Notons d'autre part qu'en nous rapprochant et en considérant un voisinage de plus en plus petit d'un point du cercle, la courbure finit presque par s'évanouir. Ce petit voisinage tend à se confondre avec un petit voisinage du même point sur la droite tangente au cercle, c'est-à-dire la droite qui approche au mieux le cercle à proximité de ce point. Par ce biais, nous constatons encore que le cercle et la droite ont même dimension [2].

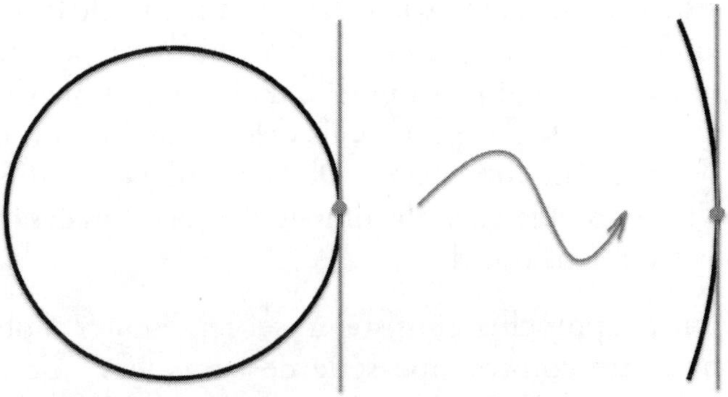

En zoomant sur le point, le cercle et la tangente paraissent se rapprocher de plus en plus l'un de l'autre.

De la même manière, la sphère est plongée dans un espace de dimension trois, mais sa dimension intrinsèque vaut deux. Un point de la sphère se repère par deux coordonnées, que nous connaissons bien sur Terre : la latitude et la longitude. Les mailles du réseau représenté sur la figure donnée un peu plus haut sont constituées de « parallèles » et de « méridiens », qui correspondent à des valeurs fixées de la latitude et de la longitude. Ces deux coordonnées montrent que la sphère est de dimension deux.

Et pour en revenir à $SO(3)$, quelle est la dimension de ce groupe de Lie ? Comme un point de $SO(3)$ est une rotation de la sphère, il se décrit par trois coordonnées : l'axe de la rotation, qui se spécifie lui-même par un point auquel il transperce la sphère, c'est-à-dire deux coordonnées, et l'angle de la rotation, soit une troisième coordonnée. Le groupe $SO(3)$ est donc de dimension trois.

Nous avons du mal à nous représenter les groupes de Lie, ou même simplement les variétés, de dimension quatre ou plus. Notre cerveau est ainsi fait que nous ne visualisons que des formes géométriques de dimension inférieure ou égale à trois. Imaginer ne serait-ce qu'une combinaison quadridimensionnelle d'espace et de temps nous pose un vrai problème : nous ne percevons pas le temps, en l'occurrence la quatrième dimension, comme une dimension spatiale. Alors que dire des dimensions supérieures ? Comment étudier des variétés à cinq cents ou six cents dimensions ?

Prenons encore une analogie – dans le domaine de la peinture, cette fois-ci. Les artistes nous donnent à voir une représentation, ou une projection, bidimensionnelle d'objets tridimensionnels. Par des techniques de perspective, ils créent une illusion de profondeur, de troisième dimension. De la même façon, il est possible de « voir » les objets quadridimensionnels en analysant leurs projections tridimensionnelles.

Une autre approche consiste à se représenter l'objet de dimension quatre comme une série de « tranches » de dimension trois. Ce procédé équivaut à couper une miche de main, tridimensionnelle, en tranches très fines, considérées comme bidimensionnelles.

Quand la quatrième dimension représente le temps, une tranche se nomme communément *instantané* ou *photographie*. Prendre une photo d'un être en mouvement, c'est couper une tranche tridimensionnelle – ensuite projetée sur un plan, certes – d'un objet quadridimensionnel, en l'occurrence l'être dans l'espace-temps. Une série de clichés pris les uns à la suite des autres qui défile rapidement devant nos yeux recrée l'illusion du mouvement. L'idée, bien sûr, est au fondement du cinéma.

Il est aussi possible de reproduire l'impression de mouvement en juxtaposant les photos. Au début du XXe siècle, divers artistes se sont essayés par cette méthode à intégrer la quatrième dimension à leurs tableaux, à leur conférer une dynamique. Une étape importante à cet égard a été franchie en 1912 par Marcel Duchamp, avec son *Nu descendant un escalier, n° 2*.

Notons que la théorie de la relativité d'Einstein, en vertu de laquelle l'espace ne se dissocie plus du temps, est apparue à peu près à la même époque. Elle inscrit la notion de continuum espace-temps quadridimensionnel au cœur de la physique. Parallèlement, des mathématiciens comme Henri Poincaré exploraient en profondeur les mystères des géométries de dimension supérieure et transcendaient le paradigme euclidien.

La quatrième dimension et les géométries non euclidiennes fascinaient Duchamp. En lisant le *Traité élémentaire de géométrie à quatre dimensions et introduction à la géométrie à n dimensions*, dans lequel E.P. Jouffret présentait certaines des idées révolutionnaires de Poincaré, Duchamp a noté :

> L'ombre portée d'une figure à 4 dimensions sur notre espace est une ombre à 3 dimensions (voy. Jouffret, Géom. à 4 dim., page 186, 3 dernières lignes) [...]. Analogiquement avec le procédé des architectes qui décrivent le plan de chacun des étages d'une maison, une figure 4dridim[en]s[ionne]ll[e] pourra être décrite (pour chacun de ses étages) par des sections tridimensionnelles[3].

Selon l'historienne de l'art Linda Dalrymple Henderson, « Duchamp trouvait délicieusement subversive la remise en question des vieilles "vérités" par les nouvelles géométries ». Entre autres éléments, indique-t-elle, l'intérêt pour la quatrième dimension qu'éprouvaient Duchamp et d'autres artistes a conduit à la naissance de l'art abstrait [4].

Les mathématiques ont donc influencé l'art. Grâce à elles, les artistes ont eu accès à des dimensions cachées, ce qui les a incités à exposer, sous une forme esthétique novatrice, de profondes vérités sur notre monde. Par ces œuvres d'art moderne, ils ont élevé notre perception de la réalité, affectant ainsi notre conscience collective. Et en un juste retour des choses, ils ont influencé les générations suivantes de mathématiciens. Comme l'explique avec brio le philosophe des sciences Gerald Holton :

> De fait, une culture se maintient en vie par l'interaction de toutes ses parties. Elle progresse par un processus alchimique, au cours duquel ses divers ingrédients se combinent pour former de nouveaux joyaux. Sur ce point, j'imagine que Poincaré et Duchamp s'accorderaient avec moi et entre eux, tous deux s'étant déjà manifestement rencontrés quelque part dans cet hyperespace, qu'ils ont, chacun à leur manière, tant aimé [5].

Les mathématiques nous permettent de percevoir la géométrie sous tous ses avatars, sous tous ses atours, sous toutes ses formes. C'est un langage universel qui s'applique avec autant de bonheur dans toutes les dimensions, que nous puissions ou non visualiser ses objets, grâce auquel nous dépassons nos capacités limitées de représentation. De fait, comme l'écrivait Charles Darwin, les mathématiques nous dotent d'un « sens supplémentaire[6] ».

Bien que nous ne puissions visualiser un espace de dimension quatre, nous pouvons y accéder par la voie mathématique. Il suffit simplement de représenter les points de cet espace par des quadruplets de nombres (x, y, z, t), exactement de la manière dont nous représentons les points d'un espace de dimension trois par des triplets (x, y, z). Plus généralement, nous pouvons regarder les points d'un espace plat de dimension n, quel que soit l'entier naturel n, comme des n-uplets de nombres – comparables aux lignes d'un tableur, ainsi que nous l'avons vu au chapitre 2.

Peut-être dois-je expliquer pourquoi je parle ici d'espaces plats ? Une droite est clairement plate, de même qu'un plan. Mais ce caractère appliqué à l'espace tridimensionnel n'est pas aussi évident. Notez que je ne parle pas ici de diverses variétés, comme une sphère ou un tore, plongées dans l'espace tridimensionnel, mais bien de l'espace tridimensionnel lui-même. L'espace de dimension trois est plat en ce sens qu'il ne présente aucune courbure. La définition mathématique précise de la courbure, élaborée par Bernhard Riemann, le créateur des surfaces du même nom, est assez délicate. Nous ne la détaillerons pas ici car elle ne nous préoccupe pas au premier chef. Une façon simple de se représenter la platitude de l'espace tridimensionnel consiste à se focaliser sur le fait qu'il admet trois axes de coordonnées infinis, perpendiculaires les uns aux autres, exactement comme un plan admet deux axes de coordonnées perpendiculaires. De la même façon, un espace de dimension *n* qui admet *n* axes de coordonnées deux à deux perpendiculaires ne présente pas de courbure : il est donc plat.

Même si durant des siècles les physiciens ont cru que nous vivions dans un espace tridimensionnel plat, Einstein, comme nous l'avons vu dans la préface, a montré avec sa théorie de la relativité générale que la gravité courbe l'espace. Cette courbure est certes faible, ce qui explique que nous ne la remarquions pas dans la vie quotidienne, mais elle n'est pas nulle. Notre propre espace est donc un exemple de variété courbe de dimension trois.

Cette remarque nous conduit à la question de savoir comment les espaces courbes peuvent exister par eux-mêmes, sans être plongés dans un espace plat de dimension plus grande, à la façon d'une sphère dans l'espace tridimensionnel plat, par exemple. Nous avons l'habitude de penser que l'espace qui nous environne est plat, si bien que les formes courbes de la vie quotidienne ne nous paraissent exister que confinées dans un espace plat. Mais c'est une méprise, une illusion due à notre perception très étroite de la réalité. Et ce qui ne manque pas de sel, c'est que, pour commencer, l'espace que nous occupons n'est pas plat ! Les mathématiques nous offrent toutefois un moyen d'échapper à ce piège. Riemann a montré que les espaces courbes existent intrinsèquement, comme objets propres, sans nécessité d'aucun espace plat pour les contenir. La définition d'un espace courbe demande simplement une règle, vérifiant certaines propriétés naturelles, pour mesurer les distances entre deux points quelconques dudit espace, ce que les mathématiciens nomment une *métrique.* Les concepts mathématiques de métrique et de tenseur de courbure, introduits par Riemann, sont les pierres angulaires de la théorie générale de la relativité d'Einstein[7].

Ces formes courbes, ou variétés, présentent des dimensions arbitrairement élevées. Un cercle, on s'en souvient, est défini comme l'ensemble des points du plan équidistants d'un point donné – ou, comme y tenait mon examinateur à la MGU, de *tous* ces points ! De même, une sphère est l'ensemble de tous les points de l'espace tridimensionnel équidistants à un point donné. Un analogue de la sphère en dimension plus grande – parfois appelé *hypersphère* – se définit comme l'ensemble des points équidistants à un point donné dans l'espace de dimension n. Comme cette condition forme une contrainte sur n coordonnées, cette hypersphère est de dimension $(n-1)$. Et bien sûr, nous pouvons ensuite étudier le groupe de Lie des rotations de cette hypersphère[8]. Il est noté $SO(n)$.

D'un point de vue taxinomique, dans le Règne des mathématiques, la famille des groupes de Lie se subdivise en deux genres : les groupes de Lie de dimension finie, comme le cercle ou $SO(3)$, et les groupes de Lie de dimension infinie. Notons que même un groupe de Lie de dimension finie est infini, en ce sens qu'il compte un nombre infini d'éléments. Le cercle, par exemple, est de dimension un, car ses éléments se laissent décrire par une seule coordonnée – l'angle –, mais ces mêmes éléments – les points du cercle – sont en nombre infini. Un groupe de Lie de dimension infinie, comme son nom l'indique, se décrit par un nombre infini de coordonnées. Ce type de « double infinité » est très difficile à imaginer. De tels groupes apparaissent pourtant naturellement, si bien qu'il est nécessaire de les étudier. L'un d'entre eux, que je vais brièvement décrire, porte le nom de *groupe des lacets.*

Plaçons-nous tout d'abord dans le cadre de l'espace tridimensionnel. Les lacets, pour le dire simplement, sont des courbes fermées, semblables à celle représentée à gauche de la figure ci-dessous. Nous les avons déjà rencontrés, sous la forme de « nœuds », en abordant les groupes de tresses[9]. Il est important de comprendre que ces courbes se referment sur elles-mêmes, qu'elles forment une boucle. Ce n'est pas le cas de la courbe représentée à droite de la figure, par exemple, qui *n'est donc pas* un lacet.

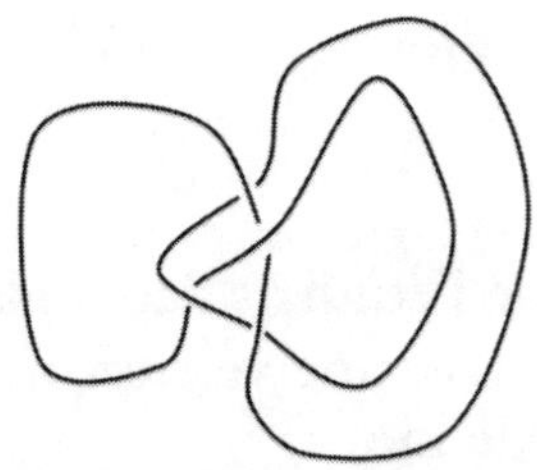

Ceci est un lacet

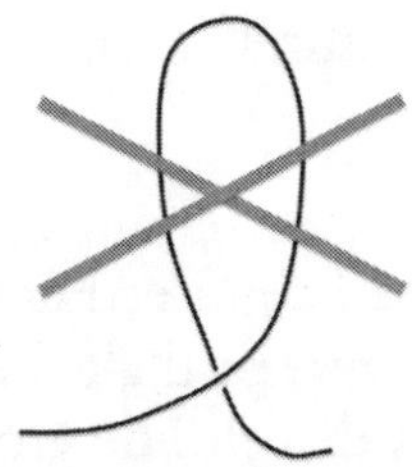

Ceci *n'est pas* un lacet

Plus généralement, nous pouvons considérer des lacets, c'est-à-dire des courbes fermées, dans toute variété M. Ils forment ce qu'on appelle l'*espace des lacets* de M.

Comme nous le verrons plus en détail dans le chapitre 17, ces lacets jouent un grand rôle en théorie des cordes. En physique quantique, les objets fondamentaux sont des particules élémentaires, comme des électrons ou des quarks. Ce sont des objets ponctuels, sans structure interne, de dimension zéro. La théorie des cordes, quant à elle, postule que les objets fondamentaux de la nature sont des cordes unidimensionnelles [10]. Une corde fermée n'est rien de plus qu'un lacet dans une variété M, en l'occurrence l'espace-temps. La notion d'espace de lacets est donc importante en théorie des cordes. Considérons maintenant l'espace des lacets du groupe de Lie $SO(3)$. Ses éléments sont donc des lacets de $SO(3)$. Examinons l'un d'entre eux de plus près. Il ne diffère guère de celui dessiné un peu plus haut car $SO(3)$, comme toute variété de dimension trois, ressemble beaucoup, aux petites échelles, à l'espace tridimensionnel plat. Mais chaque point de ce lacet est un élément de $SO(3)$, c'est-à-dire une rotation de la sphère. Notre lacet est donc un objet sophistiqué : une collection, indexée par un paramètre, de rotations de la sphère. Étant donné deux de ces lacets, il est possible d'en produire un troisième, en composant les rotations correspondantes de la sphère. Muni de cette opération, l'espace des lacets de $SO(3)$ devient un groupe, le *groupe des lacets* de $SO(3)$ [11]. Voici donc un bon exemple de groupe de Lie de dimension infinie : ses éléments ne peuvent se décrire par un nombre fini de coordonnées [12].

Plus généralement, le groupe des lacets de tout groupe de Lie, par exemple de $SO(n)$, le groupe des rotations de l'hypersphère, est un groupe de Lie de dimension infinie. Ces groupes de lacets apparaissent naturellement comme groupes de symétrie en théorie des cordes.

*

L'article de Feigin et Fuchs que j'étudiais demandait aussi de connaître le concept d'algèbre de Lie, une version simplifiée, en quelque sorte, de celui de groupe de Lie.

La dénomination « algèbre de Lie » entraîne par nature une certaine confusion. Le mot « algèbre » évoque immanquablement la matière enseignée au lycée, où il s'agit, entre autres, de résoudre les équations du second degré. Mais nous l'entendons ici différemment. En tant que partie indivisible de l'expression « algèbre de Lie », il se rapporte à des objets mathématiques aux propriétés bien particulières. En dépit de ce que suggère leur nom, les algèbres de Lie ne constituent pas une famille de la classe des algèbres comme les groupes de Lie constituent une famille de la classe des groupes. Il y a là sans doute un défaut de cohérence dans la terminologie, mais il est sans véritable importance.

Avant d'expliquer ce qu'est une algèbre de Lie, il faut que je dise deux mots du concept d'*espace tangent.* Même si j'ai précisément l'air de la prendre, la tangente, je ne veux pas trop m'éloigner du cœur de mon propos : je m'engage simplement dans la voie qui mène à une idée forte du calcul différentiel, la *linéarisation*, c'est-à-dire l'approximation des espaces courbes par des espaces plats, ou linéaires.

L'espace tangent au cercle en un point donné, par exemple, est la droite la plus proche du cercle parmi toutes celles qui passent par ce point. Nous l'avons déjà rencontré en évoquant la dimension du cercle. La droite tangente effleure le cercle si légèrement en ce point particulier que toutes les autres droites passant par ce point traversent le cercle une deuxième fois.

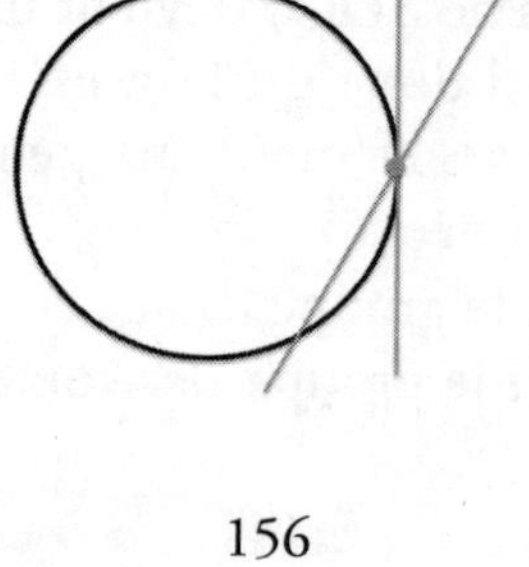

Plus généralement, toute courbe, c'est-à-dire toute variété de dimension un, se laisse approcher près d'un point donné par une droite tangente. Citons René Descartes, qui a décrit une méthode efficace pour déterminer ces droites tangentes dans sa *Géométrie*, publiée en 1637 : « Et j'ose dire que c'est ceci le problème le plus utile, et le plus général, non seulement que je sache, mais même que j'aie jamais désiré de savoir en géométrie [13]. » De la même façon, une sphère se laisse approcher en un point donné par un plan tangent. Pensons au point de contact d'un ballon de basket, la sphère, posé sur le sol, le plan tangent [14]. Et une variété de dimension *n* se laisse approcher en un point donné par un espace plat de dimension *n*.

Un groupe de Lie possède un point spécial : l'élément neutre du groupe. L'algèbre de Lie n'est rien de plus que l'espace tangent au groupe de Lie en ce point. Chaque groupe de Lie possède donc sa propre algèbre de Lie, sa petite sœur [15].

Le cercle, par exemple, est un groupe de Lie qui a pour élément neutre le point particulier d'angle nul [16]. La droite tangente au cercle en ce point est donc l'algèbre de Lie du cercle. Il n'est pas possible, hélas, de dessiner le groupe $SO(3)$ et son espace tangent en l'élément neutre, car ils sont tous deux de dimension trois. Mais la théorie mathématique des espaces tangents est ainsi établie qu'elle fonctionne en toute dimension. Les variétés de dimension un ou deux, comme le cercle ou la sphère, servent parfois de métaphores ou de modèles, quand nous voulons représenter des situations sur des variétés de dimension supérieure. Cette étape, toutefois, n'est pas nécessaire. Le langage mathématique permet de transcender notre intuition visuelle limitée. D'un point de vue technique, l'algèbre de Lie d'un groupe de Lie de dimension *n* est un espace plat de dimension *n* qui porte aussi le nom d'*espace vectoriel*[17].

Mais il y a plus. L'opération de multiplication sur un groupe de Lie définit une opération sur son algèbre de Lie, c'est-à-dire que deux éléments de l'algèbre de Lie étant donnés, nous pouvons en construire un troisième. Les propriétés de cette opération, plus difficiles à décrire que les propriétés de la multiplication sur un groupe de Lie, ne nous intéressent pas pour le moment [18]. Signalons simplement un cas particulier qui rappellera sans doute quelques souvenirs aux lecteurs qui ont étudié le calcul vectoriel : le *produit vectoriel* dans l'espace tridimensionnel [19]. Ceux qui connaissent cette opération se sont peut-être interrogés sur ses propriétés un peu bizarres. Sachez donc qu'elle fait de l'espace tridimensionnel une algèbre de Lie !

Cette algèbre de Lie est même celle du groupe $SO(3)$. Ce produit vectoriel assez ésotérique provient donc de la règle de composition des rotations de la sphère.

Mais pourquoi donc se soucier des algèbres de Lie, si elles sont équipées d'une opération aussi étrange ? Pourquoi ne pas se contenter des groupes de Lie ? La raison principale tient à ce que les algèbres de Lie, contrairement aux groupes de Lie, habituellement courbes – comme un cercle –, sont des espaces plats – comme une droite, un plan, etc. Elles sont de ce fait plus faciles à étudier que les groupes de Lie.

Nous pouvons ainsi parler des algèbres de Lie des groupes de lacets [20]. Ces algèbres de Lie, qui se regardent parfois comme des versions simplifiées des groupes de lacets, sont appelées des *algèbres de Kac-Moody*, du nom de Victor Kac et de Robert Moody [21]. Le premier, originaire de Russie, est aujourd'hui professeur au MIT, aux États-Unis ; le second, originaire de Grande-Bretagne, est aujourd'hui professeur à l'université de l'Alberta, au Canada. Ces deux mathématiciens ont indépendamment commencé à étudier ces algèbres de Lie en 1968. La théorie des algèbres de Kac-Moody a gagné depuis lors une importance sans cesse croissante, jusqu'à devenir l'un des domaines de recherche les plus actifs des mathématiques d'aujourd'hui.

*

Ces algèbres de Kac-Moody faisaient précisément l'objet du nouveau projet que m'avait suggéré Fuchs. En les découvrant, j'ai rapidement compris qu'un sérieux travail préliminaire me serait nécessaire avant que je puisse apporter une contribution propre. Le sujet ne m'en fascinait pas moins.

Fuchs habitait au nord-est de Moscou, non loin de la gare où je prenais le train pour retourner chez mes parents, en principe chaque week-end. Il m'avait donc proposé de passer chez lui chaque vendredi à 17 heures. Nous travaillions ensemble trois heures, en général, sans oublier de dîner, puis j'attrapais le dernier train, pour arriver vers minuit à la maison. Ces séances ont été incomparablement formatrices pour moi. Nous nous y sommes tenus assidûment, semaine après semaine, durant deux semestres, à l'automne 1986 et au printemps 1987.

Ce n'est qu'en janvier 1987 que je suis venu à bout du long article de Feigin et Fuchs. Je me suis alors senti prêt à dégager à mon tour un résultat original. J'avais pu, à cette époque, obtenir une carte de la Bibliothèque des sciences de Moscou, richement pourvue en livres et en journaux étrangers – je disposais des journaux russes par la bibliothèque de la Kerosinka. J'ai commencé à fréquenter l'établissement régulièrement, me plongeant dans des dizaines de revues spécialisées, à la recherche de tout ce qui touchait aux algèbres de Kac-Moody.

J'accordais, bien sûr, une attention particulière à leurs applications à la physique quantique, l'un de mes grands centres d'intérêt. J'ai indiqué plus haut que les algèbres de Kac-Moody jouent un grand rôle en théorie des cordes, mais elles apparaissent aussi comme symétries dans des modèles quantiques de dimension deux. Nous vivons dans un espace tridimensionnel, bien sûr, de sorte que des modèles réalistes devraient compter trois dimensions, soit quatre avec le temps. Mais d'un strict point de vue mathématique, rien ne nous empêche de construire et d'étudier des modélisations de mondes différents. En l'occurrence, la plus grande simplicité des modèles de dimension inférieure à trois permet de les attaquer plus facilement. Le savoir qui se dégage ainsi sert ensuite à affronter des modèles de dimension trois ou quatre plus sophistiqués.

Cette approche, qui consiste à étudier des modèles de dimension différente, ne rendant peut-être pas directement compte de la réalité physique mais partageant avec elle un certain nombre de propriétés saillantes, est d'ailleurs l'une des grandes idées de la « physique mathématique ».

Ces modèles de basse dimension s'appliquent aussi parfois dans le monde réel. Une couche très fine de métal, par exemple, se décrit effectivement par un système à deux dimensions, comme le célèbre modèle d'Ising, où les particules en interaction occupent les nœuds d'un réseau bidimensionnel. Sa résolution exacte, due à

Lars Onsager, donne de précieux indices sur le ferromagnétisme, un phénomène de magnétisation spontanée. Au plus profond des calculs d'Onsager se niche une symétrie cachée du modèle, ce qui montre une fois de plus leur rôle majeur dans la compréhension des systèmes physiques. Cette symétrie, comme on l'a compris ultérieurement, se décrit par une algèbre dite *de Virasoro*, une proche parente des algèbres de Kac-Moody [22]. (C'est en fait sur les algèbres de Virasoro que portait principalement l'article de Feigin et Fuchs mentionné plus haut.) Pour une large classe de modèles de ce type, les symétries sont décrites par des algèbres de Kac-Moody, dont la théorie, par voie de conséquence, s'avère essentielle [23].

*

La bibliothèque de la Kerosinka était abonnée à une publication intitulée *Referativny Zhurnal*, soit le *Journal des références*, qui proposait, chaque mois, organisés par sujets, de petits résumés de tous les articles nouvellement parus, quelle que soit leur langue d'origine. J'ai commencé à la lire régulièrement. Quelle richesse ! À la sortie de chaque numéro, je parcourais les sections qui m'importaient pour y repérer ce qui m'intéressait. Je notais les références précises de l'article, que je lisais lors de ma visite suivante à la Bibliothèque des sciences de Moscou. J'ai déniché ainsi quantité de matériel enrichissant.

En feuilletant le *Referativny Zhurnal*, je suis tombé un jour sur un article d'un mathématicien japonais, Minoru Wakimoto, qui avait été publié dans une revue à laquelle j'accordais une attention toute spéciale, les *Communications in Mathematical Physics*. Bien que le résumé ne révélât pas grand-chose, le titre se rapportait explicitement à l'algèbre de Kac-Moody associée à $SO(3)$, le groupe des rotations de la sphère. J'ai relevé la référence et suis allé lire l'article à la Bibliothèque des sciences.

L'auteur construisait de nouvelles réalisations de l'algèbre de Kac-Moody associée à $SO(3)$. Pour en donner une idée, je me place directement dans le cadre de la physique quantique, tout à fait pertinent pour les raisons que j'ai indiquées plus haut. Les modèles quantiques réalistes, comme ceux qui décrivent l'interaction des particules élémentaires, sont d'une complexité extrême.

Nous construisons donc des modèles idéalisés, plus simples, dits à *champs libres*, comptant peu d'interactions. Les champs quantiques propres à ces théories sont « indépendants » les uns des autres, d'où leur nom. Souvent, au sein de ces modèles, il est possible d'en réaliser de plus compliqués, donc plus intéressants, sur lesquels pratiquer des calculs autrement inaccessibles. Ces réalisations produisent ainsi des résultats très utiles. Pour les modèles quantiques qui présentent des symétries décrites par des algèbres de Kac-Moody, cependant, les exemples connus de telles réalisations à champs libres étaient de portée assez limitée.

En lisant l'article de Wakimoto, j'ai remarqué tout de suite qu'il donnait au fond la réalisation à champs libres la plus large possible dans le cas de l'algèbre de Kac-Moody la plus simple, celle associée à $SO(3)$. J'ai compris l'importance du résultat et me suis interrogé : d'où provenait cette réalisation ? Se généralisait-elle à d'autres algèbres de Kac-Moody ? Je me sentais mûr pour attaquer de telles questions.

Comment décrire l'excitation que j'ai ressentie en découvrant cet admirable travail et en comprenant tout le potentiel qu'il recelait ? Après une longue et pénible marche, au détour d'un sentier, voici que le sommet se dévoile soudain dans toute sa majesté. Vous retenez votre respiration, contemplez sa beauté spectaculaire et... « Wow ! » Un pur moment de révélation. Le sommet est encore loin, des obstacles vous attendent encore sûrement en chemin, mais il n'est plus inaccessible. C'est à vous de jouer maintenant. Aurez-vous la force et l'endurance pour y parvenir ?

11

À LA CONQUÊTE DU SOMMET

À l'été, j'étais prêt à faire part de mes découvertes à Fuchs et j'étais sûr que l'article de Wakimoto l'exciterait autant que moi. Je suis donc allé lui rendre visite à sa datcha. Il m'a accueilli en s'excusant : il m'avait malencontreusement donné rendez-vous en même temps qu'à son collaborateur et ancien étudiant Boris Feigin. Je n'ai, pour tout dire, jamais vraiment cru à cette inadvertance. Bien des années plus tard, il admettrait la justesse de mon intuition !

Fuchs m'avait présenté Feigin quelques mois plus tôt, juste avant l'une des séances du séminaire Gelfand. Je venais alors d'achever la rédaction de mon article sur les groupes de tresses et me lançais dans la lecture de celui de Feigin et Fuchs. Poussé par ce dernier, j'ai demandé à Feigin des conseils de lectures complémentaires. Boris Lvovich, ainsi que je m'étais adressé à lui, était, à 33 ans seulement, l'une des plus grandes stars de la communauté mathématique de Moscou. Il portait un jeans et de vieilles baskets ; d'épaisses lunettes lui barraient les yeux. Il m'a paru très timide. Durant la plus grande partie de notre entrevue, il a préféré éviter mon regard. Inutile de préciser que l'étudiant débutant que j'étais ne se sentait lui-même pas très à l'aise devant ce mathématicien déjà célèbre. Ce n'était pas la plus prometteuse des rencontres... Je me souviens toutefois que, de temps à autre, il levait les yeux vers moi et m'adressait un sourire désarmant. La glace, en se brisant ainsi soudainement, laissait entrevoir sa profonde gentillesse.

La première suggestion de Feigin m'a surpris : lire la *Physique statistique* de Landau et Lifchitz, une perspective alors effroyable pour moi, en partie parce que l'ouvrage, par son poids comme par ses dimensions, me rappelait l'épais manuel d'histoire du parti communiste que nous devions ingurgiter à l'école.

En réalité, bien sûr, son conseil ne manquait pas de pertinence. Même si je dois avouer, à ma grande honte, que je ne l'ai toujours pas lu, ce livre est vraiment important, et mes recherches ont fini par s'orienter vers le sujet qu'il traitait. Mais à l'époque, son conseil n'a éveillé en moi aucun écho, ce qui explique peut-être que notre première conversation soit restée sans suite. En fait, hormis des salutations d'usage quand je le croisais au séminaire Gelfand, je n'ai plus vraiment, ensuite, eu l'occasion de parler à Feigin jusqu'à ce que nous nous retrouvions à la datcha de Fuchs.

Il est arrivé peu de temps après moi, à vélo. Nous avons échangé quelques formules de politesse puis, après nous être tous assis autour d'une table ronde dans la cuisine, Fuchs m'a demandé : « Alors, quoi de neuf ?

– Eh bien... Je suis tombé sur un article intéressant, écrit par un mathématicien japonais, Wakimoto.

– Mmmh... » Fuchs s'est tourné vers Feigin : « Ça te dit quelque chose ? »

Feigin a répondu négativement, d'un signe de tête. Sur quoi Fuchs est revenu vers moi : « Il connaît toujours tout... Mais tant mieux s'il n'a pas vu passer cet article, ta présentation l'intéressera autant que moi. »

J'ai alors commencé à exposer l'article de Wakimoto. Comme je m'en doutais, ce travail les intéressa vivement. C'était la première fois que j'avais l'occasion de parler vraiment mathématiques avec Feigin, et j'ai senti qu'une connexion s'établissait. Il m'écoutait avec attention et posait les bonnes questions. Il comprenait clairement l'importance des résultats. Même s'il restait détendu en apparence, je percevais son excitation intérieure. Fuchs nous observait, sans trop intervenir. Il se réjouissait, j'en suis sûr, de la bonne tournure que prenait son plan secret, sa tentative de rapprochement entre Feigin et moi. Quand j'y repense, cette conversation était véritablement incroyable ! Je savais que je vivais un moment important.

À l'heure de nous séparer, Fuchs m'a félicité : « Très bien ! J'aurais bien aimé que cet article soit le tien. Mais, à mon avis, tu es prêt pour atteindre le niveau supérieur. »

Je suis rentré chez moi et j'ai continué à étudier les questions soulevées par l'article de Wakimoto. Ce dernier ne donnait aucune explication à ses formules. J'étais comme un détective devant une scène de crime, qui essaie de se forger une vue d'ensemble à partir de maigres indices.

Quelques jours plus tard, cette vision globale a commencé à émerger. En un éclair de lucidité, tandis que je faisais les cent pas dans ma chambre, j'ai compris la nature fondamentalement géométrique des formules de Wakimoto – ce qui n'avait en fait rien d'évident, car Wakimoto approchait le problème de manière totalement algébrique, sans aucun recours à la géométrie.

Afin de bien comprendre cette interprétation géométrique, considérons une nouvelle fois *SO*(3) le groupe de Lie des rotations de la sphère, et son groupe des lacets. Comme nous l'avons vu au chapitre précédent, un élément du groupe des lacets de *SO*(3) est une collection d'éléments de *SO*(3), c'est-à-dire une collection de rotations particulières qui agissent sur la sphère. Il s'ensuit qu'un lacet de *SO*(3) définit naturellement une symétrie du groupe des lacets de la sphère [1].

J'ai compris que je pouvais utiliser cette particularité pour aboutir à une représentation de l'algèbre de Kac-Moody associée à *SO*(3). Mais l'opération ne donne pas encore les formules de Wakimoto. Pour y parvenir, il faut les modifier de manière radicale, en une opération qui tient, au fond, du retournement de veste. Or si l'habit peut toujours se retourner, il est rare que le résultat puisse vraiment se porter en public. C'était la même chose pour les formules qui me préoccupaient.

Fort de ma nouvelle idée, je me suis immédiatement lancé dans la généralisation des formules de Wakimoto à d'autres algèbres de Kac-Moody. La première étape, géométrique, s'est déroulée sans anicroches, exactement comme dans le cas de *SO*(3). Mais en « retournant » les formules, je suis tombé sur une absurdité. Les maths ne s'accordaient pas comme il fallait. J'ai trituré mes résultats dans tous les sens, en vain. Il m'apparaissait fort possible que ma construction ne fonctionne pas pour des algèbres de Kac-Moody autres que celle associée à *SO*(3). À ce stade, je n'avais aucun moyen de savoir si le problème avait une solution, et, s'il en avait une, si cette solution pouvait être obtenue avec les outils disponibles en magasin. Je n'avais d'autres ressources que de redoubler d'efforts et croire en ma bonne étoile.

Une semaine passa ainsi, puis ce fut de nouveau le moment d'aller voir Fuchs. J'avais prévu de lui exposer mes calculs et de lui demander conseil. Mais quand je suis arrivé chez lui, Fuchs m'a averti que, son épouse se rendant à Moscou faire des courses, il devrait surveiller ses deux petites filles.

« Mais tu sais quoi, a-t-il ajouté, Feigin était là hier, et il était tout excité à propos de ce que tu nous as raconté la semaine dernière. Pourquoi n'irais-tu pas le voir ? Sa datcha est à peine à un quart d'heure d'ici. Je l'ai d'ailleurs prévenu que je risquais de t'envoyer chez lui. Vas-y, il t'attend. »

Il m'a expliqué comment m'y rendre, et je suis parti rapidement.

Feigin m'attendait effectivement. Il m'a accueilli chaleureusement et m'a présenté sa charmante épouse, Inna, et leurs trois enfants : deux garçons énergiques, Roma et Zhenya, âgés de 8 et 10 ans, et une adorable petite fille de 2 ans, Lisa. Je ne savais pas alors, que, bientôt et pour de nombreuses années, je serai très proche de cette merveilleuse famille.

La femme de Feigin nous a offert du thé et un gâteau, que nous avons dégusté confortablement installés sur la terrasse. En ce bel après-midi de printemps, les rayons du soleil passaient entre les feuilles des arbres et des oiseaux chantaient. Une nature idyllique. Mais, bien sûr, la conversation a rapidement roulé sur la construction de Wakimoto.

Il s'est avéré que Feigin y avait aussi réfléchi de son côté, et à peu près de la même façon que moi. De fait, au début de notre conversation, l'un finissait les phrases de l'autre et réciproquement. J'éprouvais un sentiment très particulier : il me comprenait ; je le comprenais.

Je lui ai bientôt raconté comment j'avais échoué à généraliser la construction aux autres algèbres de Kac-Moody. Feigin m'a écouté attentivement, a réfléchi un certain temps en silence, puis il a attiré mon attention sur un point important qui m'avait échappé. Pour généraliser le résultat de Wakimoto, il faut trouver une généralisation propre à la sphère – la variété sur laquelle agissent les éléments du groupe $SO(3)$. Si pour $SO(3)$, le choix est pratiquement unique, ce n'est pas le cas pour d'autres groupes. Dans mes calculs, les espaces dits *projectifs* m'avaient paru généraliser naturellement la sphère. Mais cette généralisation était-elle vraiment aussi naturelle que je le pensais ? Peut-être que je n'arrivais à rien simplement en raison d'un mauvais choix de ces espaces !

Comme je l'ai indiqué plus haut, je devais « retourner » la formule en fin de processus. Le succès de la construction dépendait du fait que le résultat obtenu garderait, comme par miracle, tout son sens. C'est ce qui se passait dans le cas de $SO(3)$, le groupe plus simple, étudié par Wakimoto. Mes calculs montraient simplement qu'il n'en allait plus de même pour les espaces projectifs, ce qui ne signifiait nullement qu'une meilleure option ne puisse être trouvée. Feigin me suggéra d'essayer avec des variétés dites *de drapeaux*[2].

Comme la variété de drapeaux du groupe $SO(3)$ est la sphère usuelle, ce type d'espaces apparaît aussi comme un substitut naturel de la sphère pour des groupes plus généraux. Ils présentent en outre des propriétés plus riches et plus intéressantes que les espaces projectifs, ce qui laissait espérer qu'une construction à la Wakimoto puisse fonctionner avec eux.

La nuit tombait ; il fallait que je rentre chez moi. Nous sommes convenus de nous revoir la semaine suivante. J'ai pris congé de la petite famille de Feigin et m'en suis retourné vers la gare.

Dans le train presque vide qui me ramenait chez mes parents, les vitres largement ouvertes sur l'air chaud de l'été, je ne pouvais m'empêcher de songer au problème. J'ai sorti un bloc-notes et un crayon, puis j'ai commencé à écrire les formules correspondant aux variétés de drapeaux les plus simples. Le balancement saccadé du wagon m'empêchait de tenir mon crayon avec fermeté. Les formules, difficilement lisibles, s'étalaient un peu partout sur le papier. Au beau milieu de tout ce désordre, le début d'une régularité pointa pourtant le bout de son nez. Oui, les calculs s'enchaînaient mieux avec les variétés de drapeaux qu'avec les espaces projectifs que j'avais essayé en vain d'apprivoiser la semaine précédente.

Quelques lignes de calculs plus loin... *Eurêka* ! Ça marchait. Le « retournement » des formules fonctionnait aussi bien que dans le cas étudié par Wakimoto. La construction se généralisait à merveille. J'y étais arrivé ! J'avais trouvé de nouvelles réalisations à champs libres des algèbres de Kac-Moody.

Le lendemain matin, j'ai vérifié mes calculs avec le plus grand soin. Rien à redire. Feigin n'avait pas le téléphone dans sa datcha, si bien que je ne pouvais pas l'appeler pour lui faire part de mes nouvelles découvertes. Je les ai donc rédigées sous la forme d'une lettre, avant de les lui annoncer la semaine suivante.

*

C'est ainsi que débuta notre collaboration. Il devint mon mentor, mon directeur de recherche, mon ami. Je m'étais d'abord m'adressé à lui en l'appelant Boris Lvovich, selon le protocole russe, mais rapidement il m'a proposé d'utiliser plutôt le diminutif Borya.

J'ai eu une chance incroyable avec mes professeurs. Evgeny Evgenievich m'a le premier montré la beauté des mathématiques et fait tomber amoureux d'elles ; il m'a aussi aidé à en acquérir les bases. Fuchs m'a sauvé de la noyade après mes examens d'entrée catastrophiques à la MGU et il a assuré le début d'une petite carrière. Il m'a guidé durant mon premier projet de recherche, m'a donné confiance en moi et m'a conduit à un domaine passionnant, à la frontière des mathématiques et de la physique. J'étais maintenant prêt à jouer en première division. Et je ne pouvais rêver meilleur conseiller que Borya à ce stade de mon parcours. Ma carrière mathématique allait passer en mode turbo.

Borya Feigin est sans conteste l'un des mathématiciens de sa génération les plus originaux du monde, un visionnaire doté d'une intuition phénoménale. Il m'a guidé dans le monde enchanté des mathématiques d'aujourd'hui, m'a montré ses détours empreints de beauté magique et d'harmonie sublime.

Aujourd'hui que je dirige moi-même des étudiants, je mesure mieux ce que Borya, ou Evgeny Evgenievich et Fuchs avant lui, ont fait pour moi. Enseigner est un art difficile ! Comparable à bien des égards au fait d'avoir un enfant, j'imagine. Il faut beaucoup donner sans rien attendre en retour. Bien sûr, la récompense est immense. Quelle direction faire prendre aux étudiants, quand leur tendre une main secourable et quand les laisser nager seuls dans le grand bain ? Autant de questions délicates auxquelles personne ne peut répondre à votre place...

Borya a veillé avec grande attention sur le mathématicien qui se développait en moi. Même s'il ne me disait jamais explicitement quoi faire, je sortais toujours d'un entretien avec lui en sachant où aller. D'une manière ou d'une autre, il s'arrangeait pour ne pas me laisser dans l'indécision ou la perplexité. Avec un tel homme à mon côté, je me sentais engagé dans la bonne voie. Ce fut vraiment une chance de l'avoir pour guide.

*

À l'automne 1987, j'entamais ma quatrième année à la Kerosinka, j'avais 19 ans et une vie plus excitante que jamais. Je vivais toujours dans ma chambre d'étudiant, je traînais avec les copains, je tombais amoureux... Bien sûr, je gardais aussi un œil sur mes études. Si je sautais alors la plupart des cours, c'était pour préparer les examens seul – parfois quelques jours seulement avant la date prévue ! Je continuais à obtenir de bonnes notes, toujours des A, sauf un B, une fois, en économie politique marxiste : quelle honte !

Je ne parlais à personne ou presque de ma collaboration avec Borya, de cette « double vie » qui prenait pourtant tout mon temps et toute mon énergie.

Je rencontrais Borya en principe deux fois par semaine. Officiellement, il travaillait à l'Institut de la physique de l'état solide mais ne devait guère y faire plus de deux apparitions par semaine. Le reste du temps, il travaillait chez sa mère, dont l'appartement se situait à dix minutes à pied de chez lui, et pas très loin de la Kerosinka et de ma chambre d'étudiant. C'était notre lieu de rencontre habituel. J'arrivais en fin de matinée, parfois plus tôt, parfois plus tard, puis nous travaillions sur nos projets. La mère de Borya nous préparait à dîner en rentrant du travail. Nous nous quittions souvent à 9 ou 10 heures du soir.

Borya et moi avons commencé par écrire un bref résumé de nos résultats et l'avons envoyé au *Russian Mathematical Surveys*. Il fut publié en moins de un an, un laps de temps raisonnable au regard des standards des revues mathématiques de l'époque [3]. Une fois la route ainsi dégagée, Borya et moi avons approfondi nos travaux. Nous avons utilisé notre premier résultat pour mieux comprendre les représentations des algèbres de Kac-Moody. Par le développement d'une réalisation à champs libres de modèles quantiques bidimensionnels, nous avons également pu procéder à des calculs impraticables auparavant, ce qui a rapidement attiré l'attention des physiciens.

C'était, oui, une vie plus excitante que jamais. Les jours où je ne rendais pas visite à Borya, je travaillais de mon côté – à Moscou la semaine, chez mes parents le week-end. Je fréquentais toujours assidûment la Bibliothèque des sciences et y dévorais un nombre sans cesse croissant de livres et d'articles sur les sujets qui m'intéressaient. Je vivais, mangeais, buvais toutes ces mathématiques. J'étais immergé dans un magnifique univers parallèle, que je voulais explorer toujours plus en profondeur. À chaque nouvelle découverte, chaque nouvelle idée, je m'appropriais un peu plus ce monde magique, cette maison, ce chez-moi.

Puis vint l'automne 1988, date à laquelle j'ai entamé ma cinquième et dernière année d'études à la Kerosinka. Il me fallait revenir à la réalité, songer à l'avenir. En dépit de notes brillantes, mes perspectives restaient sombres. L'antisémitisme me barrait la voie du troisième cycle et des postes qui allaient avec. Pour compliquer encore la donne, je ne disposais pas de *propiska* (permis de résidence) pour demeurer à Moscou. L'heure des comptes approchait...

12

PARCOURS ARBORESCENT

L'impossibilité d'accéder à une carrière universitaire ne me détournait pas pour autant de mes activités mathématiques. Mark Saul, dans l'article déjà cité, aborde ainsi la question (dans ce passage, il me désigne par le diminutif de mon prénom, Edik) :

> Qu'est-ce qui incitait Edik et d'autres à poursuivre, à la manière de saumons remontant le courant ? Tout indiquait que la discrimination qu'ils avaient subie au cours de leurs études universitaires persisterait dans leur vie professionnelle. Pourquoi se préparaient-ils si intensément et contre toutes probabilités à une carrière en mathématiques [1] ?

Pour ma part, je n'attendais d'autre récompense que la joie et la passion que me procurait cette activité intellectuelle. J'entendais vouer ma vie aux mathématiques pour la simple raison que je les aimais.

Durant la morne période soviétique, il était inconcevable pour de jeunes talents de se lancer dans les affaires : le secteur privé n'existait pas, toute l'économie était sous le contrôle sévère de l'État. L'idéologie communiste régentait aussi l'activité intellectuelle en sciences humaines. Chaque livre, chaque article de recherche en économie ou en sociologie se devait de commencer par une citation de Marx, d'Engels ou de Lénine et de conforter sans nuances le point de vue marxiste sur le sujet. Traiter d'un système philosophique étranger ne se concevait qu'en condamnant les « vues réactionnaires bourgeoises » sur lesquelles il reposait. Enfreindre ces règles strictes, c'était risquer la condamnation et la persécution. La même chose valait en littérature, en musique, en peinture ou en cinéma. Tout ce qui ressemblait de près ou de loin à une critique de la société, de la politique ou du mode de vie soviétique, ou tout ce qui déviait simplement des canons du « réalisme socialiste », se voyait sommairement censuré. Les écrivains, les compositeurs, les peintres et les metteurs en scène qui osaient manifester leur propre vision artistique étaient bannis et leur travail enterré ou détruit.

La ligne du parti gouvernait jusqu'à certains domaines de la science. La génétique, par exemple, fut longtemps interdite car ses résultats paraissaient contredire l'enseignement marxiste. La linguistique pâtissait quant à elle des suites d'un triste essai, *Le Marxisme et les problèmes de linguistique*, dans lequel Staline, jouant à l'expert – comme souvent ! –, prétendait faire le tour de la question. Ceux qui en doutaient n'avaient pas voix au chapitre.

Dans un tel environnement, les mathématiques et la physique théorique faisaient figure d'oasis de liberté. Même si les apparatchiks communistes auraient sans doute souhaité y imposer leurs vues, ces matières étaient pour eux d'un abord très abstrait et trop ardu. Même Staline n'a jamais osé pontifier sur les mathématiques ! Les autorités soviétiques avaient également compris l'importance de ces obscures disciplines pour le développement de l'arme nucléaire, aussi ne souhaitaient-elles pas trop « les déranger ». Par conséquent, les mathématiciens et les physiciens théoriciens qui travaillaient sur la bombe atomique – souvent contre leur gré, dois-je ajouter – étaient tolérés, si ce n'est même correctement traités, par Big Brother.

Abstraites et peu coûteuses d'un côté, les mathématiques se montraient par ailleurs utiles dans des domaines importants aux yeux des leaders soviétiques, comme dans le secteur de la défense, qui assurait la survie du régime. Les mathématiciens bénéficiaient donc d'une certaine latitude dans leurs recherches et ne subissaient pas les contraintes imposées à d'autres champs – sauf s'ils tentaient de se mêler de politique comme lors de l'affaire de la « lettre des 99 », mentionnée plus haut.

Si tant d'étudiants talentueux choisissaient de faire carrière dans les mathématiques, c'est principalement, je crois, en raison de la liberté intellectuelle dont ils bénéficiaient de ce fait.

*

La pratique des mathématiques me passionnait, mais pour autant, je ne devais pas négliger mon avenir professionnel. Parallèlement aux recherches menées officieusement avec Borya, je me suis donc investi dans des travaux plus officiels à la Kerosinka.

Je dépendais alors de Yakov Isaevich Khurgin, l'un des professeurs de mathématiques appliquées les plus respectés et les plus charismatiques du lieu. L'un des plus « cools », aussi, malgré sa soixantaine bien tassée. Son sens de l'humour et la qualité de son enseignement faisaient merveille. Même moi, qui manquais souvent les cours à partir de la troisième année, suivais ceux qu'il donnait en statistique et probabilités. C'est d'ailleurs en troisième année que j'ai commencé à travailler avec lui.

Yakov Isaevich faisait preuve d'une extrême gentillesse avec moi. Il s'assurait que tout allait bien, et je pouvais toujours compter sur lui en cas de besoin. Quand j'ai rencontré certains problèmes avec ma chambre d'étudiant, par exemple, il n'a pas hésité à intervenir en ma faveur. Yakov Isaevich était un homme intelligent qui avait bien compris comment « utiliser le système » : bien que juif, il occupait un poste important à la Kerosinka : une chaire de professeur à temps plein et la direction d'un laboratoire qui œuvrait dans des domaines allant de la prospection pétrolière à la médecine.

Grand vulgarisateur des mathématiques, il avait aussi écrit plusieurs best-sellers en la matière. J'appréciais particulièrement *Et alors ?*, qui décrivait une collaboration entre chercheurs, ingénieurs et médecins. Par une succession de dialogues, il expliquait en termes compréhensibles et amusants des concepts mathématiques et certaines de leurs applications, en probabilités et statistiques les plus souvent, ses principaux domaines d'expertise. Le titre du livre se voulait refléter le sens de la curiosité avec lequel les mathématiciens abordent les problèmes de la vie réelle. Ce livre, de même que l'énergie dont l'auteur faisait preuve pour faciliter l'accès des mathématiques au grand public, m'ont grandement influencé.

Yakov Isaevich travaillait beaucoup avec des médecins, plus spécialement avec des urologues. Il entrait une grande part personnelle à cette orientation de carrière : il souffrait lui-même d'une grave maladie de reins, qu'il avait contractée dans des tranchées glaciales, du temps de la Seconde Guerre mondiale, où il avait été appelé, étudiant, juste après avoir été reçu au *Mekh-Mat.* D'un certain côté, cette maladie lui sauva la vie, car il fut évacué à l'hôpital, loin du front où périrent la plupart de ses camarades de classe étudiants. D'un autre côté, il a depuis dû batailler sans cesse contre ses problèmes reinaux. En Union soviétique, les soins médicaux étaient gratuits mais souvent de piètre qualité. Pour être correctement soigné, il fallait connaître un médecin ou payer des pots-de-vin. Mais Yakov Isaevich disposait d'une ressource bien plus rare : ses compétences de mathématicien. Il s'en servit pour se lier avec les meilleurs urologues de Moscou.

Chaque partie y trouvait son compte. Lui avait accès aux meilleurs traitements des meilleurs spécialistes dans le meilleur hôpital de Moscou quand ses reins le faisaient souffrir ; les médecins se voyaient apporter une aide précieuse en matière d'analyse de données, qui révélaient souvent d'intéressants phénomènes inconnus. Yakov Isaevich disait souvent que l'approche traditionnelle des médecins, qui consiste à analyser des patients particuliers et à les traiter au cas par cas, s'adapte mal à la recherche d'une vue d'ensemble et à l'établissement de principes généraux. Les mathématiciens ont donc ici un rôle très utile à jouer car leur formation les entraîne précisément à détecter et à étudier ce type de lois générales. Les amis médecins de Yakov Isaevich l'appréciaient pour cela.

Lorsque je suis devenu son étudiant, Yakov Isaevich m'a fait travailler sur ses projets médicaux. Durant les deux ans et demi qu'a durés notre collaboration, nous avons développé trois projets distincts, dont les résultats ont été utilisés par trois jeunes urologues dans leur thèse de doctorat. À ce titre, je suis coauteur d'articles parus dans des revues médicales, et même coauteur d'un brevet !

Je me souviens très bien du début du premier projet. Un grand médecin de Moscou avait demandé à son vieil ami – et patient ! – Yakov Isaevich d'aider son fils, Alexei Velikanov, alors jeune urologue. Quand nous l'avons rencontré, Alexei nous a présenté une immense feuille de papier, couverte de chiffres, en l'occurrence des statistiques concernant une centaine de patients opérés d'un adénome de la prostate (une tumeur bénigne dont souffrent souvent les hommes d'un certain âge). Diverses données, comme la pression sanguine ou autres paramètres caractéristiques, avaient été relevées avant et après l'opération. Alexei espérait tirer de tous ces chiffres un test prédictif sur le succès d'une éventuelle opération, et aboutir ainsi à un éventail de recommandations.

Il espérait que nous pourrions l'aider à analyser ses données. Comme je m'en suis rendu compte plus tard, c'était là une situation typique. Les médecins, les ingénieurs ou autres attendent souvent des mathématiciens qu'ils dégagent d'un coup de baguette magique des conclusions d'une montagne de données. Ils rêvent, bien sûr. Les statisticiens disposent sans doute de méthodes puissantes, mais leur application se heurte presque toujours à l'imprécision des données ou à leur hétérogénéité : certaines sont objectives, d'autres, qui décrivent comment se « sent » le patient par exemple, subjectives ; ou certaines sont quantitatives, comme la pression sanguine et le rythme cardiaque, et d'autres qualitatives, comme des réponses par « oui » ou par « non » à certaines questions précises, par exemple. Il est très difficile, sinon franchement impossible, de faire avaler des données non homogènes à une formule statistique.

D'un autre côté, poser de bonnes questions permet parfois de comprendre que certaines des données collectées ne sont pas pertinentes pour le problème, et que, par conséquent, on peut les négliger. Selon mon expérience, 10 à 15 % de l'information relevée par les médecins seulement est réellement utile au diagnostic ou à la prescription d'un traitement. Mais ils ne l'avoueront jamais franchement. Ils diront au contraire que toute information compte et essaieront même de dérouler un scénario où la donnée que vous remettez en cause prend une importance particulière. Il faut un certain temps pour les convaincre qu'en fait, ils ne tiennent pas compte de la plupart de leurs mesures, et qu'ils rendent leur verdict sur la seule base d'un petit nombre de critères essentiels.

Bien sûr, il arrive tout de même que des questions trouvent une solution par la simple application d'un programme statistique sur les données. Mais en travaillant sur ce type de projets, je me suis peu à peu rendu compte que nous autres, mathématiciens, sommes très précieux aux médecins, non pas tant par notre connaissance des programmes statistiques, un savoir après tout facile à acquérir, que par notre aptitude à formuler les bonnes questions, puis à analyser froidement les réponses, pour aboutir à des conclusions non biaisées. Je crois que c'est vraiment par leur tournure d'esprit spécifique que les mathématiciens sont le plus utiles à ceux qui n'ont pas suivi leur formation.

En l'occurrence, pour mon premier projet, cette approche nous a permis d'éliminer un certain nombre de données non pertinentes et de trouver des liens non triviaux, ou des corrélations, entre différents paramètres. Ce travail, pas facile du tout, nous a pris plusieurs mois. Très satisfaits des résultats obtenus, nous avons rédigé ensemble un article pour les présenter. Alexei s'en est ensuite servi dans sa thèse de doctorat. Yakov Isaevich et moi avons été invités à la soutenance, ainsi qu'un autre étudiant de la Kerosinka, Alexander Lifshitz, un grand ami, qui avait lui aussi travaillé sur le projet.

Je me souviens que l'un des médecins présents demanda le nom du logiciel employé pour trouver les résultats et que Yakov Isaevich répondit : « Edward et Alexander. » Rien de plus vrai ! Nous avions procédé sans ordinateur, faisant tous les calculs à la main ou à l'aide d'une simple calculette. Il s'agissait moins de calculer – la partie facile – que de se poser les bonnes questions. Un chirurgien éminent se déclara ensuite très impressionné par l'efficacité des mathématiques en médecine et leur prédit un plus grand avenir encore. Notre travail fut bien reçu de la communauté médicale, ce dont Yakov Isaevich se montra enchanté.

J'ai ensuite collaboré avec lui sur un projet concernant des tumeurs au rein, dans le cadre d'une autre thèse de doctorat, qui a trouvé une conclusion tout aussi heureuse.

Mais c'est le troisième et dernier projet médical qui fut, de mon point de vue, le plus intéressant. Un jeune médecin, Sergei Arutyunyan, nous demanda lui aussi de l'aider à analyser des données pour sa thèse. Nous nous sommes particulièrement bien entendus. Il étudiait des patients dont le système immunitaire rejetait une greffe de rein. Face à cette situation, le médecin doit rapidement décider s'il faut tenter de sauver le rein ou le retirer.

Le laisser, c'est faire courir un risque mortel au patient ; l'ôter suppose d'en trouver un autre à plus ou moins court terme.

Sergei voulait parvenir à une recommandation optimale, à partir des résultats d'une analyse par ultrasons. Très expérimenté en ce domaine, il disposait de nombreuses données et espérait que nous pourrions l'aider à en tirer un critère objectif, utilisable par les médecins. Il n'en existait encore aucun, nous expliqua-t-il. La plupart des médecins jugeaient la chose hors de portée et se reposaient sur leurs propres approches *ad hoc*.

J'ai jeté un œil sur les données. Comme lors de nos précédents projets, elles comptaient environ quarante paramètres mesurés pour chaque patient. Au cours de nos rencontres régulières, je posais à Serguei des questions très précises, pour essayer de distinguer les données pertinentes des autres. Mais ce n'était pas facile. À l'instar de ses confrères médecins, il me répondait en se fondant sur des cas particuliers, ce qui ne m'aidait guère.

Je décidai alors de tenter une approche différente. Je me suis dit qu'après tout, cet homme visiblement très compétent prenait ce type de décisions tous les jours. Et si j'apprenais à être à sa place ? Même si je ne connaissais rien ou presque des aspects médicaux du problème, je pouvais au moins essayer d'apprendre la méthodologie suivie dans son processus de prise de décision. De ce savoir, peut-être pourrai-je ensuite déduire un ensemble de règles ?

Je lui ai donc proposé une sorte de jeu [2]. Sergei avait recueilli les données propres à environ deux cent soixante-dix patients. J'ai choisi trente d'entre eux au hasard et laissé le reste de côté. Pour chaque patient, Serguei, assis d'un côté du bureau, me posait une série de questions auxquelles je répondais en consultant le dossier. Je cherchais à comprendre la logique de ses questions, étant bien entendu que je ne percevais pas aussi bien que lui leur sens médical profond. S'il posait de nouvelles questions, ou bien les mêmes mais dans un ordre différent, par exemple, je l'interrompais et lui en demandais la raison. Il m'expliquait alors que, pour le précédent patient, le volume du rein était tel, ce qui éliminait tel scénario, mais que pour ce patient-ci, le volume était différent, de sorte que le scénario devenait plus probable.

Je prenais des notes en essayant d'intégrer toute cette information. Aujourd'hui encore, bien des années plus tard, je revois encore Serguei, assis sur une chaise, dans un coin de son bureau, fumant sa cigarette, songeur – c'était un gros fumeur. Démonter son mode de pensée me fascinait. Il s'agissait un peu de défaire un puzzle pour en dégager les pièces essentielles.

Les réponses de Sergei m'apportaient un savoir précieux. Il arrivait toujours à poser son diagnostic en trois ou quatre questions seulement. Je le comparais ensuite à ce dont avait vraiment souffert le patient. Il visait toujours juste.

Après deux douzaines de cas, grâce au jeu de règles simples que j'avais tirées de mon interrogatoire, je me risquai moi-même à poser le diagnostic. Une douzaine de patients plus tard, mes résultats étaient presque aussi bons que les siens. Sergei suivait en fait un algorithme simple dans la plupart des cas.

Bien sûr, il restait quelques exceptions pour lesquelles l'algorithme restait sans secours. Mais parvenir à un diagnostic efficace à 90 ou 95 % aurait déjà constitué une belle réussite. Selon Sergei, la littérature spécialisée sur les tests par ultrasons ne mentionnait rien d'aussi fiable.

Au terme de ce jeu de rôle, j'ai représenté l'algorithme sous la forme d'un arbre de décision, semblable à celui reproduit ci-contre. De chaque nœud de l'arbre partent deux branches qui arrivent à d'autres nœuds. La réponse à une question particulière au premier nœud détermine le nœud vers lequel l'utilisateur doit ensuite se diriger. La question portait en l'occurrence sur l'indice de résistance périphérique (*RP*) du vaisseau sanguin intérieur à l'organe transplanté, un paramètre essentiel que Serguei avait dégagé au cours de ses recherches. Une valeur supérieure à 0,79 signalait un rejet hautement probable du rein greffé, donc une opération chirurgicale immédiate pour le retirer. Dans ce cas, il fallait se déplacer vers le nœud noir à droite, et le parcours s'arrêtait. Dans le cas contraire, il fallait se rendre au nœud à gauche, puis demander quel était le volume (*V*) du rein. Et ainsi de suite. À chaque patient particulier correspond un parcours particulier sur l'arbre, qui s'achève en quatre étapes au plus – la signification des deux paramètres restants, *TP* et *MPI*, ne nous importe guère ici. Les nœuds terminaux font office de verdict, « opérez » pour un nœud noir, « n'opérez pas » pour nœud blanc.

J'ai testé l'arbre sur les données des quelque deux cent quarante patients que j'avais mis de côté. La correspondance entre les deux était remarquable. Dans environ 95 % des cas, le diagnostic se révélait identique.

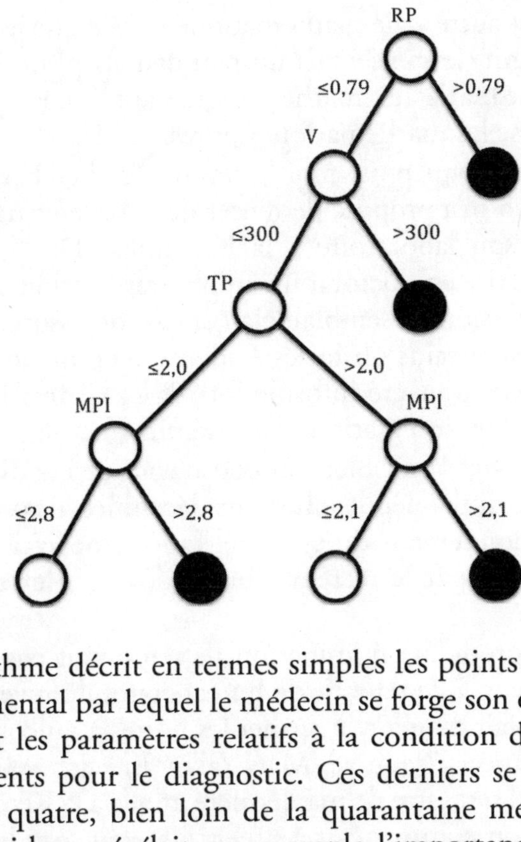

L'algorithme décrit en termes simples les points essentiels du processus mental par lequel le médecin se forge son opinion, tout en pointant les paramètres relatifs à la condition du patient les plus pertinents pour le diagnostic. Ces derniers se réduisent au nombre de quatre, bien loin de la quarantaine mesurée au départ. L'algorithme révélait par exemple l'importance de l'indice de résistance périphérique que Serguei avait conçu, qui mesure le flux sanguin à travers le rein. Que ce paramètre joue un rôle aussi important dans le processus de prise de décision constituait, en lui-même, une découverte importante. Et notre travail pouvait servir de base à des recherches plus approfondies dans le même domaine. D'autres médecins pourraient essayer l'algorithme sur leurs patients, pour ensuite peut-être l'affiner et le rendre encore plus efficace.

Nous avons exposé notre travail dans un article, qui a servi de fondement à la thèse de doctorat ultérieurement soutenue par Serguei, puis postulé à l'obtention d'un brevet, qui nous fut accordé un an plus tard.

Ces travaux médicaux se passaient très bien et me rendaient très heureux. En dépit des bonnes relations que j'entretenais avec Yakov Isaevich, je lui cachais, comme à la plupart de mes connaissances, mon « autre » vie mathématique – celle que je menais avec Fuchs et Feigin. Je me sentais un peu dans la peau d'un homme officiellement marié aux mathématiques appliquées qui avait pris pour maîtresse les mathématiques pures.

Quand est venu pour moi le temps de chercher un emploi, Yakov Isaevich m'a proposé de tenter de m'obtenir un poste d'assistant dans son laboratoire à la Kerosinka. De là, je pourrais espérer m'inscrire en doctorat un an plus tard : selon ce plan, mon parcours professionnel semblait clair et l'avenir assuré. C'était toutefois négliger certains obstacles évidents, à commencer par celui dont mon père avait été informé lors de sa visite à la Kerosinka avant même mon intégration : l'antisémitisme.

Yakov Isaevich avait bien sûr conscience de ces difficultés. En poste à la Kerosinka depuis plusieurs décennies, il connaissait très bien le fonctionnement du système. Lui-même avait été directement embauché par le recteur Vinogradov, qui le tenait en très haute estime.

La question de ma nomination ne remontait pas en principe jusqu'au recteur. Elle relevait de bureaucrates de niveau intermédiaire, tout à fait du genre à fermer les portes à quiconque portait un nom à consonance juive. Mais Yakov Isaevich veillait. Au début du second semestre de ma dernière année à la Kerosinka, alors que la situation commençait à urger, il a écrit sans la signer une lettre faisant état de ma nomination au laboratoire, qu'il conservait dans son attaché-case, guettant la première occasion de parler de moi à Vinogradov.

L'opportunité s'est bientôt présentée d'elle-même, un jour qu'il a croisé le recteur à l'entrée de la Kerosinka. Très heureux de le revoir, ce dernier lui a demandé des nouvelles : « Yakov Isaevich, comment ça va ?

— Très mal », a répondu Yakov Isaevich d'un air franchement sinistre – il jouait bien la comédie.

« Ah bon ? Mais que se passe-t-il donc ?

— Nous avons toujours produit un travail d'exception dans mon laboratoire, mais cette époque est révolue. Je ne peux plus attirer les talents. J'ai là un excellent étudiant qui termine cette année, et il m'est impossible de l'embaucher. »

Vinogradov, qui, je suppose, avait bien l'intention de montrer à Yakov Isaevich qui était vraiment le chef dans cette maison – ce qui était précisément l'effet recherché par Yakov Isaevich –, a répondu : « Ne t'inquiète pas, je m'en occupe personnellement. »

Yakov Isaevich s'est alors empressé de sortir ma lettre de nomination de son cartable, et Vinogradov n'a pu faire autrement que de la signer.

Avant d'atterrir sur le bureau de Vinogradov, ce papier aurait dû franchir le barrage d'une douzaine de bureaucrates, dont les directeurs locaux des Jeunesses communistes et du parti communiste. Autant dire qu'il ne serait jamais parvenu à destination. Or il portait désormais la signature du recteur ! Alors comment pourraient-ils encore s'y opposer ? C'était *vraiment* lui le chef. Ils ne pouvaient tout simplement pas lui désobéir. Ils me montreraient sans doute leurs dents et multiplieraient les difficultés un certain temps, mais finiraient par abandonner la partie et donner le coup de tampon. Il fallait voir leur tête quand ils ont découvert la signature de Vinogradov au bas du document ! Yakov Isaevich s'était brillamment joué du système.

13

L'APPEL DE HARVARD

Au beau milieu de cette époque d'incertitude, en mars 1989, j'ai reçu des États-Unis la lettre à en-tête de l'université de Harvard que voici :

> Cher Dr Frenkel,
>
> Sur la recommandation du Département de mathématiques, je serais très heureux de vous inviter à séjourner à l'Université de Harvard à partir de la rentrée de 1989 en tant que bénéficiaire de la Harvard Prize Fellowship.
>
> Sincèrement vôtre,
>
> Derek Bok
>
> Président de l'université de Harvard

J'avais déjà, bien sûr, entendu parler de Harvard auparavant, même si, à dire vrai, je ne mesurais pas encore à l'époque toute son importance dans le monde de la recherche. Cette lettre m'a comblé de joie. Être invité aux États-Unis comme titulaire d'une bourse, quel honneur ! Et le président de l'université m'avait écrit en personne ! Qui plus est, il m'accordait un titre de docteur alors que je n'avais pas encore achevé le second cycle – je suivais alors mon dernier semestre d'études à la Kerosinka.

Comment ce miracle avait-il pu se produire ? Le fruit de mon travail avec Borya faisait tout simplement son œuvre... Notre premier article avait été publié, et nous en achevions trois autres, plus longs – tous en anglais. Le physicien Lars Brink, en visite à Moscou, avait sollicité l'un d'entre eux pour un volume qu'il éditait. Nous avons accédé à sa requête, tout en le priant de bien vouloir en adresser une copie à une vingtaine de mathématiciens et physiciens potentiellement intéressés par notre travail, dont j'avais relevé les coordonnées dans les revues que je lisais à la Bibliothèque des sciences de Moscou. Sachant combien il serait difficile pour nous de procéder à ces envois, Lars avait très gentiment accepté de se charger de cette mission. Cet article a ainsi trouvé un premier public, puis s'est répandu encore plus largement, pour partie en raison de ses applications à la physique quantique.

Même si, à l'époque, Internet n'était pas encore massivement utilisé, la littérature scientifique se diffusait de manière assez efficace : les auteurs faisaient circuler des *prépublications*, c'est-à-dire les tapuscrits de leurs articles avant la publication proprement dite. Les destinataires les photocopiaient, puis les faisaient suivre à des collègues et à des bibliothèques universitaires. J'imagine que c'est ce qu'avait fait la vingtaine de personnes à qui Lars avait envoyé notre article.

Or, dans le même temps, l'Union soviétique vivait des changements importants, avec la fameuse politique de *perestroïka* lancée par Mikhaïl Gorbatchev. En conséquence, on voyageait à l'étranger un peu plus librement. Auparavant, les mathématiciens comme Feigin et Fuchs recevaient de nombreuses invitations à participer à des conférences ou à séjourner dans des universités occidentales, mais les voyages internationaux étaient très sévèrement encadrés par le gouvernement. Avant d'obtenir le visa habituel pour entrer dans le pays de destination, il fallait obtenir un visa pour sortir de l'Union soviétique. Ces visas étaient accordés au compte-goutte, de crainte que leurs bénéficiaires ne reviennent pas – de fait, ils étaient nombreux à fuir définitivement ! Presque toutes les demandes se voyaient rejetées, sur des motifs souvent fallacieux. Fuchs m'avait dit un jour qu'il avait renoncé depuis des années à en obtenir un.

Et soudain, à l'automne 1988, plusieurs personnes furent autorisées à partir à l'étranger. Gelfand, par exemple, de même que Sasha Beilinson, un jeune mathématicien de talent, ami de Borya, qui partit pour les États-Unis rendre visite à l'un de ses anciens coauteurs, Joseph Bernstein, devenu professeur à Harvard après avoir émigré quelques années auparavant.

De leur côté, certains chercheurs occidentaux, prenant également la mesure du changement, en profitaient pour inviter les chercheurs de l'Union soviétique. L'un d'entre eux, Arthur Jaffe, un physicien théoricien réputé, qui présidait alors le département de mathématiques à Harvard, décida de créer un poste de visiteur spécifiquement destiné aux jeunes talents mathématiques russes. En automne 1988, lors d'un séjour de Gelfand, il demanda à ce dernier, titulaire d'un diplôme honorifique de Harvard, de l'aider à convaincre le président de l'université, Derek Bok, de soutenir financièrement son projet. Une partie du financement fut également apportée par Landon Clay, qui fonda plus tard le Clay Mathematics Institute. Et c'est ainsi que naquit la Harvard Prize Fellowship.

Une fois le projet mis en place s'est posée la question de savoir qui inviter. Jaffe demanda l'avis de divers mathématiciens. Mon nom fut apparemment mentionné par plusieurs personnes – dont Beilinson –, raison pour laquelle j'avais été sélectionné parmi les premiers récipiendaires de la bourse.

La lettre du président Bok fut bientôt suivie par une autre, plus longue, de Jaffe, qui détaillait les conditions du poste. Je séjournerais de trois à cinq mois ; je porterais le titre de professeur invité, mais sans autre obligation formelle que de donner quelques conférences en rapport avec mes travaux ; Harvard s'acquitterait du voyage, du logement et des frais de la vie courante. Au fond, la seule chose que Harvard ne fournissait pas était le visa de sortie soviétique. Par bonheur et à ma grande surprise, il me fut délivré en un mois.

Jaffe précisait dans sa lettre que je pouvais arriver dès la fin du mois d'août et rester jusqu'à la fin janvier. J'ai décidé de séjourner seulement trois mois, la période minimale. Pourquoi ? D'abord parce que je n'avais alors aucune intention d'émigrer aux États-Unis et que je projetais de revenir. Ensuite parce que je me sentais coupable à l'idée de me démettre du poste à la Kerosinka que Yakov Isaevich avait eu tant de mal à m'obtenir.

Une fois mon visa de sortie accordé, la perspective de ce voyage devenait terriblement réelle. Il fallait donc que j'éclaircisse ma situation avec Yakov Isaevich et que je lui avoue mes « activités périphériques », à savoir mon travail avec Feigin et l'invitation envoyée par Harvard. Il en a naturellement été très surpris. Il était persuadé que je consacrais toutes mes forces aux projets médicaux sur lesquels je travaillais avec lui. Sa première réaction a été assez négative.

« Et qui va m'aider au laboratoire si tu vas à Harvard ? », a-t-il demandé.

C'est là que l'épouse de Yakov Isaevich, Tamara Alekseevna, qui m'avait toujours accueilli très chaleureusement chez eux, est venue à ma rescousse :

« Yasha, ne dis pas n'importe quoi, a-t-elle tranché. Le petit a été invité à Harvard. Tu te rends compte ? Il faut qu'il y aille, et quand il reviendra, il reprendra son travail avec toi. »

Non sans réticence, Yakov Isaevich finit par acquiescer.

*

Avec la fin de l'été arriva le moment de partir. J'ai embarqué à Moscou le 15 septembre 1989 à destination de l'aéroport JFK, à New York, puis de là pour Boston. Ne pouvant m'accueillir en personne à l'aéroport, Jaffe avait délégué un étudiant en troisième cycle. J'étais hébergé dans un deux-pièces que le département de mathématiques avait loué pour moi et un autre lauréat de la Harvard Prize Fellowship, Nicolai Reshetikhin, qui est arrivé quelques jours plus tard. Cet appartement se situait aux « Jardins botaniques », dans une résidence appartenant à l'université, à moins de dix minutes à pied de Harvard Yard, qui marque le centre du campus. Tout me paraissait différent et exaltant.

J'ai pris possession des lieux tard dans la nuit. Sous l'effet du décalage horaire, je me suis endormi sur-le-champ. Au matin, je suis allé me ravitailler dans un petit marché. De retour chez moi, j'ai commencé à me préparer une salade quand j'ai remarqué que je n'avais pas de sel. Tant pis, je m'en passerais.

Alors que je terminais mon repas, quelqu'un a sonné à la porte. C'était Arthur Jaffe, qui me proposait de faire un petit tour des environs en voiture avec lui. Un jeune homme de 21 ans qui se voyait offrir une promenade touristique par le directeur du département de maths de Harvard... Je trouvais ça vraiment cool. J'ai vu Harvard Yard, la Charles River, de magnifiques églises et les gratte-ciel du centre-ville de Boston. Une météo au beau fixe... J'ai été très impressionné par la ville.

Sur la route du retour, après deux heures de balade, je me suis souvenu qu'il fallait que j'achète du sel. « Pas de problème, m'a répondu Jaffe, je m'arrête au supermarché. »

Il m'a déposé au Star Market de Porter Square et m'a attendu dans la voiture.

C'était la première fois de ma vie que j'entrais dans un supermarché. Ce fut une expérience inoubliable. La Russie connaissait souvent des pénuries alimentaires à cette époque. Dans ma ville, Kolomna, on ne pouvait acheter que du beurre, du lait et des légumes de base, comme des pommes de terre. Pour les autres articles, il fallait se rendre à Moscou. Et même dans la capitale, il était difficile de trouver autre chose que de la mortadelle et des saucisses. J'en ramenais à mes parents chaque week-end. La vision de ces rayons débordant de victuailles de toutes sortes m'a donc paru proprement incroyable.

« Comment on fait, ici, pour trouver ce qu'on est venu chercher ? » me suis-je demandé. J'ai commencé à parcourir les allées en quête de sel, mais je n'en trouvais nulle part. J'imagine qu'étourdi par une telle abondance je n'ai pas remarqué la signalisation sur le haut des rayons. J'ai demandé de l'aide à un employé : « Où est le sel ? » L'homme n'a pas compris un traître mot de ce que je lui disais. Mon anglais me permettait sans doute de donner une conférence de maths, mais je manquais de pratique quant à la vie quotidienne. Le solide accent bostonien ne facilitait pas non plus la communication.

J'ai donc erré une éternité dans le Star Market, comme perdu dans un labyrinthe géant, jusqu'à ce que finalement, je ne sais plus trop comment, je mette la main sur un paquet de sel à l'ail. « Ça fera l'affaire, me suis-je dit, filons d'ici. » J'ai payé en vitesse, suis sorti du magasin et ai retrouvé un pauvre Arthur très inquiet : que diable ce gamin pouvait-il bien faire là-dedans depuis quarante-cinq minutes ?

« Me perdre dans l'abondance du capitalisme », ai-je songé.

Mon initiation à l'Amérique avait commencé.

*

Deux autres bénéficiaires de la Harvard Prize Fellowship ont séjourné à Boston ce semestre-là : Nicolai Reshetikhin, avec qui je partageais mon appartement, et Boris Tsygan*. Tous deux, de dix ans mes aînés, étaient déjà des mathématiciens accomplis. J'avais entendu parler de leurs travaux mais ne les avais jamais rencontrés en chair et en os. Durant ce séjour commun, nous nous sommes liés d'une indéfectible amitié.

Nicolai, ou Kolya comme nous le surnommions affectueusement, venait de Saint-Pétersbourg. Il était déjà célèbre pour avoir participé à la découverte de la notion de *groupes quantiques*, une généralisation des groupes ordinaires, et plus précisément une certaine déformation des groupes de Lie, dont nous avons parlé plus haut. Les groupes quantiques sont aujourd'hui aussi omniprésents que les groupes de Lie dans de nombreux domaines de la physique et des mathématiques. Kolya et Vladimir Turaev, un collègue mathématicien, les ont par exemple utilisés pour construire des invariants de nœuds dans des variétés de dimension trois.

Borya Tsygan collaborait depuis longtemps avec Boris Feigin, mon directeur de recherche. Originaire de Kiev, en Ukraine, Tsygan avait ouvert une nouvelle voie dans le champ de la « géométrie non commutative », alors qu'il achevait tout juste son deuxième cycle universitaire. Comme il était juif, il n'avait pu intégrer de troisième cycle, et a été contraint de travailler dans une usine de machinerie lourde à Kiev. C'est là, dans un environnement très bruyant, qu'il avait effectué sa découverte.

On a tendance à penser que les mathématiciens travaillent en milieu stérile, dans un bureau immaculé, toujours assis devant un écran d'ordinateur ou les yeux fixés au plafond. Mais les idées arrivent parfois au moment où l'on s'y attend le moins, y compris dans une ambiance industrielle polluée par le bruit.

*

À marcher autour de Harvard Yard, à passer sans cesse devant les bâtiments en briques, la statue de John Harvard, les clochers des vieilles églises, je ne pouvais que ressentir la magie de l'endroit

* Vera Serganova, la quatrième lauréate, est arrivée au printemps.

et me laisser envahir par cette atmosphère de quête éternelle du savoir et de fascination infinie pour la découverte.

Le département de mathématiques de Harvard occupait trois étages du Science Center, un bâtiment futuriste construit à proximité de Harvard Yard. On aurait dit qu'un gigantesque vaisseau extraterrestre avait atterri à Cambridge, Massachusetts, et qu'il avait adopté le lieu. À l'intérieur, les bureaux se mêlaient aux espaces communs, toujours pourvus de machines à café et de canapés confortables. Il y avait aussi une bibliothèque interne au département, très bien fournie, une table de ping-pong... On se sentait là comme chez soi. Même au beau milieu de la nuit, jeunes ou moins jeunes travaillaient, lisaient à la bibliothèque, marchaient nerveusement dans les couloirs, discutaient avec excitation ou s'affalaient sur un divan... Rien n'incitait à partir – et certains donnaient effectivement l'impression de ne jamais le faire !

Comparé à d'autres sur le campus, ce département n'accueillait pas un nombre énorme de chercheurs : seulement quinze professeurs permanents et une dizaine de post-doctorants, en poste pour trois ans. Lors de mon séjour, quelques-uns des plus grands mathématiciens du monde s'y côtoyaient : Joseph Bernstein, Raoul Bott, Dick Gross, Heisuke Hironaka, David Kazhdan, Barry Mazur, John Tate ou Shing-Tung Yau. C'était une chance exceptionnelle de rencontrer ces sommités et de suivre leur enseignement. J'ai gardé un excellent souvenir de Raoul Bott, un sympathique géant aux cheveux gris, très charismatique, alors sur la fin de sa soixantaine, qui me prenait à part dans les couloirs et me demandait de sa voix tonitruante : « Alors, comment ça va, jeune homme ? »

Une trentaine d'étudiants de troisième cycle se partageaient aussi de minuscules bureaux, à l'étage intermédiaire.

Kolya, Borya et moi, alias les trois Russes, avons été chaleureusement accueillis. Nous n'étions alors qu'au tout début du raz-de-marée de chercheurs soviétiques qui allait déferler sur les universités américaines, de sorte que nous représentions un type de visiteurs encore assez exotique. Au bout d'une semaine à peine passée à Cambridge, je me sentais parfaitement intégré. Tout me semblait naturel, facile. Je me suis acheté un jeans à la dernière mode et un walkman Sony – nous étions en 1989 ! Je déambulais dans les rues, les écouteurs sur les oreilles, en parfait étudiant de 21 ans. C'était cool ! Comme mon anglais courant laissait encore quelque peu à désirer, j'achetais chaque jour le *New York Times* et je le lisais, une heure durant au moins, un dictionnaire à portée de main – apprenant du même coup certains des mots parmi les moins usités de la langue anglaise, ainsi que je m'en suis rendu compte plus tard. J'ai aussi rapidement accroché aux talk-shows de troisième partie de soirée.

Celui de David Letterman, qui commençait alors à minuit et demi sur NBC, était mon préféré. La première fois que je l'ai vu, je n'y ai rien compris. Mais j'ai tout de suite su, d'une certaine manière, que ce serait *mon* émission, que je l'apprécierais si seulement je pouvais comprendre ce qui s'y racontait. C'était là une motivation supplémentaire à l'apprentissage de l'anglais. Je restais collé chaque nuit devant le téléviseur, comprenant de mieux en mieux les blagues, le contexte, l'arrière-plan. J'ai ainsi découvert la culture populaire américaine ; je m'en suis imprégné. Certains soirs, quand je devais me coucher tôt, j'enregistrais l'émission et je la regardais au petit-déjeuner. Le Letterman show m'était devenu une sorte de rituel religieux.

*

Rien ne nous y obligeait formellement, mais mes amis boursiers et moi nous rendions chaque jour au département de maths pour travailler sur nos projets, pour discuter avec les autres chercheurs ou pour assister à des séminaires, organisés en grand nombre. Le plus souvent, je discutais avec Joseph Bernstein et David Kazhdan, deux expatriés russes, mathématiciens extraordinaires, anciens étudiants de Gelfand, très amis bien que très différents de caractère.

Joseph est un homme modeste et silencieux. Si je lui posais une question, il m'écoutait attentivement, prenait le temps de la réflexion et répondait souvent qu'il ne savait pas, avant de développer un discours qui me prouvait bientôt le contraire. Il savait parfaitement se mettre à la hauteur de son interlocuteur, le faire se sentir intelligent – du pur bonheur pour un aspirant mathématicien !

David, à l'inverse, est une vraie pile électrique – tranchant, vif et rapide. Par son savoir encyclopédique, son panache et son impatience parfois ostensible, il me rappelait son maître Gelfand. Dans un séminaire, s'il pensait que l'orateur manquait de clarté, il allait au tableau, prenait une craie et se mettait à parler à sa place. Ça, c'était quand il s'intéressait au sujet. Autrement, il s'assoupissait. Et pour le coup, il n'était pas du tout du genre à répondre : « Je ne sais pas. » De fait, il sait presque tout sur presque tout. Au fil des années, j'ai beaucoup appris de nos longues conversations. Nous avons même travaillé sur un projet commun, qui fut pour moi une expérience très enrichissante.

Lors de la deuxième semaine de mon séjour, j'ai encore fait une rencontre décisive. Cambridge compte, en dehors de Harvard, un centre de recherche beaucoup moins connu, habituellement désigné par les initiales de son nom : le MIT. Je plaisante, bien sûr ! La rivalité légendaire qui existe entre Harvard et le MIT n'empêche pas que leurs deux départements de maths soient très liés. Il arrive souvent, par exemple, que le directeur de thèse d'un étudiant de Harvard soit en poste au MIT et vice versa. De même, les étudiants assistent indifféremment à des cours donnés par l'une ou l'autre de ces universités.

Je suivais moi-même les cours de Sasha Beilinson, l'ami et co-auteur de Borya Feigin dont j'ai déjà parlé, qui avait été nommé professeur au MIT. Durant la première séance, quelqu'un me dit, en désignant un élégant quadragénaire, assis deux rangs plus loin : « C'est Victor Kac. » Wow ! Kac en personne ! Le Kac des algèbres de Kac-Moody et de bien d'autres concepts que j'avais étudiés pendant des années !

Après le cours, nous avons été présentés l'un à l'autre. Victor m'a salué chaleureusement puis m'a dit qu'il voulait en savoir plus sur mes travaux. Je n'ai pu m'empêcher de tressaillir quand il m'a invité à parler à son séminaire hebdomadaire. J'y ai parlé non pas une fois mais trois fois, trois vendredis de suite. Mon premier exposé en anglais… J'ai eu l'impression de m'en être honnêtement tiré. Le public, dense, a paru intéressé si j'en juge par les nombreuses questions qui m'ont été posées.

Victor m'a pris sous son aile. Nous nous sommes vus plus d'une fois, dans son spacieux bureau du MIT, pour parler de maths. Il m'a souvent invité chez lui à dîner. Nous avons ensuite travaillé ensemble sur plusieurs projets.

*

Un mois environ après mon arrivée, Borya Feigin m'a rejoint à Cambridge. Sasha Beilinson l'avait invité deux mois au MIT. Ce séjour m'enchantait : je m'entendais très bien avec Borya et il m'apprenait beaucoup. Nous trouverions en outre l'occasion de faire progresser la batterie de projets que nous avions sur le feu. Mais j'étais loin de me douter à quel point ma vie serait chamboulée durant sa visite.

La communauté mathématique de Moscou avait rapidement compris que les portes du monde occidental s'ouvraient désormais toutes grandes. Beaucoup profitèrent de l'occasion pour s'exiler définitivement. Les mathématiciens russes ont commencé à postuler dans les universités américaines, ont appelé leurs collègues qui y travaillaient pour leur dire qu'ils cherchaient un job… Comme nul ne savait combien de temps durerait cette « politique d'ouverture » et que tous ou presque craignaient que les frontières ne se referment quelques mois plus tard, il valait mieux faire vite. Les conversations roulaient donc sur une unique question : « Quels étaient les meilleurs moyens de s'expatrier ? »

On ne voit guère comment il aurait pu en être autrement. La plupart de ces candidats à l'exil avaient dû affronter l'antisémitisme et divers obstacles en Union soviétique. Ils ne trouvaient aucun poste universitaire et menaient leurs recherches sur leur temps libre. Et malgré son très haut niveau, la communauté mathématique soviétique vivait largement coupée du monde. De nombreuses opportunités professionnelles s'offraient en Occident qui n'existaient pas en Union soviétique. Comment exiger de ces savants une loyauté envers un pays qui les avait rejetés, qui avait essayé par tous les moyens de les empêcher de travailler dans le domaine qui les passionnait, alors que la perspective d'une vie meilleure se dégageait à l'étranger ?

En débarquant aux États-Unis, Borya Feigin prit instantanément la mesure de la grande « fuite des cerveaux » qui s'amorçait et que rien ne pourrait endiguer. En Union soviétique, l'économie s'effondrait, la situation devenait chaque jour plus instable. Aux États-Unis, le niveau de vie était nettement plus élevé, les produits abondaient et les universitaires semblaient travailler dans de bonnes conditions. Le contraste était saisissant. Comment convaincre qui que ce soit de retourner en Union soviétique après avoir vu ça ? L'exode du peloton de tête des mathématiciens russes – de quiconque trouverait du travail, en fait – se profilait inévitablement.

Borya avait pourtant décidé de retourner à Moscou. Il ne se faisait aucune illusion sur la situation en Union soviétique, lui qui avait eu en outre à subir l'antisémitisme toute sa vie. Il avait certes été admis en second cycle à l'université de Moscou, en 1969, quand celle-ci acceptait encore de rares étudiants juifs, mais n'avait jamais pu l'intégrer pour le doctorat. Il avait dû s'inscrire en troisième cycle en province, à Yaroslavl. Il avait ensuite éprouvé les pires difficultés pour trouver un travail, avant d'obtenir son poste à l'Institut de la physique de l'état solide. Borya n'en trouvait pas moins dérangeante cette débandade générale. Il lui paraissait moralement inconvenant de quitter l'Union soviétique *en masse*, en un temps de grands chambardements, comme des rats fuyant un navire en train de couler.

Borya supportait mal la disparition programmée de la grande école mathématique de Moscou. La communauté fortement soudée de mathématiciens qui œuvrait depuis de si longues années allait disparaître sous ses yeux. Il savait qu'il resterait bientôt seul à Moscou, privé du plus cher plaisir de sa vie : faire des maths avec ses collègues et amis.

Nos conversations tournaient naturellement toutes autour de ce sujet. Il a tenté de me convaincre de rentrer, de ne pas succomber à l'hystérie... Il se demandait aussi de savoir s'il ferait un bon mathématicien aux États-Unis, certain qu'il était que la « société de consommation » américaine tuait la motivation et le sens de l'effort.

« Tu as du talent, me disait-il, mais il faut le développer, travailler dur, comme tu le faisais à Moscou. Alors seulement tu réaliseras ton potentiel. C'est impossible ici, aux États-Unis, où les distractions sont innombrables. Tout ne tourne qu'autour du fun, du plaisir et de la gratification immédiate. Comment se concentrer sur son travail dans un pays pareil ? »

Je n'étais pas convaincu par son argumentation, du moins pas entièrement. Je ne doutais aucunement de la force de ma motivation pour les mathématiques. Mais j'avais seulement 21 ans, et Borya était mon mentor, de quinze ans mon aîné. Je lui devais toute mon œuvre mathématique. Ses mots m'ont fait réfléchir – et s'il avait raison ?

L'invitation à Harvard marquait un tournant de ma vie. Cinq ans plus tôt seulement, je me faisais recaler à l'examen d'entrée de la MGU et mon rêve de devenir mathématicien s'écroulait. Ce voyage à Harvard était comme une sorte de revanche sur le destin, une récompense du lourd travail effectué durant ces cinq années à Moscou. Je souhaitais pourtant évoluer, continuer à faire de nouvelles découvertes, aller au bout de mes possibilités de mathématicien. Je considérais ce séjour comme une simple étape dans un long voyage. Cette formidable chance offerte par Arthur Jaffe et d'autres, qui croyaient en moi, m'avait fait progresser ; je ne pouvais pas les laisser tomber.

À Cambridge, j'avais la chance de bénéficier du soutien de mathématiciens géniaux, comme Victor Kac, qui m'aidaient et m'encourageaient de toutes les manières possibles. Mais je percevais aussi de la jalousie de la part de certains collègues : pourquoi ce type reçoit-il tant, et aussi vite ? Qu'a-t-il fait pour le mériter ? Je me sentais obligé de tenir mes promesses, de prouver que mes premiers travaux mathématiques ne devaient rien au hasard, de montrer que je pouvais faire encore mieux.

Les mathématiciens forment un petit monde, au sein duquel, comme tout le monde, ils adorent déblatérer les uns sur les autres. J'avais déjà entendu à Harvard nombre d'histoires sur de jeunes prodiges qui s'étaient rapidement brûlé les ailes. Et les commentaires à leur propos n'étaient pas d'une grande bienveillance : « Tu te souviens d'Untel ? Ses premiers travaux promettaient. Mais il n'a rien fait d'aussi bon depuis trois ans. Comme c'est dommage ! »

J'étais terrifié à l'idée de faire l'objet de tels jugements dans trois ans. Le besoin de produire et de réussir ne me quittait jamais.

Dans le même temps, la situation économique en Union soviétique se détériorait rapidement, ce qui présageait d'un futur bien incertain. Mes parents, qui vivaient les événements de l'intérieur et qui étaient persuadés que je n'avais aucun avenir en Union soviétique, m'appelaient régulièrement pour me presser de *ne pas revenir*. Il était très difficile – et très cher ! – d'appeler les États-Unis depuis l'Union soviétique à cette époque. Craignant en outre que leur téléphone ne soit sur écoute, ils se déplaçaient jusqu'à la poste centrale de Moscou pour m'appeler. Passer un coup de fil leur prenait donc presque une journée. Mais ils étaient déterminés, quand bien même je leur manquais terriblement, à faire tout leur possible pour que je reste aux États-Unis. C'était pour eux, sans l'ombre d'un doute, ce que j'avais de mieux à faire.

Borya aussi songeait à mon intérêt, mais il plaçait pour partie le débat dans un cadre moral. Il pensait à contre-courant, ce en quoi je l'admirais, mais il fallait aussi admettre qu'il jouissait d'une situation relativement confortable à Moscou (plus pour très longtemps, hélas ; il serait bientôt obligé de séjourner quelques mois chaque année à l'étranger, souvent au Japon, pour subvenir aux besoins de sa famille.) En ce qui me concernait, je ne disposais d'aucun point de chute à Moscou et bénéficiais seulement d'un permis de résidence, d'une *propiska* temporaire. Bien que Yakov Isaevich m'ait obtenu un poste d'assistant à durée déterminée à la Kerosinka, cela me procurerait un salaire qui couvrait tout juste le loyer d'une chambre à Moscou. Et compte tenu de l'antisémitisme ambiant, il me faudrait livrer une rude bataille pour m'inscrire en troisième cycle. Quant à mes perspectives d'emploi...

À la fin novembre, Arthur Jaffe m'a convoqué dans son bureau pour me proposer de prolonger mon séjour à Harvard jusqu'à la fin mai. Il fallait que je me décide rapidement. J'étais alors très partagé. J'aimais la vie à Boston, je sentais que là était ma place. Harvard et le MIT faisaient de Cambridge l'un des plus grands centres mathématiques du monde. Des esprits parmi les plus brillants y travaillaient. Je pouvais à tout moment frapper à leur porte, leur poser des questions et apprendre en puisant à la meilleure source. Il se tenait de nombreux séminaires, au cours desquels les plus grandes et les plus récentes découvertes étaient présentées. Je fréquentais de brillants étudiants, vivais dans le plus stimulant des environnements qui se puissent imaginer. Moscou avait connu aussi un tel âge d'or, mais ce temps était révolu.

D'un autre côté, je n'avais jamais été loin de chez moi aussi longtemps. Mes amis et ma famille me manquaient. Et Borya, mon mentor, la personne la plus proche de moi à Cambridge, me conseillait catégoriquement de retourner en Union soviétique en décembre, comme prévu.

Je me réveillais chaque matin en me posant cette question lancinante : « Que faire ? » Rétrospectivement, la réponse allait de soi. Mais avec toutes ces forces contradictoires qui s'agitaient dans mon cerveau, il n'était pas facile de trancher. Finalement, après de bien cruelles délibérations, j'ai choisi de suivre le conseil de mes parents et de rester. J'ai rapidement informé Jaffe de ma décision. Mes amis Reshetikhin et Tsygan prirent la même option.

Borya se désolait de mon choix. J'éprouvais pour ma part le sentiment de l'avoir trahi. Nous avons vécu un grand moment de tristesse et d'incertitude, à l'aéroport Logan, où je l'ai accompagné, à la mi-décembre, quand il s'en est retourné à Moscou. Nous ne savions pas ce que l'avenir nous réservait, à l'un comme à l'autre. Allions-nous, même, avoir l'occasion de nous revoir, et quand ? Je n'avais pas suivi le conseil de Borya. Mais s'il avait raison, après tout ?

14

LES FAISCEAUX DE LA SAGESSE

Le semestre de printemps apporta à Harvard son lot de nouveaux visiteurs. L'un d'entre eux, Vladimir Drinfeld, allait changer le cours de mes recherches, ou plutôt, à bien des égards, celui de ma carrière mathématique tout entière. Et cela, bien sûr, en raison du programme de Langlands.

Quoique seulement âgé de 36 ans à l'époque, Drinfeld jouissait d'une réputation qui tenait de la légende. Six mois après notre rencontre, il recevrait la médaille Fields, l'une des plus prestigieuses récompenses accordées en mathématiques, souvent considérée comme l'équivalent du prix Nobel.

Drinfeld avait publié son premier article à l'âge de 17 ans ; à 20 ans, il faisait déjà progresser le programme de Langlands. Originaire de Kharkov, en Ukraine, où son père, professeur renommé, enseignait les mathématiques, Drinfeld avait étudié à l'université de Moscou, au début des années 1970, à une époque où quelques juifs encore y étaient admis. Déjà connu pour ses travaux à la fin de son deuxième cycle, il fut autorisé à poursuivre son cursus dans cette même MGU, fait rarissime pour un étudiant juif, et encadré par Yuri Ivanovich Manin, l'un des mathématiciens les plus originaux et les plus influents du monde.

Même un chercheur de la trempe de Drinfeld, cependant, ne pouvait entièrement échapper à l'antisémitisme. Son doctorat en poche, il n'a pu obtenir d'emploi à Moscou et partit travailler dans une université provinciale, à Ufa, une cité industrielle de l'Oural. Drinfeld s'y rendit à contrecœur, car personne là-bas ne travaillait sur les sujets qui l'intéressaient. Il rapporta néanmoins de son séjour un important travail sur la théorie des équations intégrables, un sujet assez éloigné de ses propres centres d'intérêt, qu'il avait élaboré avec un mathématicien local, Vladimir Sokolov. Les systèmes intégrables qu'ils mirent au point se nomment désormais *systèmes de Drinfeld-Sokolov.* Après trois ans passés à Ufa, Drinfeld parvint finalement à obtenir un poste dans sa ville natale, Kharkov, à l'Institut de physique à basse température. Cette situation, relativement confortable, lui permettait d'habiter près des siens, mais l'isolait de la communauté mathématique soviétique, principalement concentrée à Moscou, et, dans une moindre mesure, à Saint-Pétersbourg.

Malgré tous ces obstacles, en travaillant seul ou presque, Drinfeld accumula des résultats fabuleux dans diverses branches des mathématiques et de la physique. Non content de prouver d'importantes conjectures relatives au programme de Langlands et d'ouvrir un nouveau chapitre de la théorie des systèmes intégrables avec Sokolov, il développa une théorie générale des groupes quantiques – originellement découverts par Kolya Reshetikhin et ses collaborateurs – pour ne citer qu'elle. L'éventail de ses contributions est proprement stupéfiant.

Drinfeld ne réussit jamais à trouver de poste à Moscou. Et ce n'était pas faute d'avoir essayé... Je me suis laissé dire, par exemple, que le physicien Alexander Belavin avait tenté de le faire embaucher à l'Institut Landau de physique théorique, à proximité de la capitale. Pour mettre toutes les chances de leur côté, Belavin et Drinfeld s'étaient associés pour résoudre un important problème de classification des solutions de « l'équation de Yang-Baxter classique », à laquelle de nombreux physiciens s'intéressaient à l'époque. Leur travail, publié dans *Functional Analysis and Applications,* la revue de Gelfand, reçut un accueil enthousiaste. Pour tout dire, je crois même qu'il s'agit du plus long article jamais publié par Gelfand, ce qui en dit long sur son importance. C'est d'ailleurs par ce biais que Drinfeld fut conduit à la théorie des groupes quantiques, qui bouleversa tant de domaines en mathématiques. Toutes ces stratégies de recrutement, hélas, furent vouées à l'échec. L'antisémitisme joint au défaut de *propiska* faisait de vous un homme mort à Moscou. Drinfeld resta donc en poste à Kharkov, ne séjournant qu'exceptionnellement à Moscou.

*

Par un vrai coup de chance pour moi, Drinfeld avait donc été invité à séjourner à Harvard en ce premier semestre 1990. Il est arrivé fin janvier. N'ignorant rien de la réputation qui le précédait, j'ai d'abord été très intimidé, mais sa gentillesse et sa générosité m'ont rapidement mis à l'aise. Drinfeld m'impressionnait par sa clarté quand il parlait de mathématiques, ce qu'il faisait toujours d'une voix douce, en choisissant précisément ses mots. Il n'en rajoutait jamais, ne me prenait jamais de haut en m'entretenant de mystères qu'un pauvre type comme moi serait incapable de débrouiller seul – certains collègues ne se comportent pas comme lui, malheureusement. Il s'arrangeait toujours pour tourner la difficulté le plus simplement du monde et me donner l'impression de l'avoir vaincue moi-même.

Plus important encore, Drinfeld s'est immédiatement montré très intéressé par mes travaux avec Feigin, qu'il voulait utiliser dans le cadre d'un nouveau projet lié au programme de Langlands.

Rappelons les trois colonnes de la pierre de Rosette de Weil que nous avons rencontrées au chapitre 9 :

Théorie des nombres	*Courbes sur les corps finis*	*Surfaces de Riemann*

Le programme de Langlands s'est historiquement développé sur les deux premières colonnes : la théorie des nombres et les courbes sur les corps finis. L'idée consiste à mettre en place une relation entre les représentations d'un groupe de Galois et les fonctions automorphes. Le concept de groupe de Galois s'exprime parfaitement dans le cadre de ces deux premières colonnes, et les fonctions automorphes adéquates proviennent, on s'en souvient, d'un autre domaine des mathématiques : l'analyse harmonique.

Avant Drinfeld, l'existence même du programme de Langlands sur la dernière colonne restait encore à établir clairement. Les moyens d'intégrer les surfaces de Riemann au sujet ont commencé à émerger au début des années 1980, avec les travaux de Drinfeld, précisément, suivis bientôt par ceux du mathématicien français Gérard Laumon. Ils ont compris qu'il était possible de reformuler géométriquement le programme de Langlands, de manière à l'inscrire sur les deux dernières colonnes de la pierre de Rosette.

Sur les deux premières colonnes, le programme de Langlands relie les groupes de Galois aux fonctions automorphes. Reste donc à trouver les bons analogues des groupes de Galois et des fonctions automorphes en théorie des surfaces de Riemann. Nous avons déjà vu au chapitre 9 que le rôle du groupe de Galois est dévolu au groupe fondamental de la surface de Riemann. Mais nous n'avons pas encore discuté de l'analogue géométrique des fonctions automorphes.

Il se trouve que ces analogues ne sont pas des fonctions, mais ce que les mathématiciens nomment des *faisceaux*.

Pour expliquer cette notion, partons des nombres. Nous connaissons les entiers naturels : $1, 2, 3, \dots$ Entre autres usages, ils nous servent à mesurer les dimensions. Comme nous l'avons vu au chapitre 10, une droite est de dimension 1, un plan de dimension 2, et pour tout entier naturel n, il existe un espace plat de dimension n, ou un *espace vectoriel* de dimension n, pour le désigner autrement [1]. Imaginons maintenant un monde dans lequel les entiers naturels sont remplacés par des espaces vectoriels : la droite remplace le nombre 1, le plan remplace le nombre 2, et ainsi de suite.

L'addition de deux nombres, dans ce nouveau monde, forme ce que les mathématiciens appellent la *somme directe* de deux espaces vectoriels. Étant donné deux espaces vectoriels, chacun avec son propre système de coordonnées, chacun avec sa dimension, nous en produisons un troisième, en combinant leurs coordonnées, de dimension égale à la somme de leur dimension. Pour prendre un exemple, la droite se décrit par une coordonnée, le plan par deux. En combinant ces coordonnées, on obtient un espace à trois coordonnées, notre espace de dimension trois.

La multiplication de deux entiers est remplacée par une autre opération, le produit tensoriel de deux espaces vectoriels, dont je ne donnerais pas ici la définition précise. Il nous importe simplement de savoir que le produit tensoriel de deux espaces vectoriels de dimension m et n donne un espace vectoriel de dimension $m \cdot n$.

Nous disposons donc sur les espaces vectoriels d'opérations analogues à l'addition et la multiplication sur les entiers naturels. Mais ce monde parallèle d'espaces vectoriels se révèle bien plus riche que le monde des entiers ! Un nombre ne possède aucune structure interne. Le nombre 3, par exemple, considéré en lui-même, ne présente aucune symétrie. Mais un espace de dimension trois, si ! Comme nous le savons, tout élément du groupe de Lie $SO(3)$ définit une rotation de l'espace tridimensionnel, c'est-à-dire l'une de ses symétries. Le nombre 3 n'est que l'ombre de l'espace de dimension 3, le simple reflet de sa dimensionnalité. Mais ce nombre à lui seul ne rend pas compte de toutes les propriétés de l'espace vectoriel, de ses symétries, par exemple.

Les mathématiciens d'aujourd'hui vivent donc dans un nouveau monde, où les nombres apparaissent à travers les espaces vectoriels. Ces espaces ont une vie personnelle riche et bien remplie, entretiennent des relations fructueuses les uns avec les autres, des relations qui ne se réduisent pas à une simple addition ou multiplication : il n'y a qu'une façon d'ôter 1 à 2 mais bien des manières de plonger une droite dans un plan.

Quand les entiers forment un ensemble, les espaces vectoriels forment une structure plus sophistiquée, que les mathématiciens appellent une *catégorie*. Une catégorie donnée comprend des *objets*, comme des espaces vectoriels, mais aussi des *morphismes* entre deux quelconques de ces objets [2]. Dans une catégorie donnée, les morphismes d'un objet sur lui-même, par exemple, sont essentiellement les symétries de l'objet autorisées au sein de la catégorie. Le langage des catégories permet de se focaliser sur les interactions entre objets, plutôt que sur les objets eux-mêmes. Cette théorie mathématique se révèle très utile en informatique[3]. Entre mille autres applications, citons le développement des langages de programmations fonctionnels, comme Haskell[4]. Les prochaines générations d'ordinateurs se baseront plus sur la théorie des catégories que sur la théorie des ensembles. Il me paraît inévitable que les catégories entrent ainsi dans nos vies quotidiennes, que nous en ayons conscience ou non !

Mais le passage des ensembles aux catégories sert d'abord de principale force motrice aux mathématiques d'aujourd'hui. Ce changement de paradigme porte le nom de *catégorification.* Nous bâtissons un nouveau monde, en hissant les concepts usuels à un niveau supérieur. Les nombres, par exemple, se voient remplacés par des espaces vectoriels. Se pose ensuite la question des fonctions : que deviennent-elles ?

Pour le savoir, il nous faut d'abord retourner à leur définition. Supposons que nous disposions d'une forme géométrique, comme un cercle, une sphère ou un tore. Désignons-la par S. Comme nous le savons déjà, les mathématiciens appellent ce type de formes des *variétés.* Une fonction f sur une variété S est une règle qui assigne un nombre à tout point de s de S. Ce nombre, appelé valeur de la fonction f au point s, se note traditionnellement $f(s)$.

Pour donner un exemple, la température est une fonction sur la variété que constitue l'espace tridimensionnel qui nous environne. La température, relevée en chaque point s de cet espace, est un nombre. Globalement, ces mesures donnent une règle qui assigne un nombre à chaque point, c'est-à-dire qu'elles définissent une fonction. La pression barométrique définit de même une autre fonction.

Considérons maintenant un cas plus abstrait, en prenant le cercle pour variété S. Chaque point est déterminé par un angle que, comme auparavant, nous noterons φ. Le sinus de l'angle, par exemple, définit une fonction du cercle. La valeur de cette fonction sur un point du cercle correspondant à l'angle φ est $\sin(\varphi)$. Si $\varphi = 30$ degrés – ou $\pi/6$ si les angles sont mesurés en radians –, la valeur de la fonction est $1/2$. Si $\varphi = 60$ degrés – ou $\pi/3$ –, elle vaut $\sqrt{3}/2$, etc.

Remplaçons maintenant les nombres par des espaces vectoriels. Dans ce cadre, l'équivalent d'une fonction est une règle qui assigne non plus un nombre mais un espace vectoriel à tout point s de la variété S. Une telle règle s'appelle un *faisceau.* Si $\mathcal{F}$ désigne le faisceau, l'espace vectoriel associé au point s est noté $\mathcal{F}(s)$.

Une fonction diffère d'un faisceau par le type d'objet qui est assigné à chaque point s de la variété S. Pour les fonctions, il s'agit de points ; pour les faisceaux, il s'agit d'espaces vectoriels. Pour un faisceau donné, la dimension de ces espaces vectoriels peut varier avec le point s. La figure ci-dessous, par exemple, présente un cas où les espaces vectoriels sont tous des plans, c'est-à-dire des espaces vectoriels de dimension 2, sauf un qui est une droite, soit un espace vectoriel de dimension 1. Les faisceaux sont des catégorifications de fonctions, de la même façon que les espaces vectoriels sont des catégorifications de nombres.

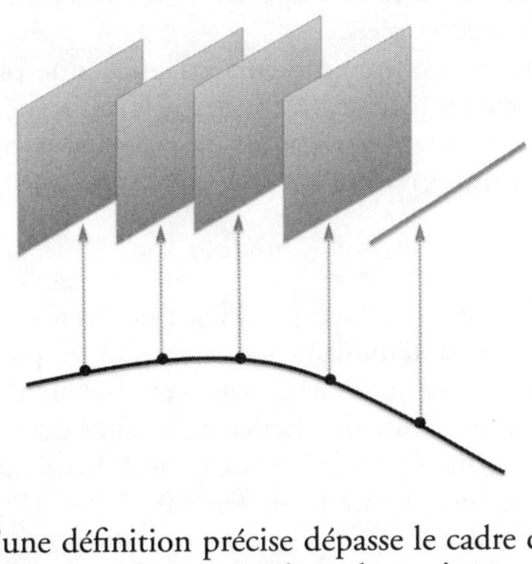

Bien qu'une définition précise dépasse le cadre de ce livre, le concept de faisceau exige en réalité plus qu'une collection disjointe d'espaces vectoriels assignés aux points de notre variété. Les fibres d'un faisceau donné en différents points doivent vérifier entre elles un ensemble précis de règles [5].

À ce stade, seul nous importe le fait qu'il existe une analogie très profonde entre les fonctions et les faisceaux, une notion découverte par le grand mathématicien français Alexander Grothendieck.

L'influence de Grothendieck sur les mathématiques actuelles ne se compare pratiquement à aucune autre. Demandez à n'importe quel mathématicien qui a le plus contribué aux progrès de sa discipline durant la seconde moitié du XXe siècle, il vous répondra probablement sans hésiter : Grothendieck. Pas seulement parce qu'il a fondé à lui seul la géométrie algébrique moderne, mais aussi parce qu'il a changé notre manière de voir les mathématiques. Le dictionnaire entre fonctions et faisceaux, utilisé dans la reformulation géométrique du programme de Langlands, illustre bien la profondeur de son travail.

Avant de donner une idée de sa manière d'appréhender le problème, rappelons, comme nous l'avons vu au chapitre 8, qu'il existe, pour tout nombre premier p, un corps fini à p éléments : $\{0, 1, 2, \ldots, p-1\}$. Nous savons également que l'addition, la multiplication et la division modulo p sur ces éléments vérifient des règles similaires à celles des opérations correspondantes sur les nombres rationnels et réels.

Ce système numérique présente en outre une propriété particulière : élever l'un de ses éléments à la puissance p, au sens de l'arithmétique que nous venons de rappeler, donne ce même nombre ! En d'autres termes :

$$a^p = a \quad \text{modulo} \quad p.$$

Cette formule a été prouvée par Pierre de Fermat. Dans le cas présent, toutefois, la démonstration, assez simple, pourrait probablement tenir sur une note marginale, certainement sur une note de fin de volume [6]. Pour distinguer ce résultat du Dernier théorème de Fermat, aussi parfois baptisé Grand théorème de Fermat, il est dénommé Petit théorème de Fermat.

Testons sa validité avec $p = 5$, c'est-à-dire sur le corps fini $\{0, 1, 2, 3, 4\}$. Comme 0 et 1 élevés à n'importe quelle puissance donnent toujours 0 et 1, ces cas sont vite réglés. En élevant ensuite 2 à la puissance 5, nous obtenons 32, soit $2 + 5 \cdot 6$, soit 2 modulo 5, le résultat promis. La 5e puissance de 3 vaut 243, soit $3 + 5 \cdot 48$, soit 3 modulo 5, une fois encore l'élément dont nous sommes partis. Essayons finalement avec 4 : sa puissance 5e vaut 1024, soit 4 modulo 5, bingo ! Je ne peux que vous encourager à vérifier que $a^3 = a$ modulo 3 et que $a^7 = a$ modulo 7. Pour des nombres premiers plus grands, il faudra sans doute vous aider d'une calculette.

Autre propriété remarquable, l'algorithme de chiffrement RSA, très utilisé dans le commerce en ligne, tire parti d'une équation similaire[7].

D'un point de vue plus fondamental, la formule $a^p = a$ signifie aussi que l'élévation à la puissance p appartient au groupe de Galois du corps fini. Cette transformation, qui envoie a sur a^p, est parfois appelée la *symétrie de Frobenius.* Il s'avère qu'elle engendre le groupe de Galois d'un corps fini à p éléments[8].

*

Revenons maintenant à l'idée de Grothendieck et aux deux dernières colonnes de notre pierre de Rosette. Sur la colonne centrale, nous étudions les courbes sur les corps finis ou, plus généralement, les variétés sur les corps finis. Ces variétés sont définies par des systèmes d'équations polynomiales comme celui dont nous avons discuté au chapitre 9 :

$$y^2 + y = x^3 - x^2.$$

Soit maintenant un faisceau sur une telle variété, c'est-à-dire essentiellement une règle qui assigne un espace vectoriel à tout point de la variété. En réalité, comme je l'ai indiqué, le concept de faisceau est un peu plus compliqué : il se définit, notamment, de manière à ce que toute symétrie du système numérique sur lequel notre variété est définie – un corps fini en l'occurrence – donne lieu à une symétrie de l'espace vectoriel assigné. La symétrie de Frobenius, en particulier, qui est un élément du groupe de Galois du corps fini, donne lieu à une symétrie, comme une rotation ou une dilatation, de cet espace vectoriel.

Or une technique standard permet de déduire un nombre d'une symétrie d'un espace vectoriel. Si l'espace vectoriel est une droite et que la symétrie est une dilatation d'un facteur A, par exemple, alors ce nombre vaudra tout simplement A. Plus généralement, il s'agira de ce qui se nomme la *trace* de la symétrie[9]. Par la trace de la symétrie de Frobenius sur l'espace $\mathcal{F}(s)$, nous sommes donc en mesure d'assigner un nombre au point s.

Quand la symétrie de Frobenius agit comme l'identité sur l'espace vectoriel, la trace est simplement la dimension de l'espace vectoriel. Dans d'autres cas, toutefois, cette construction donne un nombre différent, pas nécessairement entier.

En définitive, si, comme dans la colonne centrale de la pierre de Rosette, nous partons d'une variété S sur un corps fini $\{0, 1, 2, \ldots, p-1\}$, la donnée d'un faisceau $\mathcal{F}$ sur S permet d'assigner un nombre à tout point s de S. En d'autres termes, le faisceau définit une fonction de S. Dans cette colonne centrale, nous disposons ainsi d'un moyen de passer des faisceaux aux fonctions.

Grothendieck nommait cette passerelle *dictionnaire faisceaux – fonctions.* Les opérations naturelles aux deux notions se transportent au cours du voyage : la somme directe de deux faisceaux, par exemple, qui se définit de la même manière que la somme directe de deux espaces vectoriels, correspond à l'addition de deux fonctions.

Ce dictionnaire bilingue présente toutefois une caractéristique un peu étrange : il n'existe pas de moyen naturel de retourner des fonctions aux faisceaux[10]. Pour certaines fonctions, la chose est possible, pour d'autres, non. Mais quand la chose est possible, le faisceau porte beaucoup plus d'information que la fonction. Dès lors, cette information supplémentaire permet de mieux plonger au cœur de la fonction. Or, fait remarquable, la plupart des fonctions qui interviennent dans le programme de Langlands, sur la deuxième colonne de la pierre de Rosette, remontent à des faisceaux.

Le concept de fonction est central en mathématiques depuis des siècles. Chacun, en songeant à la température ou à la pression barométrique, s'en forge une représentation intuitive. Mais grâce à Grothendieck, dans le cadre des variétés sur des corps finis – des courbes sur des corps finis, par exemple –, nous avons pu dépasser la fonction pour travailler sur les faisceaux.

Les fonctions représentent les maths d'autrefois, en quelque sorte, et les faisceaux celles d'aujourd'hui. Grothendieck a montré que les bonnes vieilles fonctions ne sont que l'ombre des faisceaux, plus fondamentaux à bien des égards.

Cette découverte a largement contribué aux progrès des mathématiques de la seconde partie du XXe siècle. Les faisceaux sont des objets bien plus centraux, plus féconds, plus riches en structure. Un faisceau, par exemple, arborera des symétries. En élevant une fonction au rang de faisceau, nous pourrons exploiter ces symétries afin de gagner un savoir inaccessible autrement.

*

Pour en revenir à ce qui nous importe au premier chef, la notion de faisceau fait sens tant sur la colonne centrale que sur la colonne de droite de la pierre de Rosette, ce qui ouvre du même coup une voie pour passer le programme de Langlands de l'une à l'autre.

Sur la colonne de droite, nous considérons des variétés définies sur les nombres complexes : des surfaces de Riemann comme la sphère ou le tore, la surface d'un donut. Dans ce contexte, les fonctions automorphes des deux premières colonnes ne signifient pas grand-chose. Contrairement aux faisceaux. En remplaçant donc, *via* le dictionnaire de Grothendieck, les fonctions par des faisceaux dans la colonne centrale, nous gagnons l'analogie que nous cherchions entre les deux dernières colonnes.

En résumé : comme les notions de groupes de Galois et de fonctions automorphes ne trouvent pas de contreparties immédiates en géométrie des surfaces de Riemann, il nous faut procéder à quelques réajustements du programme de Langlands pour le passer de la colonne centrale à celle de droite. D'une part, prendre pour analogue au groupe de Galois le groupe fondamental de la surface de Riemann, comme je l'ai expliqué dans le chapitre 9. En second lieu, utiliser le dictionnaire de Grothendieck pour remplacer les fonctions automorphes par des faisceaux qui satisfont des propriétés analogues – que nous appellerons *faisceaux automorphes*.

Les trois colonnes de la pierre de Rosette sont représentées sur le diagramme suivant avec, pour chacune, les objets qui interviennent dans la relation de Langlands.

Théorie des nombres	*Courbes sur les corps finis*	*Surface de Riemann*
groupe de Galois	groupe de Galois	groupe fondamental
fonctions automorphes	fonctions automorphes ou faisceaux automorphes	faisceaux automorphes

Reste maintenant à construire ces faisceaux automorphes... Ce ne fut pas une mince affaire. Drinfeld, à partir d'un premier travail resté inédit de Pierre Deligne, proposa la première de ces constructions, dans le cas le plus simple, au début des années 1980. Gérard Laumon reprit et développa ses idées quelques années plus tard.

Lorsque je le rencontrai, Drinfeld me déclara avoir conçu une méthode radicalement nouvelle pour construire les faisceaux automorphes. Mais son dispositif reposait sur une certaine conjecture, dont la preuve, pensait-il, se déduisait peut-être de mes travaux avec Feigin sur les algèbres de Kac-Moody. Je n'en croyais pas mes oreilles ! Mes travaux utiles au programme de Langlands, vraiment ?

L'éventualité que je puisse contribuer de quelque manière au programme de Langlands aiguisa mon appétit pour le sujet. Ce printemps-là, je suis allé presque chaque jour harceler Drinfeld dans son bureau à Harvard. Il répondait patiemment à mes nombreuses questions, avant de m'interroger de son côté sur les détails qui l'intéressaient de mon travail avec Feigin. Le reste de la journée, je dévorais tout ce que je pouvais trouver sur le programme de Langlands à la bibliothèque. Le sujet me passionnait tant que j'essayais de m'endormir le soir aussi vite que possible, afin que le matin suivant arrive plus tôt. Je savais que je me lançais dans l'un des projets les plus importants de ma vie.

*

Sur la fin du semestre de printemps est par ailleurs survenu un événement qui m'a renvoyé illico à mes kafkaïens examens d'entrée de la MGU.

Victor Kac m'appelle un jour pour me faire savoir que le président – ou plutôt le recteur – de l'université de Moscou, Anatoly Logunov, a été invité à prononcer une conférence au département de physique du MIT. Kac et nombre de ses collègues trouvaient révoltant que le MIT puisse accorder tribune à l'homme directement responsable de la discrimination organisée contre les juifs à l'examen d'entrée de la MGU. Ils jugeaient l'antisémitisme criminel et l'invitation scandaleuse.

Logunov était un homme très puissant : outre ses fonctions de président de la MGU, il dirigeait l'Institut de physique des hautes énergies, faisait partie du comité central du parti communiste de l'URSS, et que sais-je encore. Mais pourquoi donc l'avoir invité au MIT ? Mystère... Kac et ses collègues ont décidé de protester et ont demandé l'annulation de sa visite. Après quelques négociations, un compromis s'est dégagé : Logunov viendrait et prononcerait sa conférence comme prévu, mais celle-ci serait suivie d'un débat, au cours duquel il aurait à répondre, publiquement, sur l'antisémitisme en vigueur à la MGU.

Naturellement, Kac m'a demandé de participer à la discussion en racontant mon histoire, un témoignage de première main sur ce qui se passait à la MGU durant la présidence de Logunov. J'ai un peu rechigné, certain de voir Logunov secondé par des « assistants » qui n'en perdraient pas une miette. Nous étions, souvenons-nous, en 1990, soit plus d'un an avant le putsch avorté d'août 1991, qui a marqué le début de l'effondrement de l'Union soviétique. Et je m'apprêtais à regagner le pays. Témoigner contre un homme aussi haut placé que Logunov dans la hiérarchie soviétique pouvait me valoir de sérieux ennuis. On pourrait au minimum m'empêcher de quitter de nouveau l'Union soviétique et de retourner à Harvard. Mais, conscient de l'importance de mon témoignage, je ne pouvais pas non plus rejeter la requête de Kac. J'ai donc promis de venir et de raconter mon histoire au besoin. Il a essayé de me rassurer :

« Ne t'inquiète pas, Edik, s'ils te jettent en prison, je ferai tout mon possible pour t'en sortir. »

L'information s'étant rapidement diffusée, Logunov a tenu sa conférence devant une salle comble. Le public ne s'était pas déplacé pour apprendre quoi que ce soit. Chacun savait à quoi s'en tenir sur les capacités de physicien de Logunov, qui avait bâti sa carrière en essayant de réfuter la théorie de la relativité d'Einstein – je me demande bien pourquoi. Comme prévu, la présentation de sa « nouvelle » théorie de la gravité manquait de substance. Elle frappait toutefois par deux caractères inhabituels. D'abord par le fait que Logunov ne parlait pas anglais, mais russe. Ses propos étaient traduits en simultané par un grand homme en complet noir, qui s'exprimait dans un anglais parfait. Je pouvais presque voir luire les lettres « KGB » sur son front. Son frère jumeau, ou plutôt son clone, comme dans le film *Matrix*, se tenait assis dans le public et regardait alentour.

Autre aspect peu banal, la manière dont l'orateur a été présenté : l'un des organisateurs du MIT a projeté pour le public la première page d'un article en anglais, cosigné par Logunov, publié une décennie plus tôt. Je présume qu'il s'agissait de montrer que Logunov n'était pas le dernier des crétins, qu'il avait bien à son actif des publications dans des revues à comité de lecture. Mais je n'ai jamais vu un orateur présenté de la sorte. Clairement, Logunov n'avait pas été invité au MIT pour son aura scientifique.

Personne n'a protesté durant la conférence, quand bien même Kac avait distribué au public des photocopies de certains documents accablants. Parmi elles, le dossier scolaire d'un étudiant à patronyme juif qui, une dizaine d'années auparavant, avait accumulé les meilleures notes dans toutes les matières et qui pourtant, durant sa dernière année à la MGU, avait été exclu pour « échec scolaire ». Une brève note figurant au dossier informait le lecteur que cet étudiant avait été repéré par des agents spécialement dépêchés à la synagogue de Moscou.

Après la conférence proprement dite, la scène s'est déplacée dans une autre pièce, autour d'une grande table rectangulaire. Logunov s'est assis d'un côté, près d'un bout, flanqué de ses deux « assistants » en civil. Kac et les autres accusateurs se sont installés de l'autre côté, face à eux. Avec quelques amis, je me suis tranquillement assis du côté de Logunov, évitant ainsi d'attirer son attention.

Kac et sa partie ont parlé les premiers, expliquant qu'il leur était venu aux oreilles que de nombreux étudiants juifs n'avaient pas été admis à la MGU. Ils ont demandé à Logunov si, en tant que recteur de l'université de Moscou, il pouvait fournir des explications. Bien sûr, ce dernier a catégoriquement démenti tout soupçon d'antisémitisme. L'un des types en civil, après avoir traduit, a ajouté, en anglais : « Vous savez, le professeur Logunov est une personne très modeste. Mais je peux vous dire, moi, ce qu'il ne vous dirait jamais : il a en fait aidé de nombreux juifs dans leur carrière. »

L'autre type en civil est alors intervenu : « Il faut en dire plus ou vous taire. Si vous avez des cas concrets, parlons-en. Autrement, le professeur Logunov est un homme très occupé, avec encore bien des obligations à honorer. »

À ce stade, évidemment, Kac s'est tourné vers moi, en annonçant : « Voici un cas concret. »

Je me suis levé. Tous les regards ont convergé vers moi, y compris ceux de Logunov et de ses deux acolytes ; tous trois l'air anxieux. Je leur faisais face, à présent.

« Très intéressant », a fait Logunov en russe, ajoutant à voix basse, après la traduction, à la seule intention de ses assistants : « N'oubliez pas de prendre son nom. »

Je dois avouer que je n'en menais pas large. Mais il était trop tard pour reculer. Après m'être présenté, j'ai commencé par dire : « J'ai été recalé aux examens d'entrée du *Mekh-Mat*, il y a six ans. »

Dans un grand silence, j'ai ensuite brièvement raconté la façon dont s'étaient déroulés ces examens. Il s'agissait d'un cas « concret », rapporté par un témoin direct, de l'injustice de la politique de Logunov, lequel ne pouvait en aucune façon nier ce qui s'était passé. Les deux assistants sont montés au créneau pour limiter les dégâts : « Ainsi vous avez échoué à la MGU. Et où avez-vous postulé ensuite ? a demandé l'un d'eux.

— Je suis allé à l'Institut du pétrole et du gaz.

— Il est allé à la Kerosinka », traduisit l'assistant pour Logunov, qui acquiesça d'un signe de tête – bien sûr, il savait que c'était l'un des rares endroits où des étudiants comme moi étaient admis.

« Bon, continua l'assistant, peut-être que la compétition est moins rude à l'Institut du pétrole et du gaz qu'à la MGU ? Peut-être est-ce la raison pour laquelle vous avez été pris ici et pas là ? »

Non. Je savais pertinemment que le niveau de compétition était faible au *Mekh-Mat*, du moins pour ceux qui ne subissaient aucune discrimination. Je me suis même laissé dire que certains y étaient rentrés avec seulement des B et des C aux quatre examens. La compétition à l'entrée de la Kerosinka était autrement difficile. À ce stade, Kac a lancé : « Quoique encore étudiant, Edward est l'auteur de travaux mathématiques remarquablement novateurs. Harvard lui a proposé un poste de professeur invité à l'âge de 21 ans, moins de cinq ans après avoir été recalé à la MGU. Êtes-vous en train de suggérer que la compétition pour un poste à Harvard était encore plus faible que l'examen d'entrée à la MGU ? »

Long silence. Puis Logunov s'anima soudain et se mit à hurler : « C'est un scandale. Je vais enquêter et punir les responsables de l'échec de ce jeune homme. Je ne tolérerai pas une chose pareille à la MGU ! »

Il a continué sur ce registre, plusieurs minutes.

Que répondre ? Logunov ne trompait personne autour de la table ; chacun savait qu'il ne ferait rien. Mais sa réaction était rusée ; en feignant de se scandaliser sur mon cas, il faisait oublier la véritable échelle du problème : les milliers d'autres étudiants impitoyablement recalés, victimes d'une politique de discrimination soigneusement orchestrée, et clairement approuvée par les pontes de la MGU, recteur compris.

Mais nous ne pouvions mettre tous ces cas sur la table et prouver l'antisémitisme que subissaient les étudiants aux examens d'entrée du *Mekh-Mat*. Et même si j'éprouvais une certaine satisfaction à avoir eu mon bourreau face à moi, à l'avoir contraint à admettre que ses subordonnés m'avaient lésé, nous savions tous qu'il échappait à la vraie dimension de l'affaire.

Les organisateurs de la conférence de Logunov, clairement embarrassés par la mauvaise publicité qui entourait cette visite, voulaient en finir au plus vite. Ils ont clos les débats et l'ont rapidement fait sortir. Il ne fut plus jamais invité.

15

UNE DANSE DÉLICATE

À la rentrée 1990, le passage de mon poste de professeur invité à une situation universitaire plus durable nécessitant un diplôme de doctorat, je me suis inscrit en troisième cycle à Harvard. Joseph Bernstein a accepté de devenir mon directeur de thèse officiel. Comme j'avais déjà accumulé plus de matière qu'il n'en fallait, Arthur Jaffe a obtenu du doyen que je puisse soutenir ma thèse au terme d'une année et non de deux. Grâce à cette intervention, je n'ai pas été trop longtemps « rétrogradé » de professeur à étudiant.

Il se trouve en fait que j'ai rédigé ma thèse de doctorat sur un nouveau sujet, dont je suis venu à bout cette année-là. Il m'avait été inspiré par mes discussions avec Drinfeld sur le programme de Langlands, lors du printemps précédent. Pour donner une idée de leur teneur, en voici une, reconstituée, que je présente sous forme de scénario :

FONDU À L'OUVERTURE:

INT. BUREAU DE DRINFELD À HARVARD

DRINFELD fait les cent pas devant le tableau noir. EDWARD, assis sur une chaise, prend des notes. Un mug est posé sur un bureau à côté de lui.

DRINFELD
Donc, la conjecture de Shimura-Taniyama-Weil donne un lien entre les équations cubiques et les formes modulaires. Mais Langlands a été bien plus loin et a entrevu une relation plus générale. Le rôle des formes modulaires y est joué par les représentations automorphes d'un groupe de Lie...

EDWARD
Attends, c'est quoi une représentation automorphe ?

DRINFELD
(après une longue pause)
La définition précise importe peu maintenant. Tu la trouveras si tu veux dans un livre. Il te suffit simplement de savoir que c'est une représentation d'un groupe de Lie G, une représentation de $SO(3)$, le groupe des rotations de la sphère, par exemple.

EDWARD
D'accord ! Et à quoi ces représentations automorphes sont-elles reliées ?

DRINFELD
C'est la partie la plus intéressante de l'affaire. Langlands a conjecturé qu'elles sont reliées aux représentations du groupe de Galois dans un autre groupe de Lie[1].

EDWARD
Je vois. Tu veux dire que ce groupe de Lie n'est pas le même groupe G ?

DRINFELD
Exactement. C'est un autre groupe de Lie, baptisé *groupe dual de Langlands* de G.

DRINFELD écrit le symbole ${}^LG$ sur le tableau.

EDWARD
Le L désigne Langlands ?

DRINFELD
(amorçant un sourire)
À l'origine, Langlands cherchait à mieux comprendre des objets baptisés *fonctions* L, de sorte qu'il a donné à ce groupe le nom de *groupe* L...

EDWARD
Voyons si je comprends. Pour chaque groupe de Lie G, il existe un autre groupe de Lie noté ${}^LG$, c'est ça ?

DRINFELD
C'est ça. Et ce groupe apparaît dans la relation de Langlands qui s'écrit en gros comme ceci.

DRINFELD trace ce diagramme au tableau[2] :

représentations du groupe de Galois dans ${}^LG$	$\longleftrightarrow$	représentations automorphes du groupe G

EDWARD

Je ne comprends pas... Du moins pas encore. Attends... Question plus simple : quel est le groupe dual de Langlands de $SO(3)$, par exemple ?

DRINFELD

Facile ! Le revêtement à deux feuillets de $SO(3)$, ça te dit quelque chose ? Tu connais le coup du gobelet, non ?

EDWARD

Le coup du gobelet ? Ah oui, je me souviens...

FONDU ENCHAÎNÉ:

INT. UNE FÊTE ENTRE ÉTUDIANTS À HARVARD

Un douzaine d'étudiants d'une vingtaine d'années discutent en buvant de la bière ou du vin. EDWARD parle à un ÉTUDIANT.

ÉTUDIANT

Voilà comment ça marche.

L'ÉTUDIANT prend un gobelet rempli de vin et le pose sur la paume ouverte de sa main droite. Il commence alors à tourner sa paume et son bras - voyez les photos ci-dessous. Après un tour complet, 360 degrés, son bras est tordu. La paume toujours tournée vers le haut, il poursuit son mouvement de rotation. Après un nouveau tour complet - surprise -, son bras et le gobelet sont revenus dans leur position première, non tordue[3].

UN AUTRE ÉTUDIANT

Il paraît que les Philippins font ce truc avec un gobelet dans chaque main, au cours d'une cérémonie traditionnelle, la danse du vin[4].

Cet étudiant prend deux gobelets remplis de bière et essaie avec deux mains en même temps. Il échoue lamentablement, renversant de la bière au passage. Tout le monde rigole.

FONDU ENCHAÎNÉ:

INT. RETOUR DANS LE BUREAU DE DRINFELD

DRINFELD

Le coup du gobelet montre qu'il existe un chemin fermé non trivial du groupe $SO(3)$ qui devient trivial quand il est parcouru deux fois[5].

EDWARD

Oui, je vois. Le premier tour complet, celui qui tord le bras, correspond au chemin non trivial de $SO(3)$.

Edward prend le mug posé sur le bureau et effectue le premier tour complet.

EDWARD

On pourrait penser que le second tour torde le bras encore plus. En réalité, il le détord.

EDWARD achève le mouvement.

DRINFELD

Exactement[6].

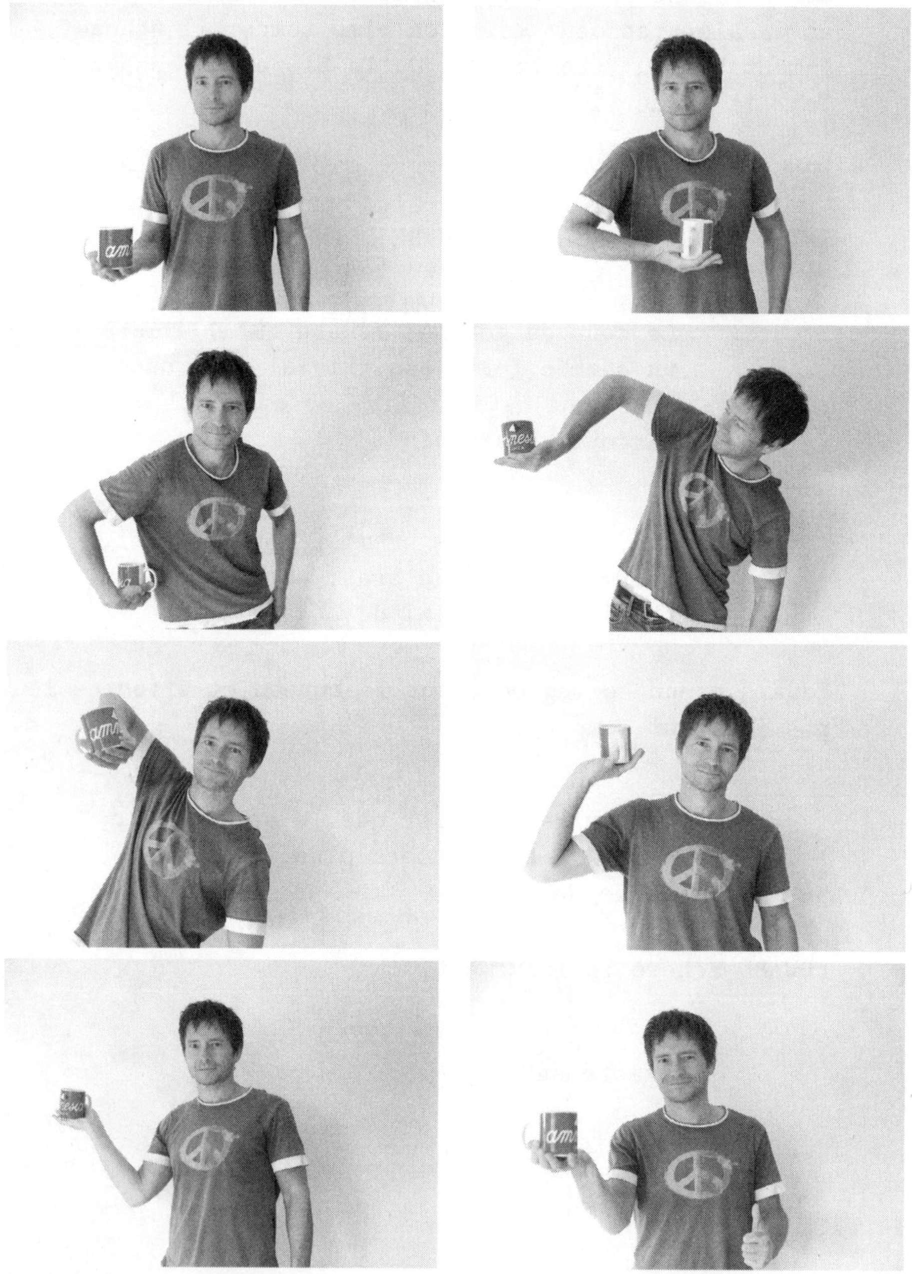

Le coup du gobelet, illustré avec un mug – à parcourir de gauche à droite et de bas en haut. Photos Andrea Young.

EDWARD

Et qu'est-ce que ça a à voir avec le groupe dual de Langlands ?

DRINFELD

Le groupe dual de Langlands de $SO(3)$ est un revêtement à deux feuillets de $SO(3)$, donc...

EDWARD

Pour chaque élément de $SO(3)$, il existe deux éléments dans le groupe dual de Langlands.

DRINFELD

Oui, ce qui explique que ce nouveau groupe n'admette aucun chemin fermé non trivial[7].

EDWARD

Passer au groupe dual de Langlands permet donc de se débarrasser de cette drôle de torsion ?

DRINFELD

Exactement[8]. Et ce changement, minime en apparence, ne reste pas sans effet sur le comportement des constituants de la matière, comme les électrons et les quarks, et des particules par lesquelles elles interagissent, comme les photons. Pour des groupes de Lie plus généraux, la différence entre le groupe et son dual de Langlands est encore plus prononcée. De fait, il n'y a souvent aucun rapport apparent entre les deux groupes.

EDWARD
Et pourquoi le groupe dual apparaît dans la relation de Langlands ? Je veux dire comme ça, comme par magie...

DRINFELD
Nul ne le sait vraiment.

FONDU AU NOIR

La dualité de Langlands instaure une relation mutuelle entre groupes de Lie : à tout groupe de Lie G correspond un groupe de Lie dual ${}^{L}G$, dont le propre dual est G[9]. Que le programme de Langlands relie deux types d'objets différents, l'un en théorie des nombres, l'autre en l'analyse harmonique est déjà surprenant en soi, mais le fait que deux groupes duaux, G et ${}^{L}G$, apparaissent des deux côtés de cette relation, de la manière indiquée sur le diagramme page 215, est proprement renversant.

Nous avons déjà comparé le programme de Langlands à une connexion entre différents continents du monde des mathématiques. Reprenons cette image en supposant que ces continents soient l'Europe et l'Amérique du Nord, et que nous disposions d'un moyen pour associer toute personne en Europe à une personne en Amérique du Nord et vice versa. Supposons de plus que par cette relation, diverses caractéristiques comme le poids, la taille et l'âge se correspondent parfaitement, à l'exception du sexe, qui se trouve permuté : à chaque homme est associé une femme et inversement. Voilà qui illustrerait le passage d'un groupe de Lie à son groupe dual de Langlands, *via* la relation prédite par le programme de Langlands.

De fait, cette permutation reste l'un des aspects les plus mystérieux du programme de Langlands. Même si nous connaissons plusieurs mécanismes par lesquels apparaît le groupe dual, nous ne comprenons pas encore *pourquoi* il apparaît. C'est d'ailleurs pour remédier à cette ignorance, entre autres raisons, que nous tentons d'étendre le programme de Langlands à d'autres domaines des mathématiques, par la pierre de Rosette de Weil, puis à la physique quantique, comme nous le verrons dans le prochain chapitre. En regardant comment apparaissent les groupes duaux de

Langlands dans d'autres contextes, nous espérons recueillir des indices supplémentaires sur la raison et la signification de leur présence.

Concentrons-nous maintenant sur la colonne de droite de la pierre de Rosette de Weil, celle qui concerne les surfaces de Riemann. Comme nous l'avons vu au chapitre précédent – voyez le diagramme page 207 –, la relation de Langlands fait alors intervenir des « faisceaux automorphes » dans le rôle des fonctions automorphes – ou des représentations automorphes – associées à un groupe de Lie G. Il se trouve que ces faisceaux automorphes « vivent » dans un certain espace attaché à une surface de Riemann X et au groupe G : l'espace de modules de G-fibrés sur X. Peu importe pour nous de savoir ici ce que cette notion signifie [10]. De l'autre côté de la relation, le rôle du groupe de Galois est joué par le groupe fondamental de la surface de Riemann, comme nous l'avons vu au chapitre 9. Nous déduisons du diagramme de la page 215 que la *relation de Langlands géométrique*, dite aussi *correspondance de Langlands géométrique*, s'écrit schématiquement ainsi :

représentations du groupe fondamental de X dans ${}^L G$	$\longleftrightarrow$	faisceaux automorphes de l'espace de modules de G-fibrés sur X

Nous devrions donc être capables d'associer un faisceau automorphe à toute représentation du groupe fondamental dans ${}^L G$. Et Drinfeld avait eu pour cela une idée radicalement nouvelle.

FONDU À L'OUVERTURE:

INT. LE BUREAU DE DRINFELD

DRINFELD
Il nous faut donc trouver un moyen de
construire systématiquement ces
faisceaux automorphes. Et c'est là, je
pense, que les représentations des
algèbres de Kac-Moody peuvent nous
aider...

EDWARD

Et pourquoi ça ?

DRINFELD

Nous sommes maintenant dans le monde des surfaces de Riemann. Une telle surface peut présenter un bord, constitué de lacets.

DRINFELD trace une figure sur le tableau.

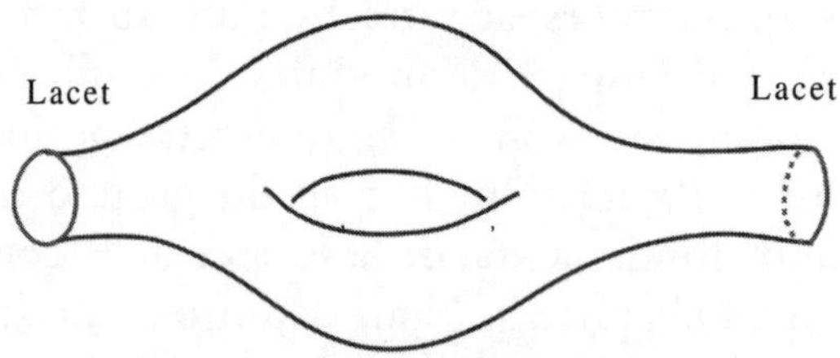

DRINFELD

Qui dit lacets sur une surface de Riemann dit lien vers le groupe des lacets, donc vers les algèbres de Kac-Moody. Par ce lien, il est possible de transformer les représentations d'une algèbre de Kac-Moody en faisceaux sur les espaces de modules de G-fibrés de notre surface de Riemann. Passons sur les détails dans un premier temps. Schématiquement, je m'attends à ce que la méthode fonctionne ainsi...

Il trace un diagramme sur le tableau :

[une représentation du groupe fondamental ${}^LG$ dans ${}^LG$] ⟶ [Une représentation de l'algèbre de Kac-Moody de G] ⟶

⟶ [un faisceau automorphe de l'espace de modules de G-fibrés]

DRINFELD

La seconde flèche ne me pose pas de problème. Il en va tout autrement de la première. Feigin m'a parlé de ton travail sur les représentations des algèbres de Kac-Moody. Je pense que tu devrais pouvoir l'appliquer ici.

EDWARD

Mais dans ce cas les représentations de l'algèbre de Kac-Moody de G devraient en quelque sorte « connaître » le groupe dual de Langlands ${}^{L}G$.

DRINFELD

Exact.

EDWARD

Comment cela serait-il possible ?

DRINFELD

Je te pose la question !

FONDU AU NOIR

Je me sentais un peu comme Neo parlant à Morpheus dans le film *Matrix*. La mission m'enchantait autant qu'elle m'effrayait. Serais-je vraiment capable d'apporter du neuf sur le sujet ?

Afin d'expliquer la façon dont j'ai abordé le problème, il faut que j'évoque brièvement une méthode qui permet de construire efficacement des représentations du groupe fondamental d'une surface de Riemann. Elle utilise la notion d'*équation différentielle*.

Une équation différentielle est une équation qui relie une fonction et ses dérivées. En guise d'exemple, considérons une voiture qui se déplace sur une route droite. La route se représente par une coordonnée, que nous notons x. La position de la voiture à l'instant t se représente par une fonction $x(t)$, comme $x(t) = t^2$, par exemple.

La vitesse de la voiture est le rapport de la distance parcourue en une petite période de temps Δt sur cette période de temps :

$$\frac{x(t+\Delta t) - x(t)}{\Delta t}.$$

Si la voiture se déplace à vitesse constante, la période de temps Δt choisie n'a aucune importance. Mais quand ce n'est pas le cas, plus Δt est petit, meilleure est l'approximation de la vitesse à l'instant t. Pour obtenir la valeur instantanée exacte de la vitesse à cet instant, il nous faut prendre la limite de ce rapport quand Δt tend vers 0. Cette limite est la dérivée de $x(t)$, notée $x'(t)$.

Si $x(t) = t^2$, par exemple, alors $x'(t) = 2t$. Plus généralement, si $x(t) = t^n$, alors $x'(t) = nt^{n-1}$. Ces formules ne sont pas très compliquées à établir, mais ce n'est pas ce qui nous intéresse actuellement.

De nombreuses lois de la nature s'expriment par des équations différentielles, c'est-à-dire des équations dans lesquelles interviennent des fonctions et leurs dérivées. Les équations de Maxwell, qui décrivent l'électromagnétisme et dont je parlerai dans le chapitre suivant, sont des équations différentielles, de même que les équations d'Einstein, qui décrivent la gravitation. En fait, que ce soit en physique, en biologie, en chimie ou en économie, la plupart des modèles mathématiques passent par des équations différentielles. Même des questions très simples de budget familial, comme le calcul des intérêts composés, y mènent très rapidement.

Considérons maintenant un exemple d'équation différentielle :

$$x'(t) = \frac{2x(t)}{t}.$$

La fonction $x(t) = t^2$ est solution de cette équation. En effet, $x'(t) = 2t$ et $2x(t)/t = 2t^2/t = 2t$, si bien qu'en substituant $x(t) = t^2$ de chaque côté de l'équation nous obtenons la même expression, à savoir $2t$. Il se trouve en outre que toute solution de l'équation est de la forme $x(t) = Ct^2$, où C désigne un nombre réel indépendant de t, une « constante » – ce qui explique la lettre C. C'est ainsi que $x(t) = 5t^2$ est aussi solution, par exemple.

Plus généralement, les solutions de l'équation

$$x'(t) = \frac{nx(t)}{t}$$

sont données par la formule $x(t) = Ct^n$, où C désigne un nombre réel arbitraire.

Rien ne nous empêche ici de prendre un entier n négatif. L'équation conserve tout son sens, de même que la formule $x(t) = Ct^n$, sauf à $t = 0$ où la fonction n'est plus définie. Excluons donc $t = 0$ de notre champ d'étude. Rien n'empêche ensuite de supposer que n est un nombre rationnel quelconque, voire un nombre réel.

Allons encore un cran plus loin. Dans la formulation originale de cette équation différentielle, nous avons traité t comme un temps, c'est-à-dire implicitement comme un nombre réel. Mais nous pouvons très bien considérer que t est un nombre complexe, c'est-à-dire un nombre de la forme $r + s\sqrt{-1}$, où r et s sont des nombres réels. Comme nous l'avons vu au chapitre 9 – voyez la figure page 136 –, les nombres complexes se représentent par des points du plan de coordonnées r et s. En prenant un temps t complexe, $x(t)$ devient une fonction du plan. Bon, du plan moins un point : comme la fonction $x(t)$ n'est pas toujours définie au point $t = 0$, c'est-à-dire à l'origine du plan, le point de coordonnées r et s nulles, elle n'est bien définie que sur le plan privé de l'origine.

Faisons maintenant entrer le groupe fondamental dans la partie. Nous avons vu au chapitre 9 qu'il est constitué des chemins fermés. Dans le cas du plan privé d'un point, un tel chemin définit un *indice* : le nombre de tours que le chemin fait autour du point. Ce nombre de tours est compté positivement si le chemin tourne dans le sens antihoraire, négativement dans le cas contraire [11]. Les chemins d'indice +1 et −1 sont représentés sur la figure page suivante.

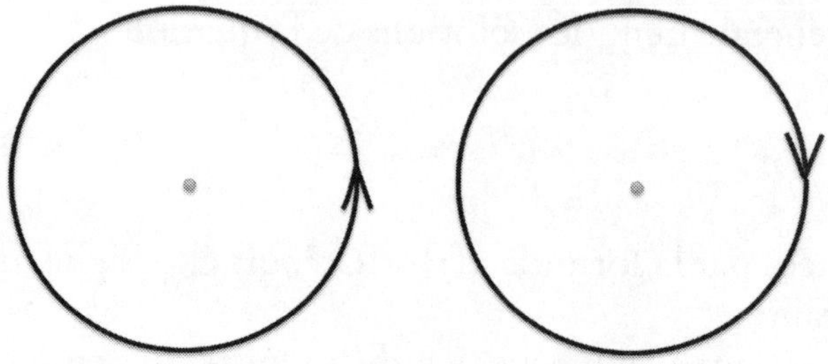

Un chemin en spirale qui effectue deux tours avant de revenir en se croisant à son point de départ est d'indice +2 ou −2. Et ainsi de suite pour des chemins plus compliqués.

Revenons à l'équation différentielle

$$x'(t) = \frac{nx(t)}{t},$$

où n est un nombre arbitraire et t prend maintenant ses valeurs dans le plan complexe. Cette équation admet $x(t) = t^n$ comme solution. Mais avec une surprise en réserve. Quand n n'est pas entier et que nous évaluons la solution le long d'un chemin fermé du plan, la valeur de la solution à l'arrivée ne sera peut-être pas égale à la valeur de départ. Elle sera multipliée par un certain nombre complexe. C'est là ce qui se nomme un effet de *monodromie.*

Qu'une quantité varie au terme d'un tour complet peut d'abord sembler contre-intuitif, voire absurde. Tout dépend pourtant de ce que l'on considère dans l'opération. Certains attributs *particuliers*, comme la position spatiale, se trouvent dans une même situation au départ et à l'arrivée, ce qui n'empêche pas que d'autres attributs puissent changer.

Prenons par exemple le cas de Rick, qui rencontre Ilsa au cours d'un dîner le 14 mars 2010 et en tombe instantanément amoureux. Ilsa de son côté trouve Rick assez quelconque mais accepte toutefois de le revoir une fois. Puis une autre. Ilsa commence à apprécier Rick. Il est drôle et intelligent, après tout, et se montre très attentif. Vous devinez la suite... Elle tombe elle aussi amoureuse. Ilsa et Rick affichent désormais « en couple » pour statut Facebook. Le temps file à toute vitesse, et nous voici bientôt de nouveau le 14 mars, date anniversaire de leur première rencontre.

Ilsa et Rick ont fait le tour complet du calendrier – les jours et les mois, sans tenir compte de l'année. Et pourtant des choses ont changé. Le jour de leur première rencontre, Rick était amoureux, mais pas Ilsa. Mais une année plus tard, la situation a évolué. Ils sont peut-être tous les deux amoureux l'un de l'autre... À moins qu'Ilsa ne soit raide dingue de Rick mais que lui de son côté... Rick commence-t-il à voir quelqu'un en cachette ? Nous l'ignorons. Seul nous importe que, de retour à la même date, le 14 mars, les sentiments qu'ils se portaient l'un à l'autre aient très bien pu se modifier.

Bon... Mon père prétend que cet exemple prête à confusion dans la mesure où il suggère qu'Ilsa et Rick reviennent au même point dans le temps, ce qui est manifestement impossible. C'est la notion d'attribut particulier que j'entendais surtout illustrer. Du point de vue du jour et du mois, passer du 14 mars 2010 au 14 mars 2011, c'est vraiment parcourir un cycle entier.

Mais peut-être vaut-il mieux considérer un chemin fermé dans l'espace... Supposons donc qu'Ilsa et Rick décident de faire le tour du monde. Leur relation évoluera durant le voyage, de sorte qu'à leur retour, au même point de l'espace, la ville où ils habitent, leur amour mutuel aura très bien pu changer.

Dans le premier cas, nous avons affaire à un chemin fermé dans le temps, ou plus précisément dans un calendrier jour/mois, dans le second à un chemin fermé dans l'espace. Ils aboutissent néanmoins à des conclusions identiques : une relation évolue le long d'un chemin fermé. Ces deux scénarios illustrent un phénomène que nous pourrions qualifier de monodromie de l'amour.

Mathématiquement, l'amour de Rick pour Ilsa se représenterait par un nombre x, et l'amour d'Ilsa pour Rick par un nombre y. L'état de leur relation à tout instant correspondrait alors à un point du plan de coordonnées (x, y). Dans le premier scénario, par exemple, leur première rencontre correspondrait au point $(1, 0)$. Ensuite, en se déplaçant le long d'un chemin fermé, dans le temps ou dans l'espace, la position du point changerait. L'évolution de leur relation décrirait donc une courbe dans le plan xy. La monodromie est simplement la différence entre le point initial et le point d'arrivée de cette trajectoire.

Pour prendre un exemple moins romantique, supposons que nous montions un escalier en colimaçon jusqu'à exécuter un tour complet, c'est-à-dire jusqu'à ce que la projection de notre position sur le sol boucle un cercle. Quoique cette projection soit revenue sur le même point, un autre attribut, notre altitude, a varié : nous avons grimpé d'un étage. Il s'agit là encore de monodromie. Cet autre exemple se relie au premier dans la mesure où un calendrier est semblable à une spirale : 365 jours dans l'année correspondent au cercle sur le sol, et l'année à l'altitude. Passer d'une date donnée, comme le 14 mars 2010, à la même date un an plus tard, revient donc à monter un escalier en colimaçon.

Revenons à l'évaluation de la solution de notre équation différentielle sur un chemin fermé du plan. Ce chemin se compare au chemin fermé défini par notre projection sur le sol. La valeur de la solution, elle, se compare à l'altitude de notre position sur l'escalier. De ce point de vue, il n'est donc pas surprenant que la valeur de la solution après un tour complet soit différente de la valeur initiale.

Le rapport de ces deux valeurs détermine la monodromie de la solution le long du chemin. Il se trouve que cette monodromie s'interprète comme un point du cercle [12]. Pour donner une image, imaginons que nous puissions tordre une canne de sucre d'orge, constituée d'une spirale blanche et d'une spirale rouge entrelacées, pour lui faire adopter la forme d'un donut – d'un tore. Suivons maintenant la spirale rouge le long de la crosse, l'équivalent de la solution que nous suivions sur un chemin fermé dans le plan. Après un tour complet sur le tore, cette spirale rouge ne reviendra pas en général au point de départ. Cette différence représente la monodromie de la solution. Elle correspond à une rotation de la crosse d'un certain angle.

Le calcul présenté en note 12 montre que la monodromie évaluée le long d'un chemin fermé d'indice +1 est l'élément du cercle, vu comme un groupe, correspondant à la rotation de $360n$ degrés. Si n vaut 1/6, par exemple, le chemin est associé à la rotation de 360/6 = 60 degrés au chemin. De la même façon, la monodromie calculée le long d'un chemin d'indice w est la rotation de $360wn$ degrés.

En définitive, j'espère avoir ainsi montré que les monodromies calculées le long de différents chemins du plan privé d'un point définissent une représentation du groupe fondamental de ce plan privé d'un point dans le cercle [13]. Plus généralement, il est possible de construire des représentations du groupe fondamental de toute surface de Riemann, éventuellement privées d'un certain nombre de points comme ici, en évaluant ce type de monodromie pour des équations différentielles définies sur cette surface. Les équations sont plus compliquées, mais localement, à l'intérieur d'un petit voisinage du point de la surface, elles ressemblent à celle présentée plus haut. Via la monodromie de solutions d'équations encore plus sophistiquées, il est de même possible de construire des représentations du groupe fondamental d'une surface de Riemann donnée dans d'autres groupes de Lie que le cercle. Dans le groupe $SO(3)$, par exemple.

Retournons maintenant au problème qui me préoccupait. Nous partons d'un groupe de Lie G et prenons son algèbre de Kac-Moody. La conjecture de Drinfeld nécessite de trouver un lien entre des représentations de cette algèbre de Kac-Moody et des représentations du groupe fondamental dans le groupe dual de Langlands ^LG.

La première étape consiste à remplacer les représentations du groupe fondamental par des équations différentielles adéquates, à valeur de monodromie dans ^LG. Le problème devient ainsi plus algébrique, donc plus proche du monde des algèbres de Kac-Moody. Les types d'équations différentielles qui conviennent ici avaient été introduites auparavant, essentiellement dans le cas du plan privé d'un point, comme plus haut, par Drinfeld et Sokolov durant la phase « d'exil » du premier à Ufa. Beilinson et Drinfeld avaient ensuite généralisé ce travail à des surfaces de Riemann arbitraires et baptisé les équations différentielles en question des *opers*. Ce terme, dérivé du mot « opérateur », est aussi un petit clin d'œil, dans la mesure où il signifie « flic » en argot russe.

Dans ma thèse, en partant du travail effectué à Moscou avec Borya, j'ai réussi à construire des représentations des algèbres de Kac-Moody de G, paramétrées par les opers correspondant au groupe dual de Langlands ^LG. L'existence d'un lien entre les deux parties tient presque du miracle : l'algèbre de Kac-Moody associée à G « connaît » en quelque sorte le groupe dual de Langlands ^LG, exactement comme Drinfeld l'avait prédit. Sa vision se décompose en conséquence ainsi [14] :

une représentation du groupe fondamental de X dans ^LG	$\longrightarrow$	un oper sur la surface de Riemann X	$\longrightarrow$
$\longrightarrow$ une représentation de l'algèbre de Kac-Moody de G	$\longrightarrow$	un faisceau automorphe sur l'espace de modules de G-fibrés sur X	

La preuve de ce résultat est assez technique. Si j'ai pu expliquer *comment* apparaît le groupe dual de Langlands, aujourd'hui encore, plus de vingt ans plus tard, je ne comprends toujours pas *pourquoi* il apparaît. Même si j'avais résolu le problème, je me sentais frustré devant ce groupe qui semblait surgir du néant. Je n'ai eu de cesse, depuis lors, de m'essayer à trouver une explication plus satisfaisante.

Ce genre de choses arrive souvent. Quelqu'un prouve un théorème, d'autres vérifient la démonstration, de nouveaux progrès sont accomplis sur la base de ce résultat, et pourtant, sa signification profonde reste incomprise, des années, sinon des décennies durant. Si je ne trouve jamais moi-même la réponse, je sais au moins que le flambeau se transmettra à de nouvelles générations de mathématiciens, qui finiront par en venir à bout. Mais je préférerais nettement y parvenir moi-même !

Beilinson et Drinfeld se sont par la suite servis du théorème présenté dans ma thèse pour construire leur formidable relation de Langlands géométrique, sur la dernière colonne de la pierre de Rosette de Weil – voyez le diagramme page 221. Ce travail spectaculaire a ouvert un nouveau chapitre du programme de Langlands et a charrié quantité d'idées et de découvertes nouvelles, développant de ce fait toujours plus le sujet.

Ultérieurement, j'ai résumé mes recherches en ce domaine, dont certaines menées en collaboration avec Borya ou Dennis Gaitsgory, dans un livre intitulé *Langlands Correspondence for Loop Groups*, paru chez Cambridge University Press [15]. Il est sorti en

2007, soit précisément vingt ans après que j'ai posé les premières formules de la réalisation à champs libres des algèbres de Kac-Moody, dans le train de nuit qui me ramenait de la datcha de Borya chez mes parents. Ce calcul, même si je l'ignorais encore, marquait le début de mon long voyage dans le programme de Langlands.

J'ai choisi pour épigraphe de mon livre ces quelques vers de 1931, empruntés à E.E. Cummings, l'un de mes poètes favoris :

> Concentric geometries of transparency slightly
> joggled sink through algebras of proud
> inwardlyness to collide spirally with iron arithmethics...
>
> Les géométries concentriques de la transparence doucement
> agitées sombrent dans des algèbres de fierté
> intérieure pour heurter de leurs spirales le fer de l'arithmétique...

Ces vers évoquent pour moi sur un plan métaphorique ce que nous essayons d'accomplir à travers le programme de Langlands : une fusion de la géométrie, de l'algèbre et de l'arithmétique – c'est-à-dire de la théorie des nombres. Une alchimie des temps modernes.

Le travail de Beilinson et Drinfeld a répondu à des questions qui se posaient depuis longtemps tout en soulevant de nouveaux problèmes à résoudre. Il en va ainsi en mathématiques... Tout résultat nouveau repousse un peu plus loin les brumes de l'inconnu et dégage des territoires dont nous n'aurions pas soupçonné l'existence, des directions que nous n'aurions jamais eu l'idée d'explorer. Chaque découverte nous inspire ainsi de nouveaux pas, sans jamais clôturer notre quête du savoir.

*

En mai 1991, j'ai assisté à la traditionnelle cérémonie de remise des diplômes à Harvard. Le moment était d'autant plus particulier pour moi que l'université avait invité Edouard Chevardnadze à en prononcer le discours d'ouverture. Cet artisan de la *perestroïka* en Union soviétique avait récemment démissionné de son poste de ministre des Affaires étrangères pour protester contre la violence mise en œuvre dans les Républiques baltes, signe d'une dictature naissante.

Nous vivions une époque incertaine, sans rien savoir des turbulences que nous traverserions : le coup d'État en août de cette année-là, la dislocation subséquente de l'Union soviétique, l'immense souffrance qu'allait endurer une grande partie du peuple durant les réformes économiques. Nous ne pouvions pas plus anticiper le passage controversé de Chevardnadze à la tête de sa République de Géorgie natale. Mais en ce jour glorieux, sous le soleil de Harvard Yard, j'ai voulu remercier l'homme qui avait tant contribué à nous libérer, des millions de compatriotes et moi, de la dictature communiste.

Je suis allé le voir après son allocution et l'ai informé que je venais d'obtenir un doctorat à Harvard, ce qui n'aurait jamais été possible sans la *perestroïka*. Il m'a souri et m'a répondu, en russe, avec son charmant accent géorgien : « Je suis heureux de l'entendre. Je vous souhaite bien des succès dans votre travail. » Il marqua une pause puis ajouta, en vrai géorgien : « Et bien du succès dans votre vie personnelle ! »

Le matin suivant, je me suis envolé pour l'Italie. Victor Kac m'avait invité à une conférence qu'il organisait à Pise avec son collègue italien Corrado De Concini. De Pise, je me suis rendu en Corse pour participer à un colloque, puis de là à Kyoto, au Japon, pour une autre conférence. Ces manifestations regroupaient des physiciens et des mathématiciens intéressés par les algèbres de Kac-Moody et par leurs applications à la physique quantique. J'y ai parlé du travail que je venais juste d'achever. La plupart des participants n'avaient jamais entendu parler du programme de Langlands auparavant. Ils ont paru intrigués. Quand je repense à cette époque, je suis émerveillé de voir à quel point les choses ont évolué. Le programme de Langlands est aujourd'hui considéré comme une pierre angulaire des mathématiques actuelles. Sa notoriété a franchi les frontières de diverses disciplines.

C'est la première fois que j'avais ainsi l'opportunité de voyager à travers le monde. J'ai découvert des cultures différentes, prenant du même coup conscience que les mathématiques, notre langage commun, nous rapprochaient. Tout alors me paraissait nouveau et excitant. Le monde s'offrait à moi en un kaléidoscope de possibilités infinies.

16

DUALITÉ QUANTIQUE

À ce point du parcours, nous savons que le programme de Langlands se manifeste à travers divers domaines des mathématiques : théorie des nombres, courbes sur des corps finis ou surfaces de Riemann. Il va même jusqu'à toucher les représentations des algèbres de Kac-Moody. Grâce à lui, nous observons des régularités similaires dans des champs différents. S'ils ont chacun des atours propres, ces phénomènes affichent des caractéristiques communes, reconnaissables entre toutes, comme l'apparition du groupe dual de Langlands. Cette ubiquité indique l'existence d'une mystérieuse structure sous-jacente à toutes les mathématiques – leur code source, pour ainsi dire. De ce point de vue, le programme de Langlands se pose donc comme une sorte de Grande théorie d'unification des mathématiques.

En cours de route, nous avons aussi revu, en les tordant, en les déformant, en les brisant parfois, certaines des notions les plus communes et les plus intuitives des mathématiques enseignées à l'école : nombres, fonctions, équations... Ces concepts se sont souvent révélés bien moins fondamentaux qu'on ne le croit. Les mathématiques actuelles utilisent des objets ou des idées plus profonds et plus généraux : espaces vectoriels, groupes de symétrie, arithmétique modulo nombres premiers, faisceaux... Elles dépassent le cadre de notre perception visuelle limitée. Grâce au programme de Langlands, nous commençons à entrevoir l'invisible. Nous n'avons jusqu'ici perçu que des bribes de cette réalité cachée. Comme des archéologues face à une mosaïque décomposée, nous essayons maintenant de recoller les morceaux collectés. Chaque nouvelle pièce du puzzle fournit de nouveaux indices, de nouveaux outils, pour révéler le mystère. Et la richesse apparemment inépuisable de l'image qui émerge nous stupéfie à chaque fois.

Je me suis frayé un chemin dans ce monde magique grâce à Drinfeld, qui a connecté mon travail sur les algèbres de Kac-Moody au programme de Langlands. L'omniprésence de ce vaste sujet dans les mathématiques n'a cessé de me fasciner depuis lors. Il a fallu que j'en apprenne toujours plus. La plupart de mes recherches touchent de près ou de loin à ce sujet, ou du moins elles m'ont été inspirées par lui. Il m'a fait voyager à travers divers continents mathématiques, m'incitant à me familiariser avec de nouvelles cultures et de nouveaux langages.

En bon explorateur, j'ai été surpris par ce que j'ai vu. Et ce chapitre traite précisément de l'un de mes plus grands sujets d'étonnement : le programme de Langlands est aussi inextricablement lié à la physique quantique. Ici encore, comme en mathématiques, la clef se nomme *dualité*.

*

Il peut d'abord sembler étrange de rechercher une dualité en physique. Ce concept, pourtant, y est déjà familier. L'électricité et le magnétisme sont en effet deux phénomènes apparemment très différents qui se décrivent par une même théorie : l'électromagnétisme. Or cette théorie possède une dualité cachée, dont nous reparlerons plus loin, qui intervertit les forces électriques et magnétiques. Dans les années 1970, les physiciens ont essayé de généraliser cette dualité à ce qui se nomme les *théories de jauges non abéliennes*, les théories qui décrivent les forces nucléaires : la force *forte*, qui retient les quarks formant protons, neutrons et autres particules élémentaires, et la force *faible*, responsable entre autres phénomènes de la désintégration radioactive.

Au cœur de toute théorie de jauge se niche un groupe de Lie, appelé le *groupe de jauge* de la théorie. En un certain sens, l'électromagnétisme est la plus simple des théories de jauge. Son groupe de jauge est notre vieil ami le cercle, le groupe des rotations de tout objet rond. Dans ce cas, cependant, il est abélien, c'est-à-dire que le résultat d'une multiplication ne dépend jamais de l'ordre des facteurs : $a \cdot b = b \cdot a$. Pour les théories des interactions fortes et faibles, en revanche, les groupes de jauge correspondants ne sont pas abéliens, c'est-à-dire qu'en général : $a \cdot b \neq b \cdot a$. D'où leur nom de théories de jauge non abéliennes.

Dans les années 1970, les physiciens ont découvert un analogue de la dualité électromagnétique pour les théories de jauge non abéliennes. Il présente, toutefois, un aspect inattendu : le groupe de jauge de la théorie duale est distinct du groupe de jauge G de la théorie de départ. Une théorie de jauge de groupe G donne une théorie duale avec un autre groupe de jauge. Et vous l'avez deviné ? Ce groupe est précisément le groupe dual de Langlands, ${}^{L}G$, l'un des principaux ingrédients du programme de Langlands !

Pour prendre la mesure de la chose, représentons-nous les mathématiques et la physique comme deux planètes, disons la Terre et Mars. Sur Terre, nous découvrons une relation entre continents différents, une relation qui à toute personne en Europe associe une personne en Amérique du Nord, de même taille, de même poids, de même âge, mais de sexe opposé – l'équivalent de la relation entre un groupe de Lie et son dual de Langlands. Puis un jour débarque un Martien qui nous annonce que sur sa planète aussi il existe une relation entre continents, que tout Martien sur l'un des continents peut être associé à un Martien d'un autre continent. Les Martiens associés ont même taille, même poids et même âge. Seul leur sexe est opposé – oui, je vous l'apprends, les Martiens se partagent aussi en deux genres. Nous ne pouvons en croire nos oreilles : la relation sur Terre et la relation sur Mars sont en quelque sorte connectées. Mais par quelle raison ?

De la même manière, que le groupe dual de Langlands apparaisse à la fois en mathématiques et en physique amène inévitablement à penser qu'il existe une connexion entre le programme de Langlands en mathématiques et la dualité électromagnétique en physique. Mais depuis presque trente ans qu'elle est recherchée, personne n'a su la trouver.

Au fil des années, j'ai eu plusieurs fois l'occasion de m'entretenir de la question avec Edward Witten, un professeur de l'Institute for Advanced Study, à Princeton, considéré comme l'un des plus grands physiciens théoriciens vivants au monde. Sa capacité à utiliser les appareillages les plus sophistiqués de la physique quantique pour effectuer des découvertes et poser des conjectures incroyables en mathématiques pures est stupéfiante. Il a inspiré plusieurs générations de mathématiciens. C'est d'ailleurs le premier physicien à avoir obtenu la médaille Fields, l'un des prix les plus prestigieux en mathématiques.

Curieux de l'existence possible d'un lien entre les dualités quantiques et le programme de Langlands, Witten m'interrogeait sur ce sujet de temps à autre. Nous discutions dans mon bureau à Harvard quand il venait à Harvard ou au MIT, ou à son bureau à Princeton quand j'y allais. Nos entretiens étaient toujours stimulants, mais nous ne progressions jamais bien loin. Il nous manquait clairement des éléments essentiels, qui attendaient encore d'être découverts.

Nous avons alors trouvé de l'aide auprès d'une source inattendue.

*

Lors d'une conférence, à Rome, en 2003, j'ai reçu un courriel de Kari Vilonen, un vieil ami et collègue [1]. Finlandais d'origine, Kari est l'un des mathématiciens les plus sociables que je connaisse. Durant mon premier séjour à Harvard, sa future femme Martina et lui m'avaient emmené dans un bar sportif à Boston. On avait regardé un match éliminatoire de base-ball dans lequel jouaient les Red Sox. Ces derniers avaient perdu, hélas, mais je n'ai jamais oublié cette formidable soirée. Amis depuis lors, Kari et moi avons, des années plus tard, avec Dennis Gaitsgory, un autre mathématicien, rédigé ensemble des articles sur le programme de Langlands. Nous avons notamment démontré un cas important de la relation de Langlands.

Dans ce courriel, Kari, qui était alors professeur à la Northwestern University, m'annonçait qu'il avait été contacté par la DARPA en vue de nous accorder des fonds pour soutenir la recherche sur le programme de Langlands.

La DARPA (Defense Advanced Research Projects Agency – Agence pour les projets de recherche avancée de défense) s'occupe du secteur recherche au sein du ministère de la Défense américain. Cette agence a été créée en 1958, en réaction au lancement inattendu de *Spoutnik* par les Soviétiques, dans le but de faire progresser la science et la technologie aux États-Unis.

Voici comment se présente la DARPA sur son site web :

> Afin de remplir sa mission, l'Agence se repose sur divers acteurs et pratique une approche multidisciplinaire, aussi bien pour faire progresser le savoir en recherche fondamentale que pour mettre au point, *via* la recherche appliquée, des technologies innovantes répondant à des problèmes concrets actuels. La gamme des investigations scientifiques de la DARPA s'étend des travaux en laboratoire jusqu'à la réalisation de tests technologiques grandeur nature [...]. En tant que principal moteur d'innovation du département de la Défense, la DARPA s'engage sur des projets de durée finie mais dans le but de provoquer des changements révolutionnaires durables[2].

Au fil des ans, la DARPA a financé de nombreux projets en mathématiques appliquées et en informatique. On lui doit par exemple la création d'ARPANET, un réseau précurseur d'Internet. Mais, pour autant que je le sache, elle n'avait alors jamais soutenu de projet en mathématiques pures. Pourquoi dès lors voulait-elle aider la recherche sur le programme de Langlands ?

Le domaine semble, certes, parfaitement abstrait, sans applications immédiates. Il faut toutefois comprendre que tous les progrès technologiques reposent sur la recherche scientifique fondamentale. Les découvertes apparemment les plus absconses en mathématiques et en physique conduisent parfois à des innovations d'utilisation courante. Pensons au cas déjà cité de l'arithmétique modulo les nombres premiers, par exemple. Nul ne pensait qu'un type de calcul aussi abstrait puisse un jour trouver une application dans le monde réel. Un mathématicien anglais, G.H. Hardy, a même prétendu que « la grande masse des mathématiques supérieures est inutile [3] ». Mais ce bon mot célèbre est facile à démentir : de nombreux résultats à première vue ésotériques de la théorie des nombres, précisément le domaine d'expertise de Hardy, s'utilisent régulièrement dans des secteurs comme le commerce en ligne, par exemple. L'arithmétique modulo N joue un rôle dans la moindre transaction financière (voir la description de l'algorithme de chiffrement RSA en note 7 du chapitre 14). On ne peut pas préjuger des applications potentielles d'une idée ou d'une formule mathématique.

Toutes les grandes inventions technologiques, l'histoire le montre, ont été précédées par des avancées en recherche pure, souvent effectuées des dizaines d'années auparavant. Restreindre l'aide accordée à la science fondamentale revient donc à limiter nos progrès et notre puissance futurs.

Il faut aussi comprendre que notre société se caractérise largement par la recherche scientifique et l'innovation. Une part importante de notre culture et de notre bien-être est issue de ces activités. Voici ce qu'en 1969, Robert Wilson, le premier directeur du Fermi National Laboratory, le laboratoire qui abritait le plus important accélérateur de particules de l'époque, répondit devant le Congressional Joint Committee on Atomic Energy, qui l'interrogeait sur le fait de savoir si cette machine de plusieurs millions de dollars pouvait contribuer à la sécurité du pays :

> Seulement à long terme : il s'agit d'une technologie en cours de développement. Mais la question, ce serait plutôt : sommes-nous de bons peintres, de bons sculpteurs, de grands poètes ? Je songe à toutes ces choses que nous vénérons et honorons vraiment dans notre pays et dont nous sommes fiers. En ce sens-là, ces nouvelles connaissances ont tout à voir avec l'honneur et avec notre pays, et rien avec la défense immédiate du territoire, si ce n'est qu'elles le rendent encore plus précieux et digne d'être défendu [4].

Convaincu de l'importance de la recherche fondamentale, Anthony Tether, qui dirigea la DARPA de 2001 à 2009, avait lancé un défi à ses gestionnaires de programme : trouver un bon projet en mathématiques pures. L'appel n'était pas tombé dans l'oreille d'un sourd, mais, en l'occurrence, dans celle de Doug Cochran, qui a contacté un de ses amis, Ben Mann, un spécialiste de topologie qui avait abandonné sa carrière de chercheur pour un poste de directeur de projet à la division des sciences mathématiques de la National Science Foundation (NSF) à Washington.

Quand Doug lui a demandé s'il avait un projet de valeur en mathématiques pures à proposer, Ben a songé au programme de Langlands. Même si le sujet ne faisait pas partie à proprement parler de son domaine de compétences, il avait pu en mesurer l'importance par la quantité de demandes de financement dont il faisait l'objet. La qualité des dossiers et le fait que les idées franchissent les barrières de diverses disciplines mathématiques l'avaient vivement impressionné.

Ben a donc suggéré de soutenir la recherche sur le programme de Langlands, et c'est ainsi qu'il nous a été demandé, à Kari, deux autres mathématiciens et moi-même, de rédiger une proposition que Doug présenterait au directeur de la DARPA. En cas d'approbation, nous disait-on, ce serait une somme de l'ordre de plusieurs millions de dollars que nous recevrions pour diriger la recherche dans ce domaine.

En toute honnêteté, nous avons d'abord hésité. Nous entrions là en territoire inconnu. Aucun de nos collègues, des gens que nous connaissions, n'avait jamais reçu des financements d'un montant aussi élevé auparavant. Les mathématiciens reçoivent habituellement des aides individuelles somme toute assez modestes de la NSF : de quoi financer certains déplacements, une bourse de doctorat et parfois un complément pour l'été. Là, il nous faudrait coordonner le travail de dizaines de mathématiciens dans un vaste domaine de recherche. Sans compter qu'un financement aussi important aurait sans doute ses contreparties : un contrôle public plus important, et probablement une bonne dose de suspicion ou de jalousie de la part de certains collègues. Nous avions bien conscience aussi que, faute de progrès significatifs au terme de l'opération, nous serions ridiculisés, et surtout qu'un tel échec fermerait la porte au financement par la DARPA d'autres projets de valeur en mathématiques pures.

Malgré ces scrupules, faire avancer significativement le programme de Langlands nous tenait à cœur. Et l'idée de contourner le schéma traditionnel et conservateur du financement de la recherche en maths par une importante injection de fonds dans un domaine prometteur n'était pas pour nous déplaire. Nous ne pouvions tout simplement pas refuser.

*

Restait à décider sur quel aspect concentrer le projet. Comme nous l'avons vu, le programme de Langlands présente maintes facettes et concerne divers champs des mathématiques. Une demi-douzaine de propositions pourraient facilement être écrites sur un sujet aussi général. Il fallait choisir. Nous avons décidé de nous focaliser sur ce qui nous apparaissait comme le plus grand des mystères : le lien potentiel entre le programme de Langlands et les dualités en physique quantique.

Une semaine après sa rédaction, Doug a soumis notre proposition au directeur de la DARPA. Elle a été heureusement accueillie à tout point de vue. Le directeur a accepté de financer le projet durant trois ans, à hauteur de plusieurs millions de dollars. C'était, du moins à notre connaissance, la subvention la plus importante jamais accordée à un projet de recherche en mathématiques pures. Les attentes, évidemment, étaient du même ordre, et à l'excitation du moment se mêlait pas mal d'appréhension.

Heureusement pour nous, Ben Mann a alors quitté la NSF pour prendre en charge la gestion de notre projet à la DARPA. Dès les premières réunions, il est apparu clairement que Ben était la recrue idéale pour ce travail. Visionnaire et courageux, il a pris les rênes d'un projet prometteur mais risqué, il a su trouver les bonnes personnes pour le mener à bien et les aider à développer leurs idées jusqu'au bout. Son enthousiasme contagieux électrisait tout le monde autour de lui. Nous étions vraiment chanceux d'avoir Ben à la barre. Sans lui, nous n'aurions pu achever ne serait-ce qu'une fraction de tout ce que nous avons accompli.

*

De mon côté, j'ai commencé par envoyer un courriel à Edward Witten pour l'informer de ce soutien financier et lui demander s'il désirait se joindre à nous. Attendu sa position unique en mathématiques et en physique, il nous le fallait absolument dans l'équipe. Sa première réaction n'a hélas guère été encourageante. Il nous a félicité pour la subvention, tout en nous informant par ailleurs qu'il travaillait déjà sur de nombreux projets et qu'il ne faudrait sans doute pas compter sur sa participation.

Par un heureux hasard, toutefois, Peter Goddard, l'un des physiciens qui avaient découvert la dualité électromagnétique dans les théories de jauge non abéliennes, s'apprêtait à prendre la direction de l'Institute for Advanced Study à Princeton. Ses dernières recherches portaient sur un sujet lié aux représentations des algèbres de Kac-Moody, de sorte que je l'avais souvent croisé lors de conférences.

L'une de ces rencontres me tient particulièrement à cœur. C'était en août 1991, alors que nous participions tous deux à un grand workshop de mathématiques et de physique quantique à l'université de Kyoto, au Japon. Au beau milieu du séjour nous est parvenue l'inquiétante nouvelle du coup d'État en Union soviétique. Un régime autoritaire semblait revenir au pouvoir, ce qui signifiait que les libertés relatives de la *perestroïka* se verraient sans doute de nouveau restreintes, que les frontières allaient se refermer, que je ne reverrais peut-être plus ma famille pendant des années. Mes parents m'ont appelé rapidement pour me dire de ne pas m'inquiéter à leur sujet, que si la situation se dégradait, je ne devais en aucun cas essayer de rentrer en Union soviétique. En nous disant au revoir, ce jour-là, nous nous sommes préparés au pire. Nous n'étions même pas sûrs de pouvoir encore nous parler au téléphone dans un avenir proche.

En cette période troublée, avec Fedya Smirnov, un physicien et ami cher, nous regardions la télévision japonaise très tard le soir, dans le salon de l'une des *guest houses*, pour essayer de comprendre ce qui se tramait à Moscou. Une nuit, vers 3 heures du matin, alors que tous les occupants du bâtiment semblaient profondément endormis, Peter Goddard s'est pointé, une bouteille de Glenfiddich à la main. Il a demandé quelles étaient les dernières nouvelles avant de trinquer avec nous. Il a tenu à nous laisser la bouteille en partant se coucher – un noble geste de soutien.

Le coup d'État fut déjoué le lendemain, à notre grand soulagement. En une du *Yomiuri*, l'un des plus grands quotidiens japonais, parut dans les jours suivants une photo représentant Borya Feigin (il participait lui aussi à la conférence) levant un poing victorieux et moi-même arborant un grand sourire.

En guise d'entrée en matière de mon courriel, j'ai rappelé cet épisode fameux à Peter, puis l'ai informé de la subvention que nous avait accordée la DARPA. Je lui ai proposé que l'on réunisse à l'Institute for Advanced Study des mathématiciens et des physiciens sur le double thème du programme de Langlands et des dualités en physique. Dégager un terrain commun pour résoudre l'énigme ensemble : voilà ce dont il s'agirait.

Nous ne pouvions rêver meilleure réponse que celle de Peter : il offrait son entier soutien à l'organisation de la manifestation.

L'Institute était un lieu idéal pour tenir pareille conférence. Ce centre de recherche indépendant, conçu en 1930, avait hébergé Albert Einstein – les vingt dernières années de sa vie –, André Weil, John von Neumann, Kurt Gödel et bien d'autres chercheurs éminents. Ceux qu'il abrite actuellement ne sont pas moins impressionnants, à commencer par Langlands, qui y est professeur, aujourd'hui émérite, depuis 1972, ou Edward Witten. Les physiciens Nathan Seiberg et Juan Maldacena y travaillent sur des domaines proches de la physique quantique, et plusieurs mathématiciens, comme Pierre Deligne ou Robert MacPherson, mènent des recherches sur des sujets liés au programme de Langlands.

À l'issue de mon échange de courriels avec Goddard, nous avons programmé une première réunion exploratoire, prévue pour début décembre 2003. Ben Mann, Kari Vilonen et moi-même viendrions à Princeton rencontrer Goddard, ainsi que Mark Goresky, un autre mathématicien de Princeton, qui gérait le projet de la DARPA avec Kari et moi. Nous avons également invité Witten, Seiberg et MacPherson – de même que Langlands, Maldacena et Deligne qui, en déplacement, se sont excusés de ne pouvoir se joindre à nous.

La réunion devait commencer à 11 heures du matin, dans la salle de conférences située près de la cafétéria de l'Institute. Ben, Kari et moi sommes arrivés un peu en avance. Une quinzaine de minutes avant le début de la rencontre, il n'y avait encore personne. Je faisais nerveusement les cent pas dans la pièce sans cesser de me demander : « Witten viendra-t-il ? » Il était le seul de nos invités à ne pas avoir confirmé sa participation.

La porte de la salle s'est ouverte cinq minutes avant l'heure de la réunion. C'était Witten ! J'ai été certain, en le voyant, que le projet accoucherait de quelque chose de bien.

Les autres participants sont arrivés quelques minutes plus tard. Nous nous sommes assis autour d'une grande table. Après quelques saluts et les petites conversations habituelles, le silence s'est installé. Puis tous les regards ont convergé vers moi.

« Merci d'être venu, ai-je commencé. Nous savons depuis quelque temps déjà qu'il existe des points communs entre le programme de Langlands et la dualité électromagnétique. En dépit de nos efforts, la compréhension exacte de la situation nous échappe encore. Je pense que le temps est venu de percer le mystère. Nous bénéficions désormais des ressources nécessaires grâce à une subvention généreuse de la DARPA, qui a souhaité soutenir la recherche dans ce domaine. »

Les personnes autour de la table ont marqué leur approbation d'un signe de tête. Peter Goddard a alors demandé : « Et comment penses-tu procéder ? »

Kari, Ben et moi avions imaginé divers scénarios avant la réunion, si bien que l'intervention de Peter ne m'a pas pris de court.

« Je suggère que nous organisions une petite conférence, ici, à l'Institute. Nous inviterions des physiciens, travaillant dans des domaines liés à ceux qui nous préoccupent, à écouter des mathématiciens leur présenter l'état de l'art actuel en matière de programme de Langlands. Nous discuterions ensuite ensemble des liens possibles avec la physique quantique. »

Tous les regards se sont ensuite tournés vers Witten, le doyen des physiciens quantiques. De sa réaction dépendait le reste.

L'aura intellectuelle de Witten, qui en impose par ailleurs physiquement du fait de sa grande taille, intimide souvent ses interlocuteurs. Il parle en présentant ses arguments de façon très précise, sans à-peu-près, comme émanant d'une logique implacable. Il n'hésite jamais à prendre le temps de méditer sa réponse. Dans ces moments-là, il ferme les yeux et penche la tête en avant. Très précisément ce qu'il était en train de faire...

Chacun attendait patiemment. Cette pause, qui dura sans doute moins d'une minute, m'a semblé une éternité. Witten a finalement pris la parole : « Ça me paraît une bonne idée. Pour quand la voyez-vous, cette petite conférence ? »

Ben, Kari et moi n'avons pu nous empêcher de nous regarder. Grande victoire, Witten était à bord !

Après une brève discussion, nous avons trouvé une date qui convenait à tous : ce serait du 8 au 10 mars 2004. Quant à la liste des orateurs et des auditeurs prévus, nous avons lancé quelques pistes et nous sommes accordés pour compléter la liste par courriel avant d'envoyer les invitations dans la foulée. Fin de la réunion. Elle n'avait pas duré plus de quinze minutes.

Inutile de dire que Ben, Kari et moi étions très heureux. Witten nous avait promis son aide pour l'organisation de la conférence, ce qui, bien sûr, ferait son petit effet sur les invités, sans compter qu'il y participerait aussi activement. Nous espérions aussi que Langlands contribue, ainsi que d'autres mathématiciens ou physiciens de l'Institute qui s'intéressaient au sujet. Mais en tout cas, nous avions atteint notre premier but.

Dans les jours qui ont suivi, nous avons finalisé la liste de participants. Les invitations sont parties une semaine plus tard. La lettre disait :

> Vous êtes invités à participer à un workshop informel sur Le Programme de Langlands et la Physique, qui se tiendra à l'Institute for Advanced Study du 8 au 10 mars 2004. Le but de ce workshop est d'introduire les physiciens aux récents développements du programme de Langlands géométrique en vue d'explorer les liens potentiels de ce sujet avec la théorie quantique des champs. Nous prévoyons des exposés introductifs donnés par des mathématiciens et de longs temps libres pour des discussions informelles. Ce workshop est financièrement soutenu par une subvention de la DARPA.

Ce genre de conférences compte normalement de cinquante à cent participants. Le plus souvent, les orateurs parlent devant un public qui se contente d'écouter poliment. Quelques auditeurs posent parfois des questions à la fin de l'exposé, d'autres poussent la discussion avec l'intervenant un peu plus tard. Nous voulions une manifestation différente, plus dynamique : une séance de brainstorming plutôt qu'une conférence classique. Nous avons donc visé une réunion d'une vingtaine de personnes, espérant, par ce format plus modeste, favoriser les interactions et les conversations informelles entre participants.

Nous avions déjà organisé une conférence réduite de ce type en novembre 2003, à l'université de Chicago. Seul un petit nombre de mathématiciens avaient été invités, dont Drinfeld et Beilinson, qui occupaient un poste de professeur dans cette institution depuis quelques années. Ce premier essai s'était montré concluant.

Nous avons décidé que Kari, Mark Goresky et moi-même parlerions, ainsi que mon ancien étudiant de thèse, David Ben-Zvi, désormais professeur à l'université du Texas à Austin. Nous avons divisé le sujet en quatre parties, que nous nous sommes partagées. Nos exposés devaient transmettre les principales idées du programme de Langlands à des physiciens non familiers de la question. Pas si facile !

*

J'ai profité de la préparation de ma conférence pour creuser la question de la dualité électromagnétique. Nous connaissons tous les forces électriques et magnétiques. Grâce à la première, les objets électriquement chargés s'attirent ou se repoussent mutuellement, selon que leur charge est de même signe ou de signe opposé. Un électron, par exemple, porte une charge négative, tandis que le proton porte une charge positive, de même valeur absolue. La force électrique fait tourner l'électron autour du noyau de l'atome. Une force électrique crée ce qui se nomme un *champ électrique.* Nous en avons tous vu en action au cours d'un orage, par les éclairs qu'ils produisent quand de l'air humide les traverse.

Photo Shane Lear. NOAA Photo Library.

La force magnétique provient d'une source différente : c'est la force créée par un aimant ou par le déplacement de particules électriquement chargées. Un aimant présente un pôle nord et un pôle sud. Deux aimants placés en vis-à-vis se repoussent quand deux pôles identiques se font face et s'attirent quand les pôles sont opposés. La Terre se comporte en aimant gigantesque. Nous tirons parti de la force magnétique qu'elle exerce quand nous utilisons une boussole pour nous repérer. Un aimant produit un champ magnétique, clairement illustré sur la photo qui suit.

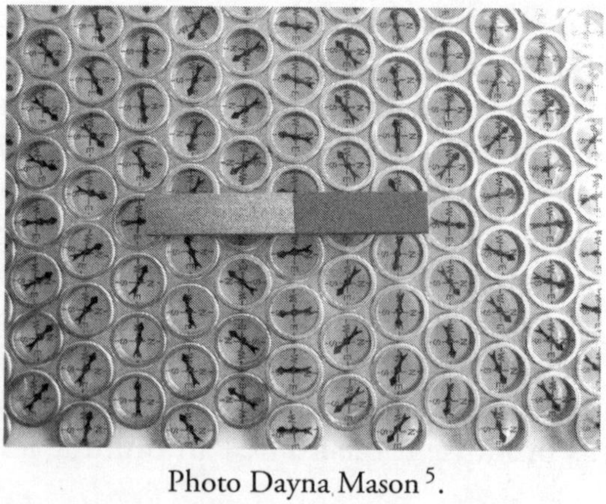

Photo Dayna Mason [5].

Dans les années 1860, le physicien anglais James Clerk Maxwell a conçu une théorie mathématique très élaborée des champs magnétiques et électriques, qu'il a décrits par un système d'équations différentielles – les célèbres *équations de Maxwell*.

Loin d'attendre la longueur et la complexité que l'on pourrait soupçonner, ce système frappe par sa relative simplicité : il est seulement constitué de quatre équations, affichant un air étonnamment symétrique de surcroît. Il se trouve en fait qu'en l'absence de matière, dans le vide, l'interversion des champs électriques et magnétiques n'affecte pas la forme des équations [6]. En d'autres termes, cette permutation des deux champs constitue une symétrie du système. Elle se nomme *dualité électromagnétique.* La relation entre champ magnétique et électrique est symétrique : chacun affecte l'autre de la même façon.

Ces magnifiques équations de Maxwell décrivent la théorie *classique* de l'électromagnétisme, en ce sens que la théorie fonctionne très bien à grande distance et à basse énergie. Mais pour des distances plus courtes et des énergies plus hautes, le comportement des deux champs se décrit par la théorie *quantique* de l'électromagnétisme. Dans ce formalisme, les champs sont portés par des particules élémentaires, les photons, qui interagissent avec d'autres particules. Cette théorie porte plus précisément le nom de *théorie quantique des champs.*

Par souci de clarté, j'ajoute que l'expression « théorie quantique des champs » désigne tantôt le langage mathématique général utilisé pour décrire l'interaction des particules élémentaires, tantôt des modèles plus particuliers : l'électromagnétisme quantique, par exemple, est une théorie quantique des champs. J'utiliserai le plus souvent l'expression dans ce dernier sens.

Dans toute théorie, ou modèle, de ce type, certaines particules, comme les électrons et les quarks, constituent les briques de la matière quand d'autres, comme les photons, conduisent les forces. Chaque particule présente diverses caractéristiques, certaines familières, comme la masse ou la charge électrique, d'autres un peu plus exotiques, comme le spin. Dans ce contexte, une théorie quantique des champs particulière est une recette qui décrit la manière dont se combinent ces différents paramètres.

Ce terme de « recette » nous suggère d'ailleurs de pousser un peu plus loin l'analogie : une théorie quantique des champs se compare au fond à une recette de cuisine, où les particules jouent le rôle des ingrédients et leurs interactions, la façon dont nous les mélangeons.

Prenons par exemple la recette du bortsch, une soupe traditionnelle russe. Celui de ma mère, bien sûr, est le meilleur du monde. En voici une assiette, prise en photo par mon père :

Comme je ne peux, évidemment, dévoiler les grands secrets de fabrication de ma chère maman, voici une recette de bortsch dégottée sur un site en ligne :

2 L de bouillon – de bœuf ou de légumes ;
1 tranche d'une livre de jarret de bœuf ;
1 gros oignon ;
4 grosses betteraves, pelées ;
4 carottes, pelées ;
1 grosse pomme de terre, pelée ;
500 g de chou tranché ;
75 g tasse d'aneth frais, haché ;
3 cuillères à soupe de vinaigre de vin rouge ;
175 g de crème ;
sel ;
poivre.

Si le « contenu particulaire » de notre théorie quantique des champs correspondait aux ingrédients de cette recette, à quoi équivaudrait la dualité ? Simplement au fait que la permutation de certains ingrédients – certaines particules – ne modifie pas la recette globale.

Dans ce cas précis, voici comment la dualité pourrait se représenter :

betterave $\longrightarrow$ carotte
carotte $\longrightarrow$ betterave
oignon $\longrightarrow$ pomme de terre
pomme de terre $\longrightarrow$ oignon
sel $\longrightarrow$ poivre
poivre $\longrightarrow$ sel

La dualité laisse inchangés les autres ingrédients, soit :

bouillon $\longrightarrow$ bouillon
jarret de bœuf $\longrightarrow$ jarret de bœuf

et ainsi de suite.

Comme les quantités d'ingrédients permutées sont identiques, la recette donne le même plat ! Tel est le sens de la dualité...

Si nous avions permuté les betteraves et les pommes de terre, nous aurions obtenu une autre recette, avec quatre pommes de terre et seulement une betterave. Pas besoin de tester : je suis sûr que ça donnerait une soupe bien moins savoureuse.

Cet exemple montre que la symétrie d'une recette est une propriété précieuse, une source d'enseignement essentielle sur la nature du plat. Que la permutation des carottes et des betteraves n'affecte pas la qualité du plat témoigne d'un équilibre entre ces deux ingrédients.

Pour en revenir à l'électromagnétisme quantique, dire que cette théorie présente une dualité revient à dire qu'il existe une façon de permuter les particules sans modifier le résultat de la théorie. Une dualité électromagnétique sous-entend de plus que toutes les « choses électriques » prennent la place des « choses magnétiques » et vice versa. Un électron, par exemple, qui porte une charge électrique, doit s'échanger avec une particule qui porte une charge magnétique.

Une particule de ce type ne s'observe pas dans la vie quotidienne : un aimant présente toujours deux pôles, inséparables... Casser un aimant en deux morceaux produit encore deux aimants, chacun avec leurs deux pôles.

Il n'en demeure pas moins que l'existence d'une particule élémentaire magnétiquement chargée, appelée monopôle, a été théorisée par les physiciens, à commencer par Paul Dirac, l'un des fondateurs de la physique quantique, en 1931. Il montra que si le champ magnétique présentait à la position du monopôle une propriété spéciale – une *singularité* pour employer le terme mathématique – alors ce dernier porterait une charge magnétique.

Les monopôles magnétiques n'ont hélas pas été découverts expérimentalement, de sorte que nous ne savons pas s'ils existent ou non dans la nature, c'est-à-dire si la nature vérifie ou non une dualité électromagnétique exacte au niveau quantique.

Le débat n'est pas encore clos. Nous pouvons tout de même essayer de construire une théorie quantique des champs relativement proche de la nature qui exhibe une dualité électromagnétique. Pour reprendre notre analogie culinaire, nous pouvons essayer de modifier la recette, d'ajouter ou de soustraire certains ingrédients, de modifier leur quantité, etc. Ce type de cuisine expérimentale conduit à des résultats inégaux, pas toujours dignes d'être servis à table. Mais que les plats se révèlent finalement appétissants ou non, ce temps passé derrière nos fourneaux imaginaires nous apporte de nouvelles idées pour en préparer de meilleurs, de nouveaux indices pour bâtir des modèles décrivant notre univers.

Ce cheminement par tâtonnement a déjà fait ses preuves en physique quantique depuis des décennies – comme il l'a fait depuis bien plus longtemps en art culinaire. Et la symétrie est un principe directeur merveilleux pour construire ce type de modèles. Leur analyse est d'ailleurs d'autant plus facile qu'ils présentent de symétries.

À ce stade, il est important de noter que les particules élémentaires se partagent en deux classes : les fermions, comme les électrons, les quarks, etc. qui constituent la matière, et les bosons, comme les photons ou la discrète particule de Higgs, récemment découverte grâce au Grand collisionneur de hadrons, qui transportent les forces.

Ces deux types de particules se distinguent par une propriété fondamentale : contrairement aux bosons, deux fermions ne peuvent pas se trouver simultanément dans le même « état ». Cette différence radicale conduit depuis longtemps les physiciens à postuler que toute symétrie d'une théorie quantique des champs doit préserver la segmentation entre fermion et bosons – la nature commande de ne pas les mélanger. Rien n'interdit cependant, comme l'ont suggéré plusieurs physiciens au milieu des années 1970, de permuter bosons et fermions. Cette idée apparemment un peu farfelue porte le nom de *supersymétrie.*

Une remarque que Niels Bohr, l'un des fondateurs de la mécanique quantique, a adressé un jour à Wolfgang Pauli est restée célèbre : « Nous sommes tous d'accord sur le fait que ta théorie est folle. La question qui nous divise est de savoir si elle est suffisamment folle pour être vraie. »

L'idée de supersymétrie, quand bien même nous ne savons pas si la nature la vérifie, a acquis une certaine popularité. Son introduction offre l'avantage d'éliminer un grand nombre de problèmes qui gangrènent les théories quantiques des champs conventionnelles. Les théories supersymétriques sont généralement plus élégantes et plus faciles à étudier.

L'électromagnétisme quantique n'est pas à proprement parler un modèle supersymétrique. Par l'injection de particules supplémentaires, des bosons comme des fermions, il peut toutefois le devenir.

Les physiciens ont en particulier étudié l'extension de l'électromagnétisme qui possède la plus grande supersymétrie possible. Et dans ce cadre théorique, ils ont montré que la dualité électromagnétique apparaissait bien.

Pour résumer, nous ne savons pas si une forme de dualité électromagnétique quantique existe dans le monde réel, mais nous savons qu'elle se manifeste dans une extension supersymétrique idéalisée de la théorie.

Cette dualité présente un aspect important dont nous n'avons pas encore discuté. La théorie quantique des champs de l'électromagnétisme dépend d'un paramètre : la charge électrique de l'électron. Comme elle est négative, nous l'écrivons habituellement sous la forme $-e$, où $e = 1{,}602 \cdot 10^{-19}$ coulomb, soit une valeur très faible. L'extension supersymétrique maximale de l'électromagnétisme dépend d'un paramètre similaire, que nous désignerons aussi par e. Par la dualité électromagnétique qui consiste à permuter l'électrique et le magnétique, nous obtenons une théorie au sein de laquelle la charge de l'électron ne vaut plus e, mais son inverse, $1/e$.

Or, si *e* est petit, $1/e$ est grand. En partant donc d'un monde aux électrons faiblement chargés comme le nôtre, nous arrivons dans la théorie duale à des électrons fortement chargés.

C'est là une surprise immense ! Pour reprendre notre métaphore culinaire, imaginons que *e* représente la température de la soupe. Alors la dualité équivaudrait à ce que la permutation d'ingrédients comme les carottes et les betteraves convertisse soudainement un bortsch froid en un bortsch chaud.

L'inversion de *e* par la dualité électromagnétique porte sérieusement à conséquence. La théorie quantique des champs est bâtie de telle façon que nous ne la maîtrisons à peu près que pour les petites valeurs de paramètres comme *e*. Nous ne savons même pas *a priori* si la théorie a un sens pour de grandes valeurs. Or non seulement la dualité électromagnétique nous dit que la théorie a un sens, mais qu'elle est équivalente à la théorie pour des petites valeurs du paramètre. S'ouvre ainsi la possibilité de décrire la théorie pour toutes les valeurs du paramètre. Voilà pourquoi ce type de dualité est considéré comme un Graal de la physique quantique !

*

La question qui se pose ensuite est de savoir si la dualité électromagnétique se manifeste aussi pour les autres théories quantiques des champs, pas seulement pour l'électromagnétisme et son extension supersymétrique.

En dehors des forces électriques et magnétiques, trois autres forces se recensent dans la nature : la gravité, que nous connaissons et ressentons tous, et les deux forces nucléaires, affublées de qualificatifs tristement banals : la force nucléaire forte, qui lie les quarks à l'intérieur de particules élémentaires comme les protons et les neutrons, et la force nucléaire faible, à l'origine de divers processus transformant les atomes et les particules élémentaires, comme la *désintégration bêta*, au cours de laquelle sont émis des électrons ou des neutrinos, ou la fusion de l'hydrogène, l'énergie des étoiles.

Au premier regard, ces quatre forces paraissent bien distinctes. Il s'avère cependant que les théories décrivant l'électromagnétisme et les forces nucléaires présentent un point commun : ce sont précisément des théories de jauge, ou encore des *théories de Yang-Mills*, du nom des physiciens Chen Ning Yang et Robert Mills, qui ont publié un article fondateur à leur sujet en 1954. Comme je l'ai indiqué au début de ce chapitre, une théorie de jauge possède un groupe de symétrie, appelé le groupe de jauge, qui est un groupe de Lie, concept évoqué dans le chapitre 10. Le groupe de jauge de la théorie de l'électromagnétisme est le groupe que j'ai introduit au tout début de ce livre, le plus simple des groupes de Lie, un groupe abélien : le cercle – aussi désigné par $SO(2)$ ou $U(1)$. Pour avoir déjà rencontré $SO(3)$, le groupe des rotations de la sphère, nous savons qu'il existe de nombreux groupes non abéliens. L'idée de Yang et Mills a été de généraliser l'électromagnétisme en remplaçant le cercle par un groupe non abélien. Il s'avère que les théories de jauge à groupe de jauge non abélien modélisent avec précision les forces nucléaires faibles et fortes.

Le groupe de jauge de la théorie de la force faible est le groupe appelé $SU(2)$. C'est le groupe dual de Langlands de $SO(3)$, deux fois plus grand que ce dernier, que nous avons rencontré au chapitre 15. Le groupe de jauge de la force nucléaire forte est appelé $SU(3)$ [7].

Le formalisme universel des théories de jauge permet donc de décrire trois des quatre forces fondamentales de la nature – les forces électriques et magnétiques comptent pour une unique force électromagnétique. Dans les années suivantes, les chercheurs ont en outre compris que ces trois théories qui semblaient séparées faisaient partie d'un tout : une théorie, aujourd'hui communément baptisée Modèle standard, qui intègre les trois forces comme autant de pièces. En ce sens, il s'agit d'une « théorie d'unification », du type de celle qu'Einstein a cherchée en vain durant les trente dernières années de sa vie – même si on ne connaissait à son époque que l'électromagnétisme et la gravité.

Nous avons déjà longuement évoqué l'importance de l'idée d'unification en mathématiques. Le programme de Langlands, par exemple, est une théorie d'unification dans la mesure où il décrit de façon similaire une large gamme de phénomènes dans différents domaines des mathématiques. L'idée de bâtir une théorie d'unification à partir d'un nombre aussi restreint que possible de principes est naturellement séduisante en physique. Nous souhaiterions parvenir à une compréhension totale du fonctionnement interne de l'Univers grâce à une théorie qui, si elle existe, joigne la simplicité à l'élégance.

Simplicité et élégance ne veut pas dire facile. Comprendre en profondeur les équations de Maxwell, par exemple, nécessite un effort certain. Mais ces équations sont simples en ce sens qu'elles décrivent les forces électriques et magnétiques avec beaucoup d'économie. Elles sont aussi élégantes. De même que les équations de la gravité d'Einstein et les équations des théories de jauge non abéliennes fondées par Yang et Mills. Une théorie d'unification devrait les intégrer toutes, à la manière d'une symphonie qui entrelace les voix de ses différents instruments.

Le Modèle standard marque un pas certain dans cette direction. Sa confirmation expérimentale, couronnée par la récente découverte du boson de Higgs, est à juste titre considérée comme un triomphe. Mais ce n'est pas la théorie ultime de l'Univers. D'une part parce que ce modèle n'intègre pas la force de gravité, la plus rebelle de toutes. Grâce à la théorie de la relativité générale posée par Einstein, nous connaissons bien la gravité classique, celle qui opère à grande distance, mais nous manquons encore d'une théorie quantique, expérimentalement testable, qui décrirait la gravité sur des distances très petites. Et même en se restreignant aux trois autres forces naturelles, le Modèle standard échoue encore à répondre à de nombreuses questions et à rendre compte d'une grande partie de la matière observée par les astronomes – la fameuse « matière noire ». Le Modèle standard se pose donc en version préliminaire de la symphonie ultime.

Quelle que soit sa forme finale, la partition de la symphonie sera certainement écrite en langage mathématique. En fait, après que Yang et Mills eurent rédigé le célèbre article par lequel ils introduisaient les théories de jauge non abéliennes, les physiciens s'aperçurent à leur grand étonnement que le formalisme nécessaire à l'expression de ces théories avait été développé par les mathématiciens des décennies auparavant, et cela sans se référer à aucun phénomène naturel. Yang, qui avait obtenu le prix Nobel, a ainsi décrit le sentiment qui l'envahit alors :

> [Ce] n'était pas seulement de la joie. Il y avait quelque chose en plus, quelque chose de plus profond : après tout, quoi de plus

> mystérieux, quoi de plus sublime que de trouver que la structure du monde physique est intiment liée à de puissants concepts mathématiques, des concepts développés à partir de considérations fondées sur la seule logique et la seule beauté de la forme [8] ?

Albert Einstein exprime au fond le même type d'émerveillement quand il demande : « Comment est-il possible que la mathématique, qui est un produit de la pensée humaine et indépendante de toute expérience, puisse s'adapter d'une si admirable manière aux objets de la réalité [9] ? » Si les concepts utilisés par Yang et Mills pour décrire les forces naturelles sont apparus auparavant en mathématiques, c'est parce qu'ils étaient aussi naturels à leur façon, au sein du paradigme que les mathématiciens développaient en suivant la logique interne de la géométrie. C'est là un grand exemple de ce qu'un autre prix Nobel, le physicien Eugene Wigner, nommait « la déraisonnable efficacité des mathématiques dans les sciences naturelles [10] ». Bien que les chercheurs aient exploité cette « efficacité » depuis des siècles, ses racines sont encore mal comprises. Les vérités mathématiques semblent exister objectivement et indépendamment du monde physique et du cerveau humain. Les liens profonds entre le monde des idées mathématiques, la réalité physique et la conscience humaine, si leur existence ne fait aucun doute, restent encore largement à explorer – nous en reparlerons dans le chapitre 18.

Dépasser le Modèle standard nécessite de nouvelles idées. La supersymétrie en est une. Sa présence dans notre Univers fait encore l'objet d'un intense débat. À ce jour, aucune trace n'en a été détectée. Comme une théorie se juge en dernier recours à l'épreuve du réel, ses qualités esthétiques importeront peu tant qu'elle manquera d'une confirmation expérimentale. Mais quand bien même la supersymétrie ne se trouverait pas vérifiée par notre monde, son outillage mathématique pourra servir à bâtir commodément de nouveaux modèles de physique quantique. Ces modèles, tout en différant sans doute un peu de ceux qui régissent la physique du monde réel, sont souvent plus faciles à analyser grâce à ce haut degré de symétrie qu'ils affichent. On peut espérer que le savoir acquis par ces théories contribue à développer des modèles réalistes de l'Univers, que la supersymétrie existe ou non.

Les théories de jauge non abéliennes, tout comme la théorie de l'électromagnétisme, admettent des extensions supersymétriques maximales. Ces théories supersymétriques s'obtiennent en ajoutant des bosons et des fermions jusqu'à atteindre le plus parfait équilibre particulaire. Il est alors naturel de se demander si un analogue de la dualité électromagnétique se manifeste pour ces théories.

Les physiciens Claus Montonen et David Olive se sont attaqués à la question à la fin des années 1970 [11]. En se fondant sur des travaux de Peter Goddard, le futur directeur de l'Institute for Advanced Study, de Jean Nuyts et de ce même David Olive, ils sont arrivés à une conclusion surprenante : oui, il existe une dualité électromagnétique pour les théories de jauge non abéliennes supersymétriques ; cependant, ces théories ne sont pas autoduales en général, comme l'est celle de l'électromagnétisme [12]. Comme nous l'avons vu plus haut, en remplaçant dans l'électromagnétisme tout ce qui est électrique par tout ce qui est magnétique et vice versa, nous retombons sur la même théorie, avec une charge inverse pour l'électron. En effectuant la même opération pour une théorie de jauge supersymétrique, de groupe de jauge G, nous obtenons en général une théorie *différente*. Toujours une théorie de jauge, mais avec un groupe de jauge différent – et un paramètre inversé, comparable à la charge de l'électron.

Et quel est le groupe de jauge de la théorie duale ? Le groupe dual de Langlands ${}^LG$ du groupe G…

C'est ce qu'ont découvert Goddard, Nuyts et Olive en analysant avec soin les charges électriques et magnétiques dans la théorie de jauge de groupe de jauge G. En électromagnétisme, théorie qui admet le cercle pour groupe de jauge, les valeurs sont entières pour les deux charges. Comme les permuter correspond à permuter un ensemble d'entiers, rien ne change. Mais pour une théorie de jauge en général, ont-ils montré, les charges électriques et magnétiques prennent leur valeur dans deux ensembles différents, disons S_e et S_m, qui peuvent être exprimés mathématiquement en fonction du groupe de jauge G – d'une manière qui ne nous importe pas ici [13].

Il se trouve que la dualité électromagnétique transforme S_e en S_m et S_m en S_e. La question se pose donc de savoir s'il existe un groupe G', pour lequel S_e et S_m sont respectivement ce qu'étaient S_m et S_e à G – et vérifiant aussi quelques règles de compatibilité. La réponse n'a rien d'évident. En l'espèce, ils ont montré que ce groupe existe et ont même donné une méthode pour le fabriquer. Ils ignoraient à l'époque que G' avait déjà été construit par Langlands une décennie auparavant, sur des motivations entièrement différentes. Car le groupe G' n'est rien d'autre que le groupe dual de Langlands ${}^LG$!

Pourquoi la dualité électromagnétique conduit-elle au même groupe dual de Langlands découvert par les mathématiciens dans un contexte totalement différent ? Telle était la grande question à laquelle nous allions nous frotter lors de la conférence organisée à Princeton.

17

DES CONNEXIONS RÉVÉLÉES

Princeton, à une heure de train de New York, est une ville typique du nord-est des États-Unis. L'Institute for Advanced Study, que la communauté scientifique nomme simplement « L'Institute », est bâti un peu à l'écart, littéralement dans les bois. La paix règne en ce charmant coin de nature : des canards nagent ici et là dans de petits étangs, les arbres se reflètent à la surface d'une eau que rien ne trouble. L'Institute, composé d'un groupe de bâtiments en brique à deux ou trois étages, tout à fait dans le style des années 1950, rayonne de puissance intellectuelle. On ne peut en emprunter les couloirs feutrés ni déambuler dans la principale bibliothèque, qui fut fréquentée par Einstein, entre autres géants, sans se laisser pénétrer par son histoire exceptionnelle.

C'est en ce lieu unique que s'est tenue notre conférence de mars 2004. Malgré la concision de notre annonce, les réponses aux invitations lancées au mois de décembre précédent avaient été largement positives. Nous étions une vingtaine – un nombre suffisamment réduit pour que, en guise de prélude, je demande à chacun de se présenter. Je devais presque me pincer pour y croire : il y avait là Witten et Langlands, assis l'un à côté de l'autre ; il y avait aussi Peter Goddard, et plusieurs de leurs collègues de la School of Mathematics et de la School of Natural Sciences de l'Institute. David Olive, coauteur des articles Montonen-Olive et Goddard-Nuyts-Olive déjà cités, ainsi que Ben Mann, bien sûr, assistaient aussi à la rencontre.

Tout s'est déroulé comme prévu. Nous avons, pour l'essentiel, retracé l'histoire racontée dans ce livre : les origines du programme de Langlands en théorie des nombres et en analyse harmonique, le passage aux courbes sur des corps finis, puis aux surfaces de Riemann. Nous avons aussi passé un certain temps à expliquer les constructions de Beilinson-Drinfeld, mon travail avec Feigin sur les algèbres de Kac-Moody, ses liens avec les théories quantiques des champs bidimensionnelles...

Les échanges entre le public et les orateurs ont été bien plus nourris que lors d'une conférence traditionnelle. Cela a été une rencontre au vrai sens du terme ; les conversations allaient bon train entre la salle de séminaire et la caféteria.

Witten s'est montré au meilleur de sa forme. Assis au premier rang, il s'est d'abord comporté en auditeur actif, écoutant avec attention tout en posant une foule de questions. Au matin du troisième jour, il est venu me trouver pour me dire qu'il aimerait bien parler dans l'après-midi : « Je crois que j'ai une petite idée de ce qui se passe... »

Après le déjeuner, il nous a décrit les grandes lignes d'une connexion possible entre le programme de Langlands et la dualité quantique. Cet exposé a été le point de départ d'une toute nouvelle théorie qui a jeté un pont entre les mathématiques et la physique et que lui, ses collaborateurs et beaucoup d'autres, ont développée depuis lors.

Comme nous l'avons déjà vu, la version géométrique du programme de Langlands, sur la troisième colonne de la pierre de Rosette de Weil, concerne les surfaces de Riemann. Ces formes géométriques, ces variétés, sont toutes bidimensionnelles. La sphère, par exemple, la plus simple des surfaces de Riemann, se décrit par deux coordonnées : la latitude et la longitude. C'est par ce nombre « deux » qu'elle est bidimensionnelle. De même, toute autre surface de Riemann est bidimensionnelle en ce sens que tout voisinage d'un point ressemble à un petit morceau du plan, que ce voisinage se décrit donc par deux coordonnées indépendantes.

D'un autre côté, une théorie de jauge, siège de la dualité électromagnétique, est définie sur l'espace-temps, qui est de dimension quatre. Pour jeter un pont entre les deux domaines, Witten a donc commencé par opérer une « réduction dimensionnelle » sur la théorie de jauge, la faisant ainsi passer de dimension quatre à dimension deux.

La réduction dimensionnelle est un outil standard en physique. La méthode consiste à approcher un modèle physique donné en se focalisant sur certains degrés de liberté tout en ignorant les autres. Supposons par exemple que nous voyagions en avion et qu'une hôtesse, debout dans l'allée, nous tende un verre d'eau. Pour simplifier, supposons en outre que le mouvement du bras de l'hôtesse est perpendiculaire à celui de l'avion. La vitesse du verre d'eau présente deux composantes : la vitesse de l'avion et la vitesse de la main de l'hôtesse. Mais quand il s'agit de décrire le mouvement du verre dans l'air du point de vue d'un observateur à terre, la première compte bien plus que la seconde. Il est donc parfaitement possible d'ignorer la seconde composante de la vitesse et de prétendre simplement que le verre se déplace comme l'avion. Le problème bidimensionnel se réduit ainsi à un problème unidimensionnel, avec, pour seule composante, celle qui domine.

Dans notre contexte, il faut d'abord considérer la variété obtenue en faisant le produit de deux surfaces de Riemann. Par « produit », on entend ici que la variété, la nouvelle forme géométrique, se décrit en réunissant les coordonnées des deux surfaces.

Prenons l'exemple beaucoup plus simple du produit de deux droites. Comme chaque droite se décrit par une coordonnée, leur produit se décrit par deux coordonnées indépendantes. Il s'agit en l'occurrence d'un plan, dont chaque point se représente par un couple de coordonnées – les coordonnées des deux droites, prises ensemble.

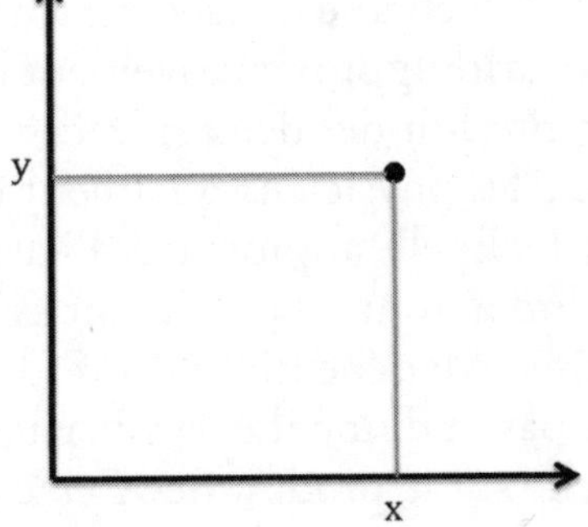

De la même façon, le produit d'une ligne et d'un cercle forme un cylindre. Cet objet se décrit lui aussi par deux coordonnées, l'une circulaire, l'autre linéaire.

Les dimensions s'additionnent lors d'un produit. Dans les exemples que nous venons de voir, les deux objets de dimension un initiaux donnent un produit de dimensions deux. Pour prendre un cas différent, le produit d'une droite et d'un plan est l'espace tridimensionnel. Sa dimension vaut 1 + 2, soit 3.

De la même manière, la dimension du produit de deux surfaces de Riemann est la somme de leur dimension, c'est-à-dire 2 + 2, soit 4. Si une surface de Riemann se laisse dessiner, comme le montrent les quelques échantillons présentés plus haut, il en va autrement d'une variété de dimension quatre. Il faut donc l'étudier mathématiquement, par des méthodes que nous avons déjà utilisées pour les formes géométriques de dimension plus basse, plus facilement visualisables. Ici encore s'illustre la puissance de l'abstraction mathématique, dont nous avons déjà parlé dans le chapitre 10.

Supposons maintenant que l'une des deux surfaces de Riemann, notée X, soit bien plus petite que l'autre, notée Σ. Les degrés de liberté effectifs se concentreront alors sur Σ, ce qui nous permettra de décrire approximativement la théorie quadridimensionnelle sur le produit des deux surfaces par une théorie sur Σ. Cette théorie, que les physiciens qualifient de théorie *effective*, sera bidimensionnelle. Et elle approchera d'autant la première que nous pourrons réduire X tout en préservant sa forme – notons ici que cette théorie effective dépendra encore de la forme de X. Il est ainsi possible de passer d'une théorie de jauge supersymétrique quadridimensionnelle sur le produit de X et Σ à une théorie bidimensionnelle définie sur Σ.

Avant de regarder cette théorie de plus près, il nous faut d'abord préciser ce que nous entendons par une théorie quantique des champs en général. L'électromagnétisme, par exemple, s'applique à un champ électrique ou magnétique dans l'espace tridimensionnel, et plus précisément à ce que les mathématiciens nomment un *champ de vecteurs.* À titre d'analogie, comparons un champ de vecteurs au souffle du vent : en un point de l'espace, le vent souffle dans une direction particulière avec une intensité particulière, deux propriétés représentées par une flèche (direction) plus ou moins longue (intensité) attachée au point, flèche que les mathématiciens nomment un *vecteur.* Pris collectivement, les vecteurs attachés à tous les points de l'espace définissent un champ de vecteurs. Nous avons tous déjà vu des champs de vecteurs représentant le vent sur des cartes météo.

De la même manière, un champ magnétique donné agit selon une direction particulière et une force particulière en chacun des points de l'espace – voyez encore la figure de la page 246. Un champ magnétique est donc aussi un champ de vecteurs. En d'autres termes, nous disposons d'une règle qui à tout point de notre espace tridimensionnel assigne un vecteur, ou encore, pour reprendre le terme employé par les mathématiciens, d'une *application* de l'espace de dimension trois dans l'espace vectoriel de dimension trois. Et en suivant l'évolution d'un champ magnétique donné au cours du temps – de la même façon que nous observerions l'évolution d'une carte météo à la télévision –, nous obtenons en fait une application de l'espace-temps quadridimensionnel dans l'espace vectoriel tridimensionnel. De même, tout champ électrique évoluant avec le temps se représente par une application de l'espace-temps quadridimensionnel dans l'espace vectoriel tridimensionnel. L'électromagnétisme est une théorie qui décrit mathématiquement ces deux classes d'applications.

En électromagnétisme classique, on ne s'intéresse qu'aux applications qui correspondent aux solutions des équations de Maxwell. En électromagnétisme quantique, on prend en compte *toutes* les applications. Un calcul en théorie quantique des champs demande de sommer sur toutes les applications possibles. Chaque application, toutefois, est affectée d'un poids, c'est-à-dire multipliée par un certain facteur, et ces poids sont définis de façon à ce que les applications correspondant aux solutions des équations de Maxwell contribuent plus que les autres.

Les applications de l'espace-temps dans divers espaces vectoriels apparaissent dans de nombreuses autres théories quantiques des champs : dans les théories de jauge non abéliennes, notamment. Toutes les théories quantiques des champs ne se fondent pas sur les vecteurs, cependant. Il existe une classe de théories quantiques des champs, dite des *modèles sigma*, pour laquelle on considère les applications de l'espace-temps dans une variété – une sphère, par exemple. Cette variété se nomme la *variété cible*. Bien que les modèles sigma aient été d'abord étudiés dans le cadre de l'espace-temps quadridimensionnel, il est parfaitement possible de le remplacer par une variété de dimension quelconque. Nous pouvons par exemple choisir une surface de Riemann bidimensionnelle comme espace-temps et le groupe de Lie $SO(3)$ comme variété cible. Le modèle sigma correspondant décrira les applications de cette surface de Riemann dans $SO(3)$.

La figure ci-dessous représente une telle application : la flèche symbolise une règle qui assigne à chaque point de la surface de Riemann, à gauche, un point de la variété cible, à droite.

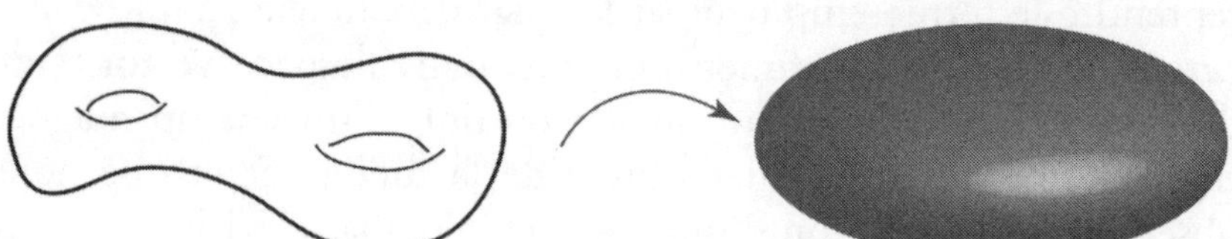

En modèle sigma classique, on ne considère que des applications de l'espace-temps dans la variété cible qui correspondent aux solutions des équations du mouvement, les analogues des équations de Maxwell en électromagnétisme. De telles applications sont dites *harmoniques*. En modèle sigma quantique, toutes les quantités intéressantes, comme les fonctions dites de *corrélation*, sont calculées en sommant sur toutes les applications possibles, chaque application se voyant là encore pondérée, c'est-à-dire multipliée par un certain facteur prescrit.

*

Revenons maintenant à notre question : quelle théorie quantique des champs bidimensionnelle décrit la réduction dimensionnelle d'une théorie de jauge supersymétrique quadridimensionnelle à groupe de jauge G sur $\Sigma \times X$ quand nous contractons fortement X ? Il se trouve que cette théorie est une extension supersymétrique du modèle sigma des applications de Σ vers une variété cible M spécifique, qui est déterminée par la surface de Riemann X et le groupe de jauge G de la théorie de jauge originale. Afin que la notation de la variété reflète ces propriétés, désignons-la par $M(X, G)$ [1].

Comme dans le cas de la théorie des groupes – voyez le chapitre 2 –, en tombant sur ces variétés, les physiciens ont découvert que les mathématiciens les avaient précédés. Elles avaient même déjà été baptisées *espaces de modules de Hitchin*, du nom du mathématicien britannique Nigel Hitchin, professeur à l'université d'Oxford, qui avait introduit et étudié ce type d'espaces au milieu des années 1980. S'il paraît normal qu'un physicien puisse s'y intéresser, du fait qu'ils apparaissent après réduction dimensionnelle d'une théorie de jauge quadridimensionnelle, les raisons qui poussent un mathématicien à les étudier sont moins nettement évidentes.

Fort opportunément, Nigel Hitchin a raconté en détail l'histoire de sa découverte. Elle illustre parfaitement le jeu subtil qui se joue entre mathématiques et physique [2]. À la fin des années 1970, Hitchin, Drinfeld et deux autres mathématiciens, Michael Atiyah et Yuri Manin, ont étudié les équations dites *de l'instanton*, auxquelles les physiciens étaient parvenus alors en étudiant les théories de jauge. Ces équations avaient été posées dans le cadre d'un espace-temps quadridimensionnel plat. Hitchin a ensuite étudié des équations différentielles, dites du *monopôle*, dans un espace tridimensionnel plat, obtenues par une réduction dimensionnelle des équations de l'instanton de quatre à trois dimensions. Intéressantes d'un point de vue physique, ces dernières équations possédaient en outre une structure mathématique intrigante.

Dans ce cadre, il devenait naturel de regarder les équations différentielles obtenues en réduisant les équations de l'instanton de quatre à deux dimensions. Les physiciens ont hélas observé que ces équations ne possédaient que des solutions triviales dans l'espace plat bidimensionnel, le plan, aussi n'ont-ils pas poussé plus avant leur étude. Hitchin vit cependant que ces équations pouvaient s'écrire sur n'importe quelle surface *courbe*, n'importe quelle surface de Riemann, comme les surfaces en forme de donut ou de bretzel. Les physiciens étaient passés à côté de cette observation, car, à l'époque, au début des années 1980, ils ne s'intéressaient pas particulièrement aux théories quantiques des champs sur les surfaces courbes. Mais il n'avait pas échappé à Hitchin que les solutions sur ces surfaces étaient mathématiquement assez riches. Il introduisit son espace de modules $M(X, G)$ en tant qu'espace des solutions de ces équations sur une surface de Riemann X, dans le contexte d'un groupe de jauge G*. Cette variété lui parut remarquable, ne serait-ce que parce qu'elle possédait une « métrique hyper-Kählerienne », dont on ne connaissait que très peu d'exemples à l'époque. D'autres mathématiciens se sont ensuite engagés dans la voie qu'il avait ouverte.

Une dizaine d'années plus tard, les physiciens ont petit à petit commencé à prendre conscience de l'importance de ces variétés en physique quantique, même si cet intérêt n'a véritablement émergé qu'avec le travail de Witten et de ses collaborateurs, que je suis précisément en train de décrire. (Il est aussi intéressant de noter que les espaces de modules de Hitchin, qui apparaissaient originellement dans la colonne de droite de la pierre de Rosette de Weil, ont récemment trouvé des applications dans la colonne centrale, où le rôle des surfaces de Riemann est joué par les courbes sur des corps finis [3].)

L'interaction entre les mathématiques et la physique est un processus à double sens, qui enrichit les deux disciplines. À tour de rôle, chacune d'elles prend la tête et développe une idée particulière, puis la passe à l'autre, qui la regarde à sa façon. En tant que système, elles se comportent en un cercle vertueux d'influence mutuelle.

*

Désormais équipé de l'outillage développé par les mathématiciens et les physiciens, appliquons la dualité électromagnétique à la théorie de jauge quadridimensionnelle de groupe de jauge G. Nous obtenons alors la théorie de jauge de groupe de jauge ${}^L G$, le groupe dual de Langlands de G. (Rappelons qu'en appliquant

* Hitchin aime citer sur ce sujet le grand poète allemand Goethe : « Les mathématiciens sont comme les Français : quoi que vous leur disiez, ils le traduisent dans leur propre langue et le transforment en quelque chose de totalement différent. »

deux fois la dualité, nous retombons sur le même groupe G, ou, pour le dire autrement, que le groupe dual de Langlands de ${}^LG$ est G.) Les modèles sigma bidimensionnel effectifs sur Σ, associés à G et ${}^LG$, sont aussi équivalents, ou duaux, entre eux. Pour les modèles sigma, ce type de dualité est baptisé *symétrie miroir.* Dans l'un des modèles sigma, nous considérons des applications de Σ dans l'espace de modules de Hitchin $M(X, G)$ correspondant à G ; dans l'autre, nous considérons des applications de Σ dans l'espace de modules de Hitchin $M(X, {}^LG)$ correspondant à ${}^LG$. Les deux espaces de modules de Hitchin n'ont *a priori* rien à voir l'un avec l'autre, pas plus que leur modèle sigma, de sorte que cette symétrie miroir est aussi surprenante que la dualité électromagnétique des théories de jauge originales à quatre dimensions.

L'intérêt des physiciens pour les modèles sigma à deux dimensions est en partie motivé par le rôle important qu'ils jouent en théorie des cordes. Comme je l'ai mentionné dans le chapitre 10, la théorie des cordes postule que les objets fondamentaux de la nature ne sont pas des particules élémentaires ponctuelles, sans géométrie interne et de dimension nulle, mais des objets étendus de dimension un, appelés *cordes.* Certaines cordes ont leurs extrémités libres, les autres forment de petites boucles, très semblables aux lacets que nous avons rencontrés au chapitre 10.

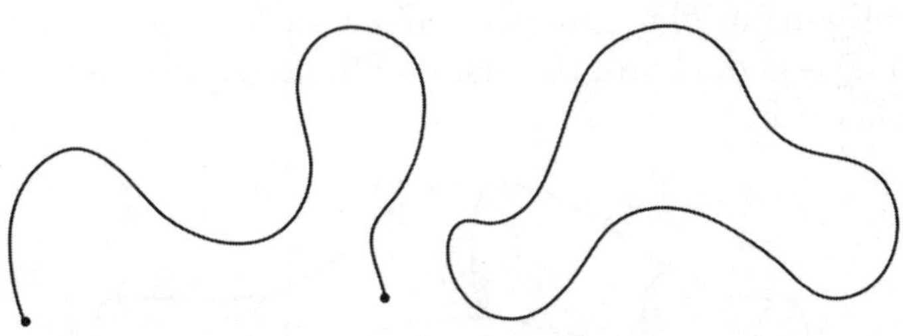

La théorie des cordes repose sur l'idée que les vibrations de ces cordes infimes créent en se propageant dans l'espace-temps les particules élémentaires et les forces qui existent entre elles.

Les modèles sigma entrent en scène dès lors que l'on s'interroge sur le déplacement des cordes. En physique standard, la trajectoire d'une particule ponctuelle en mouvement dans l'espace est un chemin unidimensionnel. La position de la particule à différents instants est représentée par des points sur ce chemin.

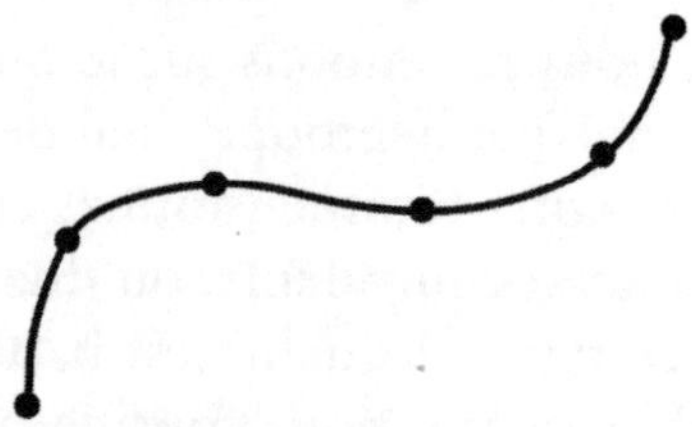

Le mouvement d'une corde en forme de boucle balaie quant à lui une surface, objet de dimension deux. La position de la corde à un instant particulier est une boucle, un lacet tracé sur cette surface.

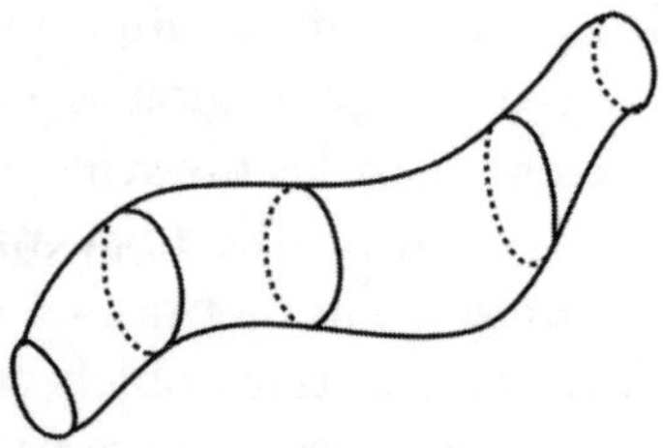

Les cordes interagissent aussi les unes avec les autres, de sorte que l'une d'entre elles, par exemple, pourra se « scinder » en deux morceaux ou plus, avant que ces morceaux ne se rassemblent, comme indiqué sur la figure suivante. On obtient ainsi une surface de Riemann plus générale, présentant un nombre arbitraire de « trous » – et des bords circulaires. Elle est baptisée *surface d'univers* de la corde.

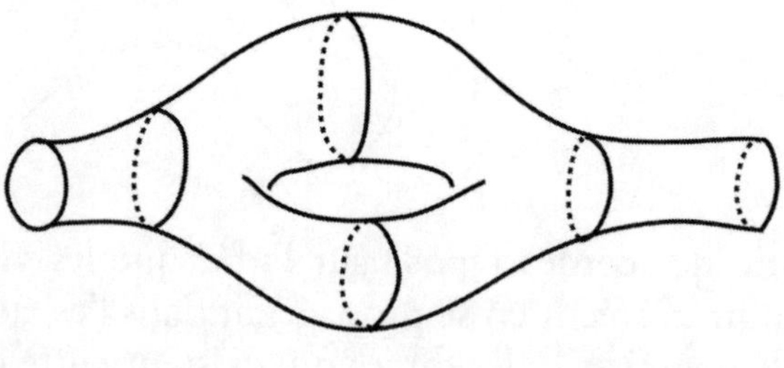

La trajectoire d'une corde se représente donc par une surface de Riemann Σ plongée dans l'espace-temps S, c'est-à-dire par une application de Σ dans S, soit précisément une application du type requis par un modèle sigma de Σ vers la variété cible S. Mais la situation s'est à présent inversée, en ce sens que l'espace-temps S

est désormais la variété cible du modèle sigma, le destinataire des applications, et non plus leur source, à l'instar des théories quantiques des champs conventionnelles, comme l'électromagnétisme.

En effectuant les calculs sur ces modèles sigma *et* en sommant ces résultats sur toutes les surfaces de Riemann Σ possibles, c'est-à-dire sur tous les chemins possibles des cordes se propageant dans un espace-temps *S* fixé [4], on peut espérer reproduire la physique observée dans cet espace-temps. Telle est l'idée de la théorie des cordes.

Il se trouve malheureusement que cette approche conduit à une théorie souffrant de vices sérieux – elle autorise en particulier l'existence de *tachyons*, des particules élémentaires qui se déplacent plus rapidement que la lumière, un phénomène prohibé par la théorie de la relativité d'Einstein. La situation s'améliore sensiblement en considérant une extension supersymétrique de la théorie des cordes. Nous obtenons alors une théorie dite des *supercordes*. Mais subsiste là encore un problème : pour être mathématiquement cohérente, la théorie des supercordes nécessite un espace-temps *S* de dimension dix, alors que celui que nous observons n'en compte que quatre – trois dimensions d'espace et une de temps.

Il se pourrait cependant que notre monde soit le produit, au sens où je l'ai expliqué plus haut, d'un espace-temps de dimension quatre que nous observons et d'une minuscule variété *M* de dimension six, trop petite pour être détectée par les instruments dont nous disposons. S'il en était ainsi, nous nous trouverions dans une situation similaire à celle sur laquelle s'opère la réduction dimensionnelle, de quatre à deux dimensions, évoquée plus haut. La théorie à dix dimensions donnerait lieu à une théorie effective en dimension quatre, avec à la clef l'espoir que cette théorie effective décrive notre Univers, en incluant notamment le Modèle standard et une théorie quantique de la gravité. Cette promesse d'unification de toutes les forces naturelles connues explique l'attrait qu'a connu la théorie des supercordes ces dernières années [5].

Reste une question : quelle serait donc cette variété *M* de dimension six ?

Pour prendre la pleine mesure du problème, supposons que la cohérence mathématique de la théorie des supercordes demande un espace dimension six plutôt que dix, soit deux dimensions de plus que l'espace-temps traditionnel. Il nous faudrait alors rechercher une variété M de dimension deux. Dans ce cas, le nombre de choix possibles serait assez réduit : M devrait être une surface de Riemann, caractérisée, comme nous le savons, par son genre, son nombre de « trous ». Il se trouve en outre que le fonctionnement de la théorie impose à la variété M un certain nombre de contraintes supplémentaires : elle doit par exemple appartenir à la classe des variétés dites de *Calabi-Yau*, ainsi nommées en l'honneur des mathématiciens Eugenio Calabi et Shing-Tung Yau, qui les ont étudiées les premiers – des années avant que les physiciens ne s'intéressent au sujet, faut-il préciser [6]. La seule surface de Riemann qui possède cette propriété est le tore. Si M était bidimensionnelle, nous serions donc capables de savoir ce qu'elle est : un tore [7]. Mais le nombre de possibilités augmente avec le nombre de dimensions. Pour une variété M de dimension six, certaines estimations portent le nombre de choix à 10^{500} – un nombre inimaginablement grand. Laquelle de ces variétés de dimension six est associée à notre Univers et comment le confirmer expérimentalement ? C'est l'une des questions décisives de la théorie des cordes qui demeure encore sans réponse [8].

Quoi que l'avenir réserve, il devrait être clair à ce stade de notre discussion que les modèles sigma jouent un rôle crucial et que leur symétrie miroir révèle une dualité en théorie des supercordes [9]. Les modèles sigma connaissent aussi de nombreuses applications en dehors de la théorie des cordes. Les physiciens les ont étudiées en détail, sans d'ailleurs se restreindre à une variété cible M de dimension six [10].

*

Lors de notre conférence à Princeton en 2004, Witten a donc d'abord pratiqué une réduction dimensionnelle – de dimension quatre à dimension deux – pour réduire la dualité électromagnétique entre deux théories de jauge – de groupe de jauge G et ${}^LG$ – à une symétrie miroir entre deux modèles sigma – dont les cibles sont les espaces de modules de Hitchin associés aux deux groupes duaux de Langlands, G et ${}^LG$. Puis il s'est posé cette question : peut-on relier cette symétrie miroir au programme de Langlands ?

Witten a proposé une réponse fascinante. En théorie quantique des champs, on étudie d'habitude des fonctions, dites *de corrélation*, qui décrivent l'interaction des particules. Une telle fonction permet par exemple de déterminer la probabilité qu'une certaine particule émerge d'une collision entre deux autres. Mais le formalisme de la théorie quantique des champs ne se limite pas à ces fonctions : il existe aussi d'autres objets, plus subtils, similaires aux faisceaux que nous avons rencontrés au chapitre 14, avec le dictionnaire de Grothendieck. Ces objets s'appellent les *D-Branes*, ou plus simplement les *branes*.

Les branes, qui doivent leur dénomination à la troncation du mot « membrane », sont issues de la théorie des supercordes. Elles émergent naturellement en considérant les mouvements des cordes aux extrémités libres dans une variété cible M. La façon la plus simple de décrire les positions des deux extrémités d'une corde ouverte consiste à stipuler que l'une et l'autre de ces extrémités appartiennent à des sous-ensembles particuliers B_1 et B_2 de M. La situation est illustrée par la figure ci-dessous, sur laquelle la courbe fine représente la corde ouverte, dont l'une des extrémités se trouve sur B_1 et l'autre sur B_2.

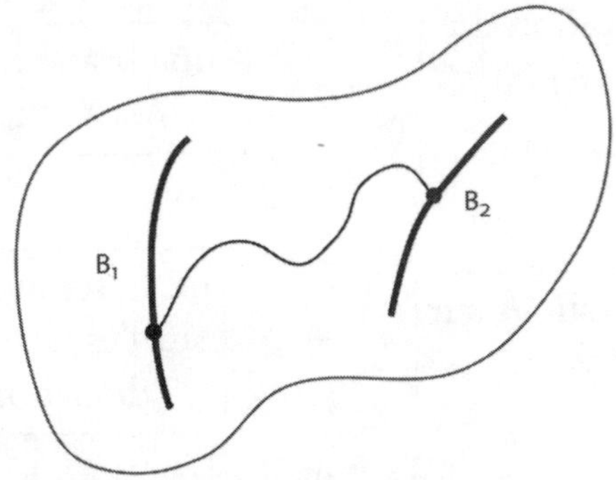

Par ce biais s'introduisent deux nouveaux joueurs en théorie des supercordes et dans le modèle sigma correspondant : les deux ensembles, ou, à plus proprement parler, les deux sous-variétés, B_1 et B_2. Ces ensembles donnent une bonne idée des branes plus générales qui apparaissent dans les théories de ce type [11].

La symétrie miroir entre deux modèles sigma produit une relation entre branes de ces deux modèles. L'existence de cette relation a été originellement formulée au milieu des années 1990 par le mathématicien Maxim Kontsevich. Cette *symétrie miroir homologique* a depuis lors été intensément étudiée, spécialement ces dix dernières années, tant par les physiciens que les mathématiciens.

Lors de son exposé à Princeton, Witten a proposé en substance l'idée que la symétrie miroir homologique serait équivalente à la relation de Langlands.

À ce stade, il importe de signaler que les modèles sigma se déclinent en deux versions : les *modèles A* et les *modèles B*. Les deux modèles sigma que nous considérons sont de types différents : si celui qui admet l'espace de modules de Hitchin $M(X, G)$ pour variété cible est de type A, celui qui admet $M(X, {}^LG)$ pour variété cible est de type B. En conséquence, les branes de ces deux théories sont respectivement désignées par *branes A* et *branes B*. À toute brane A sur $M(X, G)$ correspond alors par la symétrie miroir une brane B sur $M(X, {}^LG)$, et vice versa [12].

La relation de Langlands géométrique demande d'associer un faisceau automorphe à toute représentation du groupe fondamental de X dans ${}^LG$. Voici en gros comment Witten proposait de le construire, *via* la symétrie miroir :

une représentation du groupe fondamental${}^LG$ de X dans ${}^LG$	$\longrightarrow$	une brane B sur $M(X, {}^LG)$	$\xrightarrow[\text{miroir}]{\text{symétrie}}$

$\longrightarrow$	une brane A sur $M(X, G)$	$\longrightarrow$	un faisceau automorphe sur l'espace de modules de$G$-fibrés sur X

Même si de nombreux détails restaient à régler, en dégageant ainsi un cheminement clair vers l'établissement d'un lien entre la dualité électromagnétique et le programme de Langlands, l'exposé de Witten marquait un vrai progrès. D'un côté, il portait sur le terrain des mathématiques d'aujourd'hui une foule d'idées auxquelles les mathématiciens n'avaient pas songé, du moins pas dans le contexte du programme de Langlands géométrique : les catégories de branes, le rôle particulier joué par les espaces de modules de Hitchin et le lien entre branes A et faisceaux automorphes.

D'un autre côté, ce lien permettait aussi aux physiciens de se servir des concepts et des idées mathématiques pour progresser dans leur compréhension de la physique quantique.

*

Au cours des deux années suivantes, Witten, en collaboration avec Anton Kapustin, un physicien du Caltech d'origine russe, peaufina sa proposition. La parution en avril 2006 de leur article sur le sujet, d'une longueur de deux cent trente pages, fit sensation chez les physiciens comme chez les mathématiciens. Il s'ouvre en citant de nombreux concepts déjà évoqués dans ce livre :

> Le programme de Langlands pour les corps de nombres, qui unifie de nombreux résultats classiques et contemporains en théorie des nombres, constitue un vaste terrain de recherche. Il trouve un analogue pour les courbes sur un corps fini, qui a fait lui aussi l'objet de travaux célèbres. Une version géométrique du programme de Langlands a également été développée pour les courbes, que ce soit pour les courbes sur un corps fini de caractéristique p ou pour les surfaces de Riemann complexes ordinaires... Le présent article porte plus particulièrement sur le programme de Langlands pour les surfaces de Riemann complexes. Nous nous proposons de montrer que ce programme peut être compris comme un chapitre de la théorie quantique des champs. Nulle familiarité avec le programme de Langlands n'est requise ; nous supposons en revanche une certaine connaissance de sujets comme les théories de jauge supersymétriques, la dualité électrique-magnétique, les modèles sigma, la symétrie miroir, les branes et la théorie topologique des champs. Cet article vise à montrer qu'en appliquant simplement ces ingrédients physiques familiers au bon problème, le programme de Langlands géométrique survient naturellement [13].

Plus loin dans l'introduction, Kapustin et Witten précisaient que notre rencontre à l'Institute for Advanced Study, avec en particulier l'exposé donné par mon ancien étudiant David Ben-Zvi, avaient constitué le point de départ de leur recherche.

Dans le corps de l'article, les auteurs poussaient un peu plus loin les idées que Witten avait formulées devant nous à Princeton.

Ils jetaient notamment une certaine lumière sur les structures des branes A et des branes B qui avaient trouvé place sur le schéma, ainsi que sur la symétrie miroir qui les unissait et sur le lien entre les branes A et les faisceaux automorphes.

Pour donner une idée de leurs résultats, commençons par prendre un exemple plus simple de symétrie miroir. Alors que dans leur article, Kapustin et Witten considèrent une symétrie miroir entre deux espaces de modules de Hitchin et les modèles sigma correspondants, contentons-nous d'un tore de dimension deux pour l'un des espaces de modules de Hitchin.

Un tore peut se voir comme le produit de deux cercles. Un coup d'œil sur l'illustration ci-dessous montre clairement que le tore tient beaucoup du collier de perles :

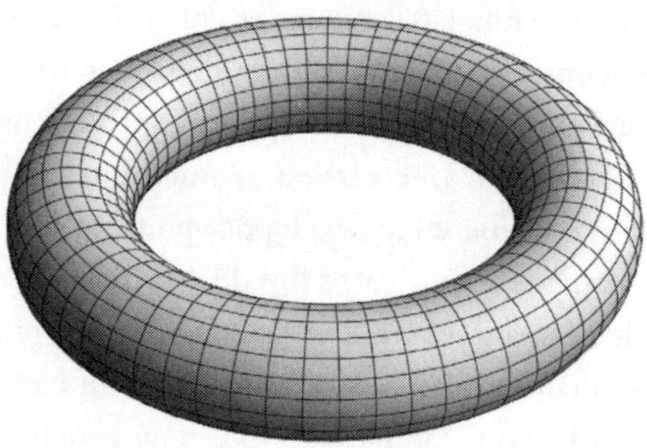

Les perles, dont le rôle est joué ici par les cercles verticaux du maillage, sont enfilées sur un cercle horizontal, que nous pouvons imaginer centré à l'intérieur du tore. Un mathématicien dirait que ce collier est une *fibration* dont les *fibres* sont les perles et dont la *base* est le cordon qui les porte. En adoptant ce vocabulaire, le tore est une fibration dont les fibres sont des cercles et dont la base est aussi un cercle.

Notons R_1 le rayon du cercle de base (le cordon) et R_2 le rayon des cercles fibres (les perles). Il se trouve que la variété miroir duale est encore un tore, mais qui est cette fois le produit des cercles de rayon $1/R_1$ et R_2. Cette inversion de rayon est similaire à l'inversion de la charge électrique produite par la dualité électromagnétique.

Nous nous retrouvons donc avec deux tores miroirs duaux : l'un, notons-le T, de rayons R_1 et R_2 ; l'autre, notons-le $T^\vee$, de rayons $1/R_1$ et R_2. Remarquons que si le cercle de base R_1 de T est grand, le cercle de base $1/R_1$ de $T^\vee$ est petit, et vice versa. Ce type de permutation entre « grand » et « petit » est typique des dualités en physique quantique.

Considérons maintenant les branes B sur T et les branes A sur $T^\vee$. Elles se correspondent par symétrie miroir d'une façon qui est bien comprise – cette relation est parfois baptisée *dualité T*, T pour tore[14].

branes B sur le tore T	$\longleftrightarrow$	branes A sur le tore $T^\vee$

La brane dite *zéro*, réduite à un point p du tore T, constitue un bon exemple de brane B sur T. Il se trouve que la brane A duale sur $T^\vee$ est à l'inverse « étalée » sur tout le tore $T^\vee$. Ce qu'il faut entendre par « étalée » mérite une explication. Sans rentrer dans des détails qui nous entraîneraient trop loin, cette brane A sur $T^\vee$ est le tore $T^\vee$ lui-même, équipé d'une structure additionnelle : une représentation de son groupe fondamental dans le cercle – similaire à celles dont nous avons discuté au chapitre 15. Cette représentation est déterminée par la position du point original p du tore T, de sorte qu'il existe en fait une correspondance bijective entre les branes zéro sur T et les branes A « étalées » sur $T^\vee$.

Ce phénomène est similaire à celui produit par la transformée de Fourier, largement utilisée en traitement du signal. En appliquant une transformée de Fourier à un signal concentré en temps près d'un instant particulier, nous obtenons un signal ondulé. Ce dernier est « étalé » sur la droite qui représente le temps, comme l'illustre la figure ci-dessous.

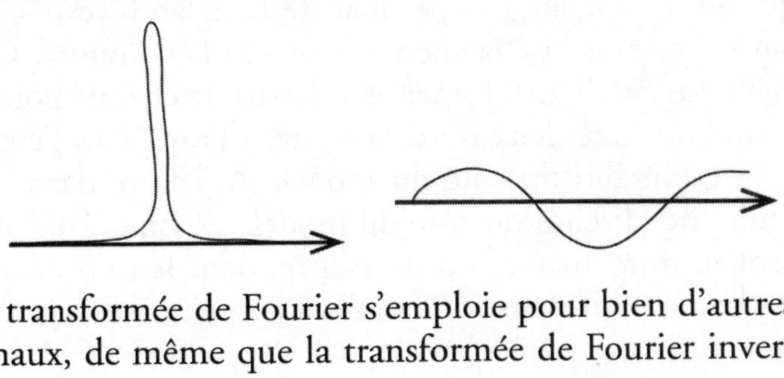

La transformée de Fourier s'emploie pour bien d'autres types de signaux, de même que la transformée de Fourier inverse, qui retourne le signal original. Des signaux compliqués se trouvent ainsi souvent convertis en signaux plus simples, ce qui explique l'utilité de la transformée de Fourier pour les applications. De la même façon, les branes compliquées sur un tore correspondent par la symétrie miroir à de plus simples sur l'autre et vice versa.

Il se trouve que cette symétrie miroir torique permet de décrire la symétrie miroir entre branes de deux espaces de modules de Hitchin. Il nous faut pour cela recourir à une importante propriété des espaces de modules, décrite par Hitchin lui-même, à savoir que les espaces de modules de Hitchin sont des fibrations. La base est ici un espace vectoriel et les fibres sont des tores. L'espace entier est donc une collection de tores, un pour chaque point de la base. Dans le cas le plus simple, la base et les fibres toriques sont de dimension deux, pas toutes nécessairement de la même taille, de sorte que la fibration se laisse ainsi schématiser :

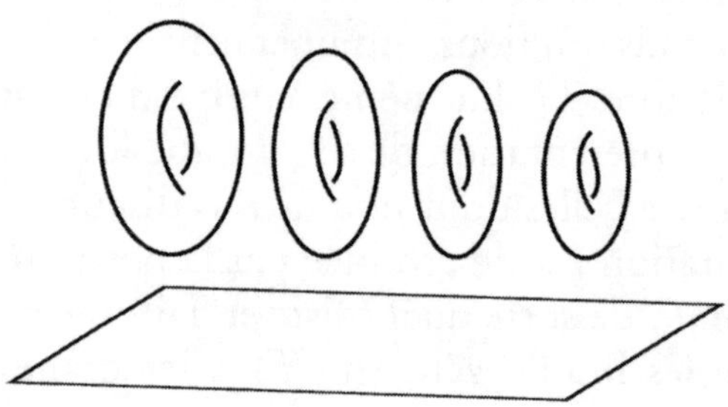

On peut se représenter une fibration de Hitchin comme une boîte de donuts en forme de tores, à ceci près que des donuts sont attachés à *tous* les points de la base du carton et pas seulement à un réseau de points. La boîte contient donc un nombre infini de donuts – Homer Simpson adorerait !

Il se trouve que l'espace de modules de Hitchin miroir dual, celui qui est associé au groupe dual de Langlands, est aussi une fibration en donuts sur la même base – « Les donuts. Que ne feraient-ils pas ? », dirait Homer. Au-dessus de chaque point de la base se situent donc deux fibres toriques : l'une dans l'espace de modules de Hitchin du côté du modèle A, l'autre dans l'espace de modules de Hitchin du côté du modèle B. En outre, ces deux tores sont miroirs duaux l'un de l'autre, dans le sens décrit plus haut : si l'un a pour rayons R_1 et R_2, l'autre a pour rayons $1/R_1$ et R_2.

Cette fibration nous offre ainsi l'opportunité d'étudier la symétrie miroir entre deux espaces de modules de Hitchin duaux *via* la symétrie miroir entre deux fibres toriques duales.

Soit p, par exemple, un point de l'espace de modules de Hitchin $M(X, {}^LG)$. Prenons la brane zéro réduite à ce point. Quelle sera la brane A miroir duale sur $M(X, G)$?

Le point p appartient à un tore : la fibre de $M(X, {}^LG)$ au-dessus d'un certain point b de la base – le tore de gauche sur l'illustration ci-dessous, du côté du modèle B. Considérons maintenant le tore dual, c'est-à-dire la fibre de $M(X, G)$ au-dessus du même point b – le tore à droite sur la figure, cette fois, du côté du modèle A. La brane A duale sur $M(X, G)$ que nous cherchons est la brane A « étalée » sur tout ce tore dual. C'est la même brane duale que celle obtenue par la symétrie miroir entre ces deux tores.

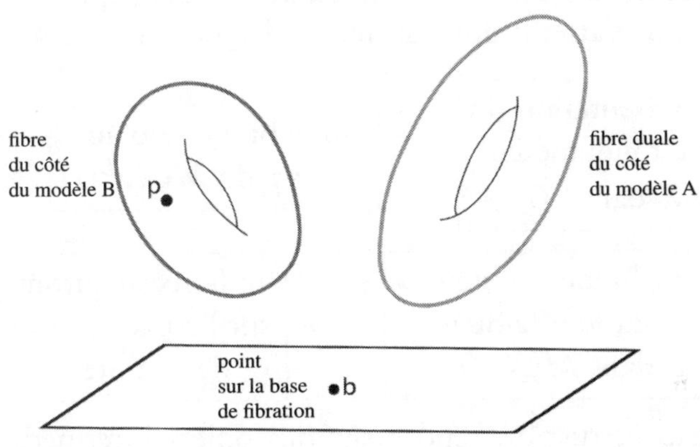

Ce type de description de la symétrie miroir, par les fibrations toriques duales, avait été proposé antérieurement par Andrew Strominger, Shing-Tung Yau et Eric Zaslow dans une situation plus générale. On s'y réfère aujourd'hui comme à la conjecture SYZ ou au mécanisme SYZ [15]. La force de cette idée tient au fait que la symétrie miroir est bien mieux comprise pour des tores duaux que pour des variétés générales, comme les espaces de modules de Hitchin. La réduire au cas torique nous épargne bien du travail. L'application de ce mécanisme nécessite bien sûr de représenter les deux variétés miroir duales comme des fibrations en tores duales sur une même base – ces fibrations doivent en outre satisfaire à certaines conditions. Par chance, nous disposons de telles fibrations dans le cas des espaces de modules de Hitchin – en général, les dimensions des fibres toriques sont supérieures à deux, ce qui ne change fondamentalement rien à l'affaire [16].

Utilisons maintenant la symétrie miroir pour construire la relation de Langlands. Il se trouve d'abord que les points de l'espace de modules de Hitchin $M(X, {}^L G)$ sont précisément les représentations du groupe fondamental de la surface de Riemann X dans ${}^L G$ – voyez la note 1 dans ce chapitre. Prenons une brane zéro concentrée en ce point. En vertu du mécanisme SYZ, la brane A duale sera « étalée » sur le tore dual – la fibre dans l'espace de modules de Hitchin dual au-dessus du même point de la base.

Non content de décrire ces branes A en détail, Kapustin et Witten ont aussi expliqué comment les convertir en faisceaux automorphes de la relation de Langlands géométrique. La relation de Langlands s'atteint donc au terme du parcours suivant :

[une représentation du groupe fondamental de X dans ${}^L G$] ⟶ [une brane zéro au point p de $M(X, {}^L G)$] $\xrightarrow[\text{miroir}]{\text{symétrie}}$

⟶ [une brane A « étalée » sur le tore dual dans $M(X, G)$] ⟶ [un faisceau automorphe sur l'espace de modules de G-fibrés sur X]

Cette construction repose sur des objets intermédiaires, les branes A, qui interviennent dans deux étapes du processus : la construction d'une brane A grâce à la symétrie miroir, puis la construction d'un faisceau automorphe à partir de cette brane A [17]. Jusqu'à présent, nous n'avons discuté que de la première étape, la symétrie miroir. Mais la seconde se révèle tout aussi intéressante. Le lien entre les branes A et les faisceaux automorphes dégagé par Kapustin et Witten représente une avancée spectaculaire. Avant leur travail, on n'en soupçonnait pas même l'existence. Kapustin et Witten ont en outre suggéré qu'il puisse exister un tel lien dans une situation bien plus générale. Cette grande idée a déjà suscité de nombreux travaux de recherches.

*

Toute cette matière, me dit mon père, fait beaucoup d'un coup : espaces de modules de Hitchin, symétrie miroir, branes A, branes B, faisceaux automorphes... Il y a de quoi attraper la migraine rien qu'à les énumérer. Croyez-moi, ils ne sont guère nombreux, même parmi les spécialistes, ceux qui comprennent le détail des rouages internes des tous les éléments de la construction. Mon intention n'est pas de vous faire connaître précisément tous ces objets. Il s'agit plutôt de vous donner une idée des connexions logiques qui les lient et de vous montrer le processus créatif mis en œuvre par les chercheurs qui les étudient : ce qui les motive, comment ils apprennent les uns des autres, comment le savoir acquis s'utilise pour faire progresser notre compréhension sur certains points cruciaux.

Pour tenter d'alléger le fardeau, voici un diagramme qui illustre les analogies entre les objets que nous avons rencontrés lors de notre périple entre les colonnes de la pierre de Rosette de Weil, avec une colonne supplémentaire dédiée à la physique quantique. Il étend celui de la page 207, même si j'ai combiné les deux premières colonnes de la pierre de Rosette, car les concepts qui y apparaissent sont assez similaires :

Théorie des nombres & Courbes/corps finis	*Surface de Riemann X*	*Physique quantique*
relation de Langlands	relation de Langlands géométrique	dualité électromagnétique symétrie miroir
groupe de Galois	groupe fondamental de X	groupe fondamental de X
représentation du groupe de Galois dans ^LG	représentation du groupe fond. dans ^LG	brane zéro sur $M(^LG, X)$
fonction automorphe	faisceau automorphe	brane A sur $M(G, X)$

Après avoir observé ce diagramme, mon père m'a demandé en quoi Kapustin et Witten avaient fait progresser le programme de Langlands. C'est, bien sûr, une question importante. Lier ce programme à la symétrie miroir et à la dualité électromagnétique, c'est apporter le puissant arsenal développé dans ces domaines de la physique quantique pour le faire progresser. Inversement, les idées du programme de Langlands, transplantées en physique, incitent les physiciens à se poser de nouvelles questions sur la dualité quantique. Cette approche a déjà conduit à des découvertes fascinantes. En second lieu, le langage des branes A se révèle très bien adapté au programme de Langlands. Nombre de ces branes A présentent une structure plus simple que les faisceaux automorphes, à la complexité notoire. Par leur biais, nous pouvons donc dévoiler quelques-uns des mystères du programme de Langlands.

Pour vous donner un exemple concret de l'application de ce nouveau langage, je vais maintenant présenter un travail que Witten et moi-même avons achevé en 2007 [18]. Avant de l'exposer, il faut toutefois que j'évoque un problème jusque-là un peu laissé dans l'ombre. J'ai sous-entendu que les fibres qui apparaissent dans les deux espaces de modules de Hitchin sont toutes des tores bien lisses et réguliers, comme sur les illustrations présentées plus haut – de beaux donuts bien formés, si vous préférez. C'est effectivement le cas pour la plupart des fibres. Mais certaines fibres particulières sont en réalité des tores lisses dégénérés. En l'absence de telles dégénérescences, le mécanisme SYZ offrirait une description complète de la symétrie miroir entre les branes sur deux espaces de modules de Hitchin. Mais leur présence complique sérieusement la situation. La partie la plus intéressante et la plus difficile de la symétrie miroir se concentre en fait sur les branes qui « vivent » sur ces tores dégénérés.

Dans leur article, Kapustin et Witten avaient seulement considéré la symétrie miroir sur les tores lisses. La question des tores dégénérés restait donc en suspens. Witten et moi, au terme de notre travail commun, avons éclairci le cas des tores dégénérés les plus simples, ceux qui présentent des singularités dites *orbifold*, comme le tore pincé présenté ci-dessous.

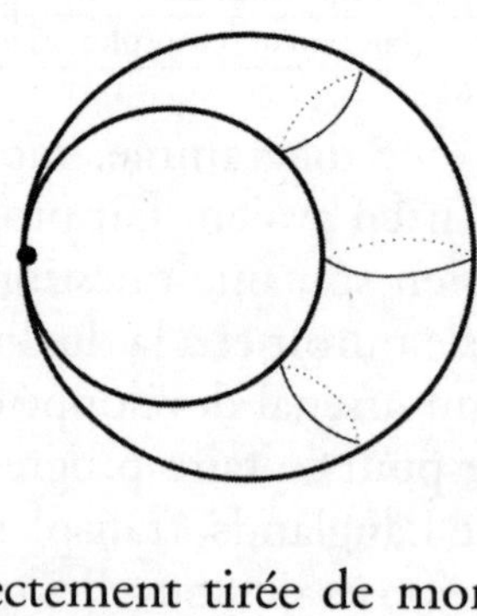

Cette image, directement tirée de mon article avec Witten, décrit de fait une fibre dégénérée qui apparaît quand la surface de Riemann X est elle-même un tore et que le groupe ${}^LG$ est

$SO(3)$. La base de la fibration de Hitchin est alors un plan, au-dessus duquel toutes les fibres sont des tores lisses sauf en trois points particuliers. En dehors de ces trois points, la fibration de Hitchin se décrit donc simplement par une famille de tores lisses. Mais dans le voisinage des trois points particuliers, la fibre torique « s'étrangle », quand on la suit le long d'un chemin sur la base, ainsi que l'illustre la figure suivante.

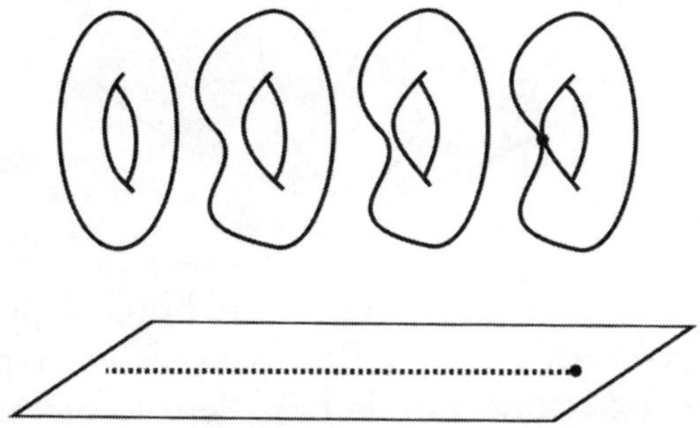

Tout se passe un peu comme si Homer Simpson, tout à la joie d'avoir dégotté une infinité de donuts, en écrasait quelques-uns en marchant par accident sur la boîte – relax, Homer, il en reste une infinité en parfait état !

À mesure que nous nous rapprochons de l'un des trois points particuliers de la base, le goulot d'étranglement de la fibre se resserre toujours plus, jusqu'à se réduire à un point. Cette fibre n'est alors plus un tore au sens propre du terme, mais un tore *dégénéré*.

Il s'agit maintenant de savoir ce qui se passe quand la brane zéro sur l'espace de modules de Hitchin est concentrée en un tel point d'étranglement, en une singularité de type orbifold.

Il s'avère que ce point présente un groupe de symétrie additionnel. Dans l'exemple considéré plus haut, ce groupe est en fait celui des symétries d'un papillon. Il est constitué de l'élément neutre – ou identité – et d'un autre élément, qui équivaut à retourner les ailes du papillon. Ce résultat implique l'existence non pas d'une mais de deux branes zéro concentrées en ce point. Se pose alors la question suivante : quelles sont les deux branes A correspondantes sur l'espace de modules de Hitchin miroir dual ? – notons que G sera alors le groupe $SU(2)$, le groupe dual de Langlands de $SO(3)$.

Comme Witten et moi l'avons montré, en chacun des trois points particuliers de la base de la fibration de Hitchin, le tore dégénéré prendra du côté du dual miroir la forme suivante – l'illustration est encore une fois tirée de notre article :

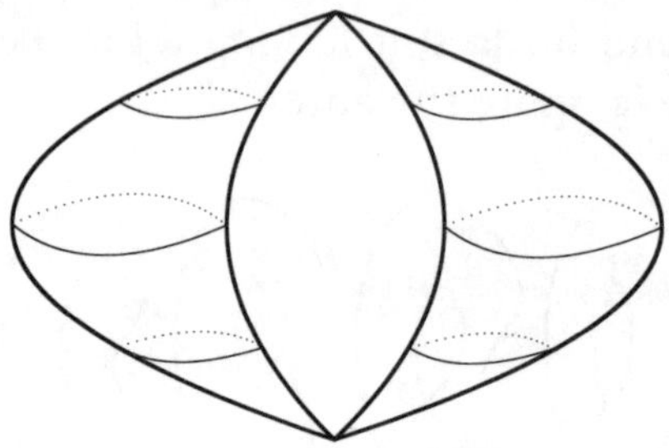

Ce tore apparaît dans la fibration de Hitchin de la même façon que le précédent, à cette différence qu'en se rapprochant de l'un des points particuliers de la base, le tore s'étrangle en deux endroits, jusqu'à se réduire complètement quand le point de la base est atteint.

La fibre dégénérée correspondant à ce point diffère sensiblement de la précédente car le tore est pincé en deux points et non un, ce qui définit désormais deux morceaux, ou deux composantes, comme disent les mathématiciens. Et pour répondre à notre question, les deux branes A que nous cherchons, c'est-à-dire les branes miroirs duales des deux branes zéro concentrées au point singulier du premier tore dégénéré, sont les branes A « étalées » sur chacune des deux composantes du tore dégénéré dual.

Ce cas particulier illustre une situation plus générale. Les deux espaces de modules de Hitchin vus comme des fibrations sur la même base laisseront apparaître des fibres dégénérées des deux côtés. Mais les mécanismes de dégénérescence différeront. Quand du côté du modèle B se présentera une singularité orbifold avec un groupe de symétrie interne, comme celui du papillon dans l'exemple précédent, la fibre du côté du modèle A présentera plusieurs composantes, comme celles sur la figure reproduite plus haut. Elle en présentera en fait autant que d'éléments dans le groupe de symétrie du côté du modèle B, et les branes zéro concentrées en un point singulier correspondront précisément aux branes A « étalées » sur ces différentes composantes.

Witten et moi avons analysé ce phénomène en détail dans notre article. De manière assez surprenante, ce travail nous a donné de nouvelles idées non seulement sur le programme de Langlands pour les surfaces de Riemann, mais aussi pour la colonne centrale de la pierre de Rosette de Weil, celle qui concerne les courbes sur des corps finis. Cet exemple montre bien comment les progrès en un domaine, ici en physique quantique, se répercutent jusqu'aux racines mêmes du programme de Langlands.

Ici réside la puissance de ces connexions. Notre pierre de Rosette ne compte plus trois mais quatre colonnes, avec la physique quantique. Et une découverte sur cette quatrième colonne, examinée sur les trois autres, pourrait bien mener vers son lot d'idées et de percées nouvelles.

*

Witten et moi avons commencé à collaborer sur cet article en avril 2007, lors d'un de mes séjours à Princeton, et l'avons achevé le 31 octobre. Je me souviens très bien de la date, car je suis allé fêter Halloween après l'avoir posté en ligne. Durant ces sept mois, je me suis rendu trois fois à l'Institute, pour des visites d'une semaine. Tous les jours pendant ces périodes, nous travaillions ensemble dans l'agréable bureau de Witten. Le reste du temps, nous étions chacun de son côté, dans des lieux différents. Je me partageais beaucoup entre Berkeley et Paris, à cette époque ; je suis aussi allé passer deux semaines dans un institut mathématique de Rio de Janeiro. Mais ces pérégrinations ne nous ont pas détournés de notre but. Tant que nous disposions d'une connexion Internet, nous collaborions efficacement. Durant les périodes les plus intenses, nous échangions une douzaine de courriels par jour, pour nous faire part de nos dernières réflexions, nous envoyer des premiers jets de l'article, etc. Comme nous portons le même prénom, nos courriels présentaient une sorte de symétrie miroir : ils se commençaient par « Cher Edward » et s'achevaient sur « Amitiés, Edward ».

Au cours de ce travail commun, j'ai pu observer Witten de près. J'ai été impressionné par sa puissance de travail et par la grande attention qu'il accorde au choix des problèmes sur lesquels il travaille. Comme je l'ai dit plus haut dans ce livre, certaines questions ont attendu plus de trois cent cinquante ans leur réponse. Il faut donc savoir estimer le rapport de l'importance d'un problème sur la probabilité de le résoudre en un temps raisonnable. À mon sens, Witten fait preuve d'une grande intuition pour ce type d'évaluation. Et une fois qu'il a choisi son problème, il le traque implacablement, comme le personnage que joue Tom Cruise dans le film *Collatéral*. Son approche est minutieuse, méthodique ; il retourne chaque pierre qu'il rencontre. Comme tout un chacun, il se perd parfois et doit s'arrêter pour faire le point. Mais il retrouve toujours son chemin. Travailler avec lui m'a énormément apporté sur bien des plans.

*

L'interface entre le programme de Langlands et la dualité électromagnétique s'est rapidement constituée en champ de recherche énergique. Important à cet égard fut le rôle joué par les conférences annuelles que nous avons organisées au Kavli Institute for Theoretical Physics de Santa Barbara. Son directeur, le prix Nobel David Gross, nous a toujours beaucoup soutenus.

En juin 2009, j'ai été invité à parler de ces nouvelles avancées au Séminaire Bourbaki, l'un des plus anciens séminaires au monde, respecté dans toute la communauté mathématique. Une foule de mathématiciens assiste à ses séances, qui se tiennent trois week-ends par an, à l'Institut Henri Poincaré, à Paris. Ce séminaire a été créé très peu de temps après la Seconde Guerre mondiale, par un groupe de jeunes loups des mathématiques, connus sous leur pseudonyme collectif de Nicolas Bourbaki. Il s'agissait pour eux de reprendre les fondements des mathématiques à la lumière d'un nouveau standard de rigueur, qui avait émergé de la théorie des ensembles, initiée par Georg Cantor à la fin du XIXe siècle. Même s'ils n'ont jamais achevé la tâche qu'ils s'étaient assignée, leur influence sur les mathématiques a été énorme. André Weil a compté parmi les membres fondateurs ; plus tard Alexander Grothendieck y a joué un grand rôle.

Le but du Séminaire Bourbaki est de rendre compte des développements les plus intéressants des mathématiques. Un comité secret décide des sujets et des orateurs à inviter, ces derniers étant nécessairement âgés de moins de 50 ans, en vertu d'une règle suivie depuis le début. Les fondateurs de Bourbaki pensaient en effet que le groupe gagnerait à un apport constant de sang neuf, ce qui lui a d'ailleurs très bien réussi. Le comité s'assure aussi que les orateurs rédigent leur intervention à l'avance, de façon à ce que le texte soit distribué au public le jour du séminaire. Les orateurs accèdent volontiers à cette requête, tant ils considèrent comme un honneur de parler à ce séminaire.

Mon intervention s'intitulait « Gauge Theory and Langlands Duality [19] ». Quoique sous des atours beaucoup plus techniques, quoique en recourant au formalisme mathématique habituel, j'y ai fondamentalement rapporté l'histoire racontée dans ce livre. Comme je l'ai fait ici, j'ai commencé par donner un bref aperçu des trois colonnes de la pierre de Rosette d'André Weil. Évoquer en ce séminaire les idées de l'un des fondateurs de Bourbaki m'a paru particulièrement de circonstance. Je me suis ensuite concentré sur les derniers développements du rapport entre programme de Langlands et dualité électromagnétique.

Ma communication a été bien accueillie. J'ai été très heureux de voir assis au premier rang un autre membre éminent du groupe Bourbaki, Jean-Pierre Serre, une légende à lui tout seul. Il est venu me trouver à la fin de mon intervention. Après m'avoir posé quelques questions techniques, il m'a fait cette remarque : « J'ai trouvé intéressant que vous regardiez la physique quantique comme la quatrième colonne de la pierre de Rosette de Weil. Vous savez, André Weil n'aimait pas particulièrement la physique. Mais je pense que, s'il avait été présent aujourd'hui, il aurait aussi pensé que la physique quantique a un rôle important à jouer dans cette histoire. »

Je ne pouvais rêver plus beau compliment.

*

Le programme de Langlands a encore beaucoup progressé, ces dernières années, et ce sur toutes les colonnes de la pierre de Rosette. Si nous sommes encore loin d'en pénétrer les plus profonds mystères, nous savons désormais qu'il a passé l'épreuve du temps et qu'il nous a conduits à certaines des questions les plus fondamentales des mathématiques et de la physique.

Ces idées sont aussi essentielles aujourd'hui qu'elles l'étaient quand Langlands a écrit sa lettre à André Weil, il y a presque cinquante ans. Je ne sais si nous saurons résoudre tous les problèmes d'ici cinquante ans, mais il ne fait pour moi aucun doute que la période à venir sera aussi excitante que la précédente. Et qui sait, peut-être quelques-uns des lecteurs de ce livre auront-ils l'opportunité de contribuer à ce projet fascinant ?

*

Le programme de Langlands est l'objet principal de ce livre. Par sa profonde structure conceptuelle, ses avancées révolutionnaires, ses conjectures séduisantes, ses théorèmes pénétrants et les différents domaines qu'il unit, il offre en effet une vue panoramique sur les mathématiques actuelles. Il illustre également parfaitement le lien indéfectible entre maths et physique et la richesse du dialogue entre les deux disciplines. Enfin, le programme de Langlands recèle les quatre qualités des théories mathématiques dont nous avons discuté au chapitre 2 : universalité, objectivité, persistance et pertinence quant au monde physique.

Il existe, bien sûr, de nombreux autres domaines fascinants des mathématiques. Certains ont fait l'objet d'ouvrages destinés au grand public, d'autres non. Comme l'a écrit Henry David Thoreau : « Nous avons beaucoup entendu parler de la poésie des mathématiques mais, en vérité, celle-ci n'a guère été chantée [20]. » Cette citation reste malheureusement d'actualité, plus de cent cinquante ans après avoir été formulée. Autant dire qu'il nous revient à nous, mathématiciens, de mieux révéler la puissance et la beauté de notre discipline à un public plus large. Parallèlement, j'espère que l'histoire du programme de Langlands excitera la curiosité du lecteur et lui donnera le désir d'en savoir plus.

18

LA FORMULE DE L'AMOUR

En 2008, la Fondation Sciences Mathématiques de Paris m'ayant choisi pour occuper une toute nouvelle « chaire d'excellence », je suis venu poursuivre mes activités de recherche dans la capitale française, qui est aussi l'une des grandes capitales des mathématiques et du cinéma.

Dans ce cadre, m'est venue l'envie de réaliser un film sur les maths. Dans les grosses productions, les personnages de matheux sont toujours des types bizarres, socialement inadaptés, limite fous – ce qui ne fait que renforcer le stéréotype qui veut que les mathématiques soient une discipline froide et ennuyeuse, complètement déconnectée de la réalité. Qui voudrait d'une telle vie ? Qui voudrait travailler sur un sujet qui n'a rien à voir avec rien ?

À mon retour à Berkeley, en décembre 2008, au terme d'un premier séjour, j'ai ressenti le besoin de donner forme à mon énergie artistique. Il se trouve que mon voisin, Thomas Farber, est un formidable auteur, qui enseigne l'art d'écrire à l'université de Californie. Je lui ai donc proposé de concevoir avec moi un scénario qui mettrait en scène un écrivain et un mathématicien. Tom a trouvé l'idée excellente et a tout de suite suggéré qu'on situe l'action au bord de la mer, dans le Sud de la France. Le film commencerait comme ça : par une magnifique journée ensoleillée, un écrivain et un mathématicien sont assis, à des tables voisines, à la terrasse d'un café de plage. Ils se laissent submerger par la beauté qui les environne, leurs regards se croisent, un dialogue démarre. Que se passe-t-il ensuite ?

Nous avons commencé à écrire. Ce travail commun ressemblait à bien des égards à mes collaborations avec des mathématiciens ou des physiciens. Par d'autres côtés, c'était aussi très différent : il faut savoir trouver le mot juste pour décrire les émotions et les sentiments des personnages, il faut savoir aller au cœur d'une histoire. Le cadre est aussi bien plus fluide et plus libre que ceux dont j'avais l'habitude. Mais j'étais là, face à cet écrivain que je respectais et admirais. Par chance pour moi, Tom m'a traité en égal, sans jamais essayer d'imposer ses vues, en laissant tranquillement se développer mes compétences d'écrivain débutant. À la manière des mentors qui m'avaient guidé dans le monde des mathématiques, Tom a accompagné mes premiers pas dans le monde de l'écriture, ce dont je lui saurai éternellement gré.

Au cours d'une conversation, le mathématicien parle à l'écrivain du « problème des deux corps ». Le scientifique se réfère ici à deux objets, deux corps, comme une étoile et une planète, en interaction gravitationnelle – nous ignorons toutes les autres forces qui agissent sur eux. Ce problème se résout par une formule mathématique simple, qui prédit avec exactitude la trajectoire des deux corps dans un futur aussi lointain que voulu, pourvu que l'on connaisse la force de l'attraction qui les lie. Un comportement ô combien différent de celui qui régit l'interaction de deux corps humains – deux amants ou deux amis. Dans ce cadre, même si le problème à deux corps admet une solution, elle n'est pas unique.

Notre scénario traite de la collision du monde réel et du monde de l'abstraction : pour Richard, l'écrivain, le monde abstrait est le monde de la littérature et de l'art ; pour Phillip, le mathématicien, c'est le monde de la science et des mathématiques. Comment leurs spécialités respectives affectent-elles leur comportement dans le monde réel ? Phillip essaie de gérer une dichotomie entre la vérité mathématique, dont il est expert, et la vérité humaine, qu'il maîtrise mal. Il apprend qu'approcher les problèmes de la vie en mathématicien ne résout pas toujours grand-chose.

Tom et moi cherchions également à savoir si l'histoire de nos deux protagonistes pouvait révéler les différences et les similitudes entre l'art et la science – les « deux cultures », pour reprendre le titre d'un ouvrage de C.P. Snow [1]. Sur un plan métaphorique, ce sont en effet les deux faces d'un même personnage que donne à voir le film : la partie gauche et la partie droite de son cerveau, si vous voulez, qui sont en compétition permanente mais s'informent aussi mutuellement – les deux cultures coexistent dans un seul esprit.

Les deux nouveaux amis de notre scénario se racontent leurs relations passées, le bonheur de trouver l'amour, le chagrin de le perdre. Au fil de la journée, nous les voyons également rencontrer plusieurs femmes et utiliser leur passion professionnelle comme arme de séduction. Ils se portent aussi tous deux un intérêt mutuel, même si dans le même temps un conflit couve, qui mène à une conclusion inattendue.

Nous avons intitulé notre scénario *Le Problème des deux corps* et l'avons publié sous forme de livre[2]. Une adaptation a été mise en scène par Barbara Oliviera, une artiste reconnue, et jouée dans un théâtre de Berkeley. C'était ma première incursion dans le domaine des arts. J'ai été à la fois surpris et amusé par la réaction du public. La plupart des gens, par exemple, pensaient que tout ce qui arrivait au mathématicien dans l'histoire m'était arrivé dans la vie. De nombreuses expériences autobiographiques, bien sûr, avaient contribué à l'écriture du *Problème des deux corps.* Certes, quelques-unes des remarquables qualités de Natalia, la petite amie de Phillip dans le scénario, nous avaient été inspirées par ma petite amie russe à Paris, et certaines scènes sont directement tirées de mon expérience ou de celle de Tom. Mais en tant qu'auteur vous cherchez avant tout à rendre les personnages attachants et à raconter une histoire plaisante. Une fois que Tom et moi avons décidé du message à transmettre, les personnages s'imposaient plus ou moins. Ces expériences autobiographiques sont tellement embellies et distordues qu'elles ne nous appartiennent plus. Les protagonistes du *Problème des deux corps* ont gagné une existence autonome, comme tout personnage de fiction.

*

Nous avons commencé à chercher un producteur pour nous aider à transformer le *Problème des deux corps* en long métrage. J'ai alors songé qu'un premier projet cinématographique, à échelle plus réduite, servirait avantageusement nos fins. Quand j'ai été de retour à Paris dans le cadre de ma chaire d'excellence, en avril

2009, un ami mathématicien, Pierre Schapira, m'a présenté Reine Graves, une jeune et talentueuse réalisatrice. Cet ancien mannequin de mode avait déjà à son actif plusieurs courts métrages audacieux, dont l'un qui avait gagné le prix Pasolini au Festival des films censurés à Paris. Reine et moi avons tout de suite accroché. Quand j'ai lancé l'idée que l'on travaille ensemble sur un court métrage consacré aux maths, elle a paru intéressée. Elle trouvait, comme je l'ai su plus tard, que les mathématiques restent l'un des rares domaines où il existe encore une vraie passion [3].

Nous avons commencé à chercher des idées, et j'ai montré à Reine deux photographies, que j'avais retouchées numériquement, représentant des corps humains tatoués de formules mathématiques. Comme ça lui a plu, nous avons décidé d'intégrer l'idée à notre projet de film.

En tant que forme d'art, le tatouage est originaire du Japon. Je connais ce pays pour y avoir séjourné une bonne douzaine de fois – principalement pour travailler avec Feigin, qui a passé quelques étés à l'université de Kyoto – et je suis fasciné par sa culture. En toute logique, Reine et moi avons tourné nos regards vers le cinéma japonais pour y puiser l'inspiration. Un film en particulier devait largement influencer le nôtre : *Rites d'amour et de mort*, réalisé et interprété par le grand écrivain Yukio Mishima, à partir de l'une de ses nouvelles.

Ce film en noir et blanc se déroule sur la scène austère et stylisée typique du théâtre nô. Aucun dialogue, seulement *Tristan et Isolde*, le célèbre opéra de Wagner, en fond sonore... Deux uniques personnages : un jeune officier de la Garde impériale, le lieutenant Takeyama, et sa femme, Reiko. Les amis de l'officier ont organisé un coup d'État qui a avorté – ici le film se rapporte à des événements réels, qui se sont déroulés en février 1936 et qui ont eu, selon Mishima, un effet catastrophique sur l'histoire du Japon. Le lieutenant reçoit l'ordre d'exécuter les auteurs du coup d'État, ce qu'il ne peut faire – ce sont ses amis proches. Mais il ne peut pas non plus désobéir à l'Empereur. Une seule issue possible : le suicide rituel japonais, *seppuku* – ou *harakiri*.

Bien qu'il ne dure que vingt-neuf minutes, le film m'a profondément touché. J'appréciais, je ressentais presque la vigueur et la clarté de la vision de Mishima. Sa mise en scène puissante, brute et sans concessions. On peut ne pas partager ses idées, et de fait je ne suis pas attiré outre mesure par sa conception du lien intime entre amour et mort, mais j'éprouve un immense respect pour un auteur aussi fort et entier.

Le film de Mishima n'obéit pas aux codes habituels du cinéma : il est muet, avec du texte explicatif présenté sur des « cartons » au début de chaque « acte » ; il est théâtral, avec ses scènes réglées au cordeau, sans presque aucun mouvement. J'étais pourtant enivré par le flot d'émotions qu'il véhiculait – j'ignorais alors que Mishima s'était lui-même suicidé, d'une manière étonnamment proche de celle de son personnage.

Peut-être que si ce film éveillait chez moi tant d'échos, c'est parce que Reine et moi cherchions aussi à faire un film non conventionnel, un film qui parlerait des mathématiques comme jamais personne n'en avait parlé auparavant. J'avais trouvé dans cette œuvre le cadre esthétique et le langage que nous recherchions. J'ai appelé Reine :

« Je viens de voir un film extraordinaire de Mishima ; on devrait s'en inspirer.

— D'accord, m'a-t-elle répondu, mais ça parlerait de quoi ? »

Là, les mots me sont venus immédiatement ; ils sortaient tout seuls de ma bouche, clairs et fluides :

« Un mathématicien parvient à écrire une formule de l'amour. Mais il découvre bien vite son revers : elle peut être utilisée pour le meilleur comme pour le pire. Il comprend dès lors qu'il doit la cacher pour éviter qu'elle ne tombe en de mauvaises mains. C'est pourquoi il décide de la tatouer sur le corps de la femme qu'il aime...

— Pas mal... Comment ça pourrait s'appeler ?

— Mmmh... Qu'est-ce que tu dirais de *Rites d'amour et de maths* ? »

Et c'est ainsi que naquit notre scénario.

Nous avons conçu le film comme une allégorie, afin de montrer que la beauté d'une formule de mathématiques est comparable à celle d'un poème, d'une peinture ou d'un morceau de musique. Nous avons voulu non pas séduire le cerveau mais prendre aux tripes ; laisser les spectateurs *ressentir* plutôt que *comprendre*.

Nous espérions, en soulignant l'aspect humain et spirituel des mathématiques, exciter la curiosité du spectateur.

Les mathématiques et la science en général sont souvent présentées comme des disciplines froides et stériles. En vérité, l'élaboration de nouvelles mathématiques est une quête aussi passionnante, une expérience personnelle aussi profonde et intense que celle qui commande à l'exécution d'une œuvre d'art. Elle nécessite amour et application, lutte contre soi-même et lutte contre l'inconnu, autant de combats à la source d'émotions fortes. Et les formules découvertes en cours de route vous entrent dans la peau, vous tatouent pour toujours.

Le mathématicien de notre film découvre une « formule de l'amour ». Il s'agit bien sûr d'une métaphore : nous essayons toujours de parvenir à une compréhension totale, une clarté absolue, un savoir exhaustif. Dans le monde réel, il nous faut composer avec les manques et l'incertitude... Mais si quelqu'un parvenait à déterminer la Vérité Ultime et à l'exprimer par une formule mathématique ? Ce serait la formule de l'amour...

Comme l'a écrit Henry David Thoreau avec son éloquence habituelle,

> la formulation la plus claire et la plus belle d'une vérité se doit d'adopter une forme mathématique. Nous pourrions simplifier les règles de la philosophie morale et de l'arithmétique, de sorte qu'une formule réussirait à les exprimer toutes les deux [4].

Même si, probablement, une formule mathématique ne suffira jamais à elle seule à expliquer la totalité du monde, l'humanité ne dispose de rien de plus clair, de plus souple, de plus économique pour exprimer une vérité. Les formules transmettent un savoir précieux et éternel, indépendant des aléas de la mode, et elles le transmettent de la même façon à chacun. Les vérités qu'elles véhiculent sont des vérités nécessaires, des balises immuables grâce auxquelles l'humanité se repère à travers l'espace et le temps.

Heinrich Hertz, le physicien qui a prouvé l'existence des ondes électromagnétiques et donné son nom à une unité de fréquence, a exprimé ainsi son admiration pour elles : « On ne saurait se soustraire à ce sentiment : que ces formules mathématiques ont une existence indépendante et une intelligence propre, qu'elles ont plus de sagesse que nous, plus de sagesse même que ceux qui les ont découvertes [5]. »

Hertz n'est pas le seul à être de cet avis. De fait, la plupart des experts pensent que les formules mathématiques et les idées vivent dans un monde à part. Pour Robert Langlands, par exemple, les mathématiques « se présentent à nous sous la forme d'injonctions, un mot qui suggère que les mathématiques, et pas seulement ses concepts élémentaires, existent indépendamment de nous. C'est là une notion qu'un mathématicien professionnel aura du mal à accepter, mais il aura aussi du mal à s'en passer [6] ». On retrouve la même idée chez un autre mathématicien éminent, Yuri Manin, l'ancien patron de Drinfeld, qui évoque une « vision du grand Château des mathématiques, dominant quelque part dans le Monde platonicien des Idées, Idées que les [mathématiciens] découvrent avec humilité et dévotion (plutôt qu'ils ne les inventent) [7] ».

De ce point de vue, les groupes de Galois auraient été *découverts* et non *inventés* par le jeune prodige français. Avant Galois, ce concept vivait quelque part dans les jardins enchantés du monde idéal des mathématiques, attendant d'être cueilli. Si les manuscrits de Galois avaient été perdus, ces mêmes groupes auraient sans doute été trouvés par quelqu'un d'autre.

Il n'en va pas de même dans tous les domaines d'activités. Sans le retour de Steve Jobs chez Apple, par exemple, nous n'aurions sans doute jamais connu les iPods, les iPhones ni les iPads. D'autres innovations technologiques auraient probablement vu le jour, mais elles auraient pris d'autres formes sous l'impulsion d'autres inventeurs. À l'inverse, les vérités mathématiques sont incontournables.

Le monde habité par les concepts et les idées mathématiques est souvent appelé le Monde platonicien des mathématiques, en référence au philosophe grec Platon, qui a été le premier à arguer de leur indépendance [8]. Roger Penrose, le célèbre physicien mathématicien, a écrit dans son livre intitulé *À la découverte des lois de l'Univers* que « les énoncés mathématiques qui peuvent appartenir au monde de Platon sont précisément ceux qui sont objectivement vrais. [...] Car dire qu'un énoncé mathématique a une existence platonicienne revient à dire qu'il est vrai de manière objective ». La même remarque vaut pour les notions mathématiques « qui ont toutes une existence platonicienne car elles sont des notions objectives [9] ».

Comme Penrose, je crois que le monde platonicien des mathématiques se distingue du monde physique et du monde mental. Prenons par exemple le cas du Dernier théorème de Fermat. Penrose, dans son livre, pose à son propos cette question rhétorique : « Devons-nous considérer que la proposition de Fermat a toujours été vraie, même bien avant qu'il ne l'énonce, ou que sa validité n'est qu'une question purement culturelle, dépendant des normes subjectives de la communauté des mathématiciens humains [10] ? » En utilisant un argument classique de *reductio ad absurdum*, il montre qu'embrasser l'interprétation subjective conduit rapidement à des assertions « clairement absurdes », mettant ainsi en évidence l'indépendance du savoir mathématique de toute activité humaine.

Kurt Gödel, dont les travaux – en particulier les fameux théorèmes d'incomplétude – ont bouleversé la logique mathématique, soutenait également cette opinion. Pour lui, les concepts mathématiques « forment une réalité objective à part, que nous ne pouvons pas créer ou modifier, mais seulement percevoir et décrire [11] ». En d'autres termes, « les mathématiques décrivent une réalité non sensible qui existe indépendamment à la fois des actes et des dispositions de l'esprit humain, et n'est perçue, probablement de manière très incomplète, que par l'esprit humain [12] ».

Le monde platonicien des mathématiques existe aussi indépendamment de la réalité physique. La machinerie des théories de jauge évoquée au chapitre 16, par exemple, a été originellement développée par les mathématiciens, sans aucune référence à la physique. Il se trouve en fait que seuls trois de ces modèles décrivent les forces naturelles connues (électromagnétique, faible et forte). Ils correspondent à trois groupes de Lie particuliers (le cercle, $SU(2)$ et $SU(3)$, respectivement), même s'il existe une théorie de jauge pour *tout* groupe de Lie. Les théories de jauge associées à ces autres groupes de Lie sont tout aussi légitimes d'un point de vue mathématique, quand bien même elles ne semblent pas liées au monde réel. Nous avons également évoqué les extensions supersymétriques de ces théories de jauge, plus abordables mathématiquement, alors que la supersymétrie n'a pas été observée dans la nature et qu'elle n'y existe peut-être pas du tout. Des modèles similaires demandent quant à eux des espaces-temps de dimensions différentes de quatre. Il existe quantité d'autres exemples de théories mathématiques fructueuses qui ne sont directement liées à aucune réalité physique.

Dans un autre livre, *Les Ombres de l'esprit*, Roger Penrose évoque le triangle composé du monde physique, du monde mental et du monde platonicien des mathématiques[13]. Ces trois mondes sont distincts mais fermement entrelacés. Même si nous ne comprenons pas encore tout à fait la manière dont ils sont liés entre eux, il est hors de doute que chacun d'eux influence profondément notre vie. Mais alors que nous reconnaissons tous l'importance du monde physique et du monde mental, nombre d'entre nous ignorons parfaitement celle du monde des mathématiques. Je pense que, lorsque nous prendrons conscience de cette réalité cachée et que nous utiliserons ses pouvoirs inexploités, notre société vivra un changement comparable à la révolution industrielle.

Selon moi, c'est l'objectivité du savoir mathématique qui est à la source de ses possibilités illimitées. Cette qualité, j'insiste, les distingue de toute autre discipline ou activité humaine. Je pense que comprendre ce qui se cache derrière cette caractéristique éclairera les plus grands mystères de la réalité physique, de la conscience et de leurs relations mutuelles. En d'autres termes, plus nous nous approcherons du monde platonicien des mathématiques, plus nous disposerons de ressources pour comprendre le monde qui nous entoure et notre place en son sein.

Par chance, rien ne nous empêche de plonger toujours plus profond dans cette réalité platonicienne et de l'intégrer à notre vie. Et la dimension démocratique inhérente aux mathématiques est vraiment remarquable : alors que certaines parties du monde physique ou du monde mental peuvent être perçues ou interprétées différemment par différentes personnes, alors qu'elles peuvent être accessibles ou non à certains d'entre nous, les concepts et les équations mathématiques sont perçus de la même façon et appartiennent à tous *également*. Personne ne peut disposer du monopole du savoir mathématique ; nul ne peut se prétendre inventeur d'une idée ou d'une formule mathématique ; nul ne peut breveter une formule ! Albert Einstein, par exemple, n'aurait jamais pu déposer $E = mc^2$. Une formule correcte exprime une vérité éternelle de l'Univers. Donc personne ne peut s'en déclarer propriétaire ; elle relève du bien commun [14]. Que nous soyons riches ou pauvres, noirs ou blancs, jeunes ou vieux, nul ne peut nous enlever ces formules. Ce que le monde recèle de plus profond et de plus beau appartient à tous !

*

Tout comme dans le film de Mishima, l'élément principal de l'austère décor de *Rites d'amour et de maths* est un grand motif calligraphié accroché au mur. Mishima avait écrit sur le sien *shisei* (sincérité), dans le cadre d'un film qui traitait de sincérité et d'honneur. Le nôtre traitait de la vérité, aussi est-ce ce mot que nous avons tout naturellement décidé d'y inscrire. Et non pas en japonais, mais en russe.

Le mot « vérité » se traduit de deux façons en russe. La plus habituelle, *pravda*, se rapporte à des vérités factuelles, des éléments d'information – raison pour laquelle le journal officiel du parti communiste en Union soviétique portait ce titre. L'autre, *istina*, se rapporte à une vérité philosophique, plus profonde. Dire que le groupe de symétrie d'une table ronde est un cercle, par exemple, relève de la *pravda* ; formuler le programme de Langlands, dans les cas où il n'a pas été prouvé, relève en revanche de l'*istina.* Clairement, la vérité pour laquelle le mathématicien sacrifie sa vie dans le film tient de l'*istina.*

Nous voulions également illustrer la dimension morale du savoir mathématique, en l'occurrence par une formule dont la puissance, mal utilisée, pourrait servir à faire le mal. Songeons à ce groupe de physiciens théoriciens qui, au début du XXe siècle, s'escrimait à comprendre la structure de l'atome. Ce qu'ils prenaient pour une noble quête scientifique les a conduits, sans crier gare, à la découverte de l'énergie atomique, qui porte en elle sa part de bienfait mais aussi la destruction et la mort. De la même manière, une formule mathématique découverte lors de notre longue marche vers le savoir pourra se révéler dangereuse. Ma conviction est qu'un chercheur doit être libre de suivre ses idées, mais il relève aussi de sa responsabilité de tout faire pour que ses travaux ne nuisent à personne. Le mathématicien de notre film se prépare donc à mourir pour éviter que la formule ne tombe entre de mauvaises mains. En la tatouant, il la cache tout en assurant sa préservation.

Peu expérimenté en matière de tatouage, j'ai dû me renseigner sur la façon de procéder. De nos jours, les tatoueurs utilisent une machine, mais jadis, au Japon, ils se servaient d'une pointe de bambou – outil qui rendait le processus bien plus long et douloureux. Je me suis laissé dire qu'il se trouve encore quelques tatoueurs qui pratiquent cette technique ancestrale. C'est du moins ainsi que nous l'avons introduite dans le film.

Quelle formule choisir dans le rôle de la « formule de l'amour » ? Telle était la question… Elle se devait d'être à la fois complexe – c'est bien le minimum, pour une formule de l'amour ! – et esthétique. L'idée était de montrer qu'une formule mathématique peut être aussi belle sur le fond que sur la forme. Et je tenais aussi à ce que ce soit *ma* formule !

Lors du casting des « formules de l'amour », je suis tombé sur celle-ci :

$$\int_{\mathbb{CP}^1} \omega F(qz, \overline{q}\overline{z}) = \sum_{m,\overline{m}=0}^{\infty} \fint_{|z|<\epsilon^{-1}} \omega_{z\overline{z}}\, z^m \overline{z}^{\overline{m}} dz d\overline{z} \cdot \frac{q^m \overline{q}^{\overline{m}}}{m!\overline{m}!} \partial_z^m \partial_{\overline{z}}^{\overline{m}} F \Big|_{z=0}$$

$$+ q\overline{q} \sum_{m,\overline{m}=0}^{\infty} \frac{q^m \overline{q}^{\overline{m}}}{m!\overline{m}!} \partial_w^m \partial_{\overline{w}}^{\overline{m}} \omega_{w\overline{w}} \Big|_{w=0} \cdot \fint_{|w|<q^{-1}\epsilon^{-1}} F\, w^m \overline{w}^{\overline{m}} dw d\overline{w}.$$

C'est la formule (5.7) d'un article d'une centaine de pages intitulé « Instantons Beyond Topological Theory I », que j'ai écrit en 2006 avec deux bons amis, Andrey Losev et Nikita Nekrasov [15].

J'imagine que si, dans le film, on m'avait vu inscrire cette formule au tableau noir puis tenter d'expliquer sa signification, la plupart des spectateurs auraient eu vite fait de quitter la salle. Mais présentée sous forme de tatouage, l'effrayante formule suscitait une tout autre réaction. Elle vous rentrait vraiment dans la peau : chacun voulait en connaître le sens.

*

Alors que veut-elle dire ? L'article d'où elle a été tirée constituait le début d'une série que nous avons dévolue à une nouvelle approche des théories quantiques des champs, via les « instantons », des configurations de champs aux propriétés remarquables. Bien que les théories quantiques des champs soient parvenues à décrire avec précision les interactions entre particules élémentaires, de nombreux phénomènes restent très mal compris. Selon le Modèle standard, par exemple, les protons et les neutrons sont constitués de trois quarks inséparables. Ce phénomène, qui porte en physique le nom de *confinement*, manque encore d'une explication satisfaisante. De nombreux physiciens pensent que les instantons viendront à bout du mystère. Mais dans l'approche conventionnelle de la théorie quantique des champs, ces instantons restent bien insaisissables.

Nous avons donc proposé une nouvelle approche des théories quantiques des champs, dans l'espoir qu'elle permette de mieux comprendre les effets puissants des instantons. La formule ci-dessus exprime une identité surprenante entre deux façons de calculer une fonction de corrélation dans l'une de nos théories[16]. Nous n'imaginions pas à l'époque de sa découverte qu'elle se verrait bientôt sélectionnée pour tenir le rôle de la formule de l'amour.

*

Oriane Giraud, l'artiste en charge des effets spéciaux, aimait la formule mais redoutait que sa forme trop complexe ne nuise à la visibilité du tatouage. Après simplification de la notation, voici comment elle apparaît dans le film :

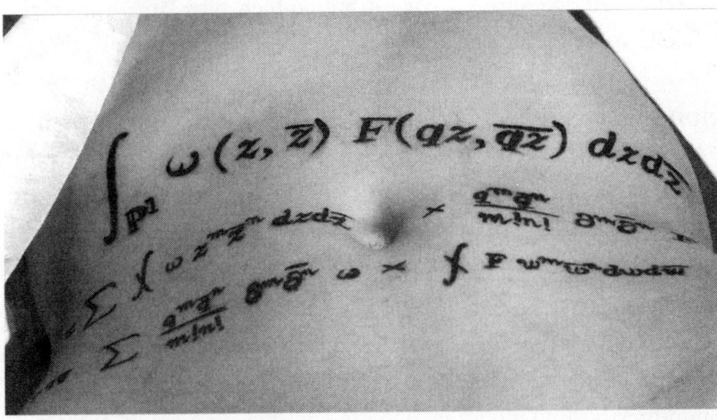

La scène de l'exécution du tatouage cherche à représenter la passion que nécessite la recherche en mathématiques. Tandis qu'il tatoue, le Mathématicien se coupe complètement du monde. Il s'agit vraiment désormais pour lui d'une question de vie ou de mort.

La prise de vues a nécessité de longues heures. Elle nous a vidés psychologiquement et physiquement, Kayshonne Insixieng May, l'actrice qui jouait Mariko, et moi. Nous l'avons achevée vers minuit le dernier jour du tournage – un instant émouvant pour toute l'équipe, une trentaine de personnes.

*

La première du film a eu lieu en avril 2010, sous le parrainage de la Fondation Sciences Mathématiques de Paris, au Max Linder Panorama, l'une des plus belles salles de projection de la capitale. Ce fut un succès. Les premiers articles de presse n'ont pas tardé à tomber. Pour *Le Monde, Rites d'amour et de maths* est « un étonnant court-métrage » qui « offre une vision romantique inhabituelle du mathématicien [17] ». Selon le *New Scientist*, c'est « très beau à regarder… » :

> S'il s'agissait pour Frenkel d'amener plus de monde vers les maths, il peut se féliciter de son travail. La formule de l'amour, qui est en réalité une version simplifiée d'une équation publiée par lui dans un article de 2006 sur la théorie quantique des champs intitulé « Instantons Beyond Topological Theory I », sera bientôt vue – à défaut d'être comprise – par un public bien plus large que celui qu'elle aurait autrement touché [18].

Selon le magazine de vulgarisation *Tangente Sup*, le film « intriguera ceux qui imaginent les mathématiques comme le contraire de l'art et de la poésie ». Dans un encadré qui accompagne l'article, Hervé Lehning précise :

> Dans les recherches mathématiques d'Edward Frenkel, symétrie et dualité ont une grande importance. Elles portent sur le programme de Langlands, qui cherche à établir un pont entre la théorie des nombres (arithmétique) et la représentation de certains groupes. Ce sujet très abstrait, et gratuit en apparence, peut avoir des applications, en cryptographie par exemple, où des groupes sur les courbes elliptiques commencent à être utilisés. […] Si l'idée de dualité est si importante chez Edward Frenkel, on peut se demander s'il voit une dualité entre amour et maths, comme le titre de son film le laisse penser. Sa réponse à notre question sur ce sujet a été claire. Pour lui la recherche mathématique s'apparente à une histoire d'amour [19].

Le film a depuis été projeté dans de nombreux festivals en France, en Espagne et en Californie, ainsi qu'à Paris, Kyoto, Madrid, Santa Barbara, Bilbao, Venise… Ces projections et les diverses manifestations publiques qui les ont entourées m'ont offert une place de choix pour observer les différences entre les « deux cultures ». Au début, tout les sépare. Mes articles mathématiques ne sont pleinement compréhensibles que par un nombre très réduit de personnes, une douzaine tout au plus dans le monde entier, parfois, au moment de leur publication. De plus, comme les résultats que j'y expose sont des vérités objectives, il n'existe essentiellement qu'une seule façon de les interpréter. Mon travail en mathématiques est donc perçu de la même manière par tous ceux qui le lisent. Notre film, au contraire, s'adressait à un large public : des milliers de personnes l'ont vu. Et bien sûr, chacune d'elles l'a interprété à sa manière.

Ce que je retiens de cette expérience, c'est que le spectateur fait toujours partie du projet artistique. Au bout du compte, tout se trouve dans l'œil de celui qui regarde. Un créateur n'a aucun pouvoir sur la perception du spectateur. Mais, bien sûr, grâce au dialogue et au partage, chacun tire bénéfice de l'apport de l'autre.

Nous avons tenté à travers ce film d'opérer une synthèse entre les deux cultures en évoquant les mathématiques avec une sensibilité d'artiste. Au début de l'histoire, le personnage de Mariko écrit un poème d'amour au Mathématicien [20]. À la fin, ce dernier, en retour, lui tatoue la formule sur le corps. Cette formule est pour lui une expression de l'amour. Elle transmet la même passion, la même charge émotionnelle qu'un poème : le Mathématicien offre en cadeau d'amour sa création, le produit de sa passion, de son imagination. Il rédige à sa façon une lettre d'amour – songeons au jeune Galois écrivant ses équations à la veille de son duel fatidique.

Mais qui est la femme ? Dans le monde mythique qui est le cadre du film, elle incarne la Vérité mathématique – d'où son nom, Mariko, qui signifie « Vérité » en japonais, et le mot *istina*, calligraphié sur la toile accrochée au mur. L'amour que lui porte le Mathématicien symbolise son amour des Mathématiques et de la Vérité, amour pour lequel il se sacrifie lui-même. Mais elle, elle doit survivre et porter cette formule, comme s'il s'agissait de leur enfant. La Vérité mathématique est éternelle.

*

Les mathématiques sont-elles un langage de l'amour ? La notion de « formule de l'amour » a dérangé certains spectateurs. Après avoir vu le film, l'un d'entre eux a par exemple eu ces mots : « La logique et les sentiments ne font pas toujours bon ménage. Nous disons même que l'amour est aveugle. Alors comment une formule de l'amour pourrait-elle se vérifier ? » Il est vrai que nos sentiments et nos émotions nous apparaissent souvent irrationnels – quoique des chercheurs en sciences cognitives vous disent que certains aspects de cette irrationalité apparente se laissent très bien saisir par les mathématiques. Je ne crois donc pas qu'il existe une formule qui décrive ou qui explique l'amour. Quand je parle d'une connexion entre l'amour et les mathématiques, je n'entends pas que l'amour puisse être réduit aux maths. Je cherche plutôt à montrer que les mathématiques recèlent plus que ce que la plupart d'entre nous pensent. Entres autres choses, elles nous donnent une capacité rationnelle supplémentaire pour nous aimer les uns les autres, pour aimer le monde qui nous entoure. Une formule mathématique n'explique pas l'amour, mais elle peut en être chargée.

Comme la poétesse Norma Farber l'a écrit :

> Make me no lazy love…
> Move me from case to case.
>
> Fais-moi l'amour sans paresse…
> Chaque fois remue-moi comme une nouvelle fois [21].

Les mathématiques nous remuent « chaque fois comme une nouvelle fois », et c'est en cela que réside leur fonction spirituelle profonde et largement inexploitée.

Citons encore Albert Einstein : « Tous ceux qui sont sérieusement intéressés par la quête de la science acquièrent la conviction qu'un esprit se manifeste dans les lois de l'Univers – un esprit immensément supérieur à l'homme et devant lequel nos modestes pouvoirs doivent se sentir humbles [22]. » Quant à Isaac Newton, tel était son sentiment : « Il me semble que je n'ai été qu'un enfant jouant sur le rivage, heureux de trouver de temps à autre un galet plus lisse ou un coquillage plus beau que les autres, alors que le grand océan de la vérité s'étendait devant moi, encore inexploré [23]. »

Mon rêve serait que nous prenions tous un jour conscience de cette réalité cachée. Nous pourrions peut-être alors oublier tout ce qui nous sépare pour mieux nous concentrer sur les vérités profondes qui nous rassemblent. Nous deviendrions semblables à des enfants jouant sur le rivage, émerveillés par la beauté éblouissante et l'harmonie que nous n'aurions plus qu'à découvrir, partager et chérir ensemble.

ÉPILOGUE

En ce jour de janvier 2012, mon avion atterrit à l'aéroport Logan de Boston. Je suis invité à prononcer une série de conférences à la grand-messe annuelle organisée conjointement par l'American Mathematical Society et la Mathematical Association of America. Cette manifestation se tient depuis 1896. Un coup d'œil sur la liste de mes prédécesseurs me plonge carrément dans l'histoire des mathématiques : John von Neumann, Shiing-Shen Chern, Michael Atiyah, Raoul Bott, Robert Langlands, Edward Witten et tant d'autres grands noms... Je me sens aussi flatté qu'intimidé à l'idée de m'inscrire à mon tour dans cette longue tradition.

Revenir à Boston me renvoie à mes souvenirs : j'ai atterri ici pour la première fois en septembre 1989, avant de gagner Harvard, avec pour tout bagage mes *bonnes maths de Russie*, pour paraphraser le titre d'un film d'espionnage célèbre. J'avais alors 21 ans, et je n'avais aucune idée de ce qui m'attendait. Trois mois plus tard, j'étais plus mûr déjà (on grandit vite en ces périodes mouvementées), et en ce même aéroport, je raccompagnais mon mentor, Boris Feigin, qui s'en retournait à Moscou. Je me demandais si je le reverrais un jour. De fait, notre collaboration et notre amitié n'ont fait que se renforcer et s'épanouir.

Mon séjour à Harvard a duré plus longtemps que prévu : j'y ai obtenu mon doctorat, ai été élu à la Harvard Society of Fellows, puis nommé Associate Professor. Cinq ans après y avoir atterri, je guettais anxieusement l'arrivée de mes parents et de ma sœur dans cet aéroport : ils venaient me retrouver et s'installer aux États-Unis. Depuis lors, ils sont restés dans la région de Boston, que j'ai moi-même quittée en 1997, pour répondre à une offre de l'université de Californie à Berkeley, que je ne pouvais refuser.

Je reviens régulièrement rendre visite à ma famille. En fait, mes parents habitent à quelques pâtés de maisons du Hynes Convention Center, où se tient la conférence. Grâce à cette drôle de coïncidence, ils vont avoir l'occasion de me voir à l'œuvre pour la première fois. Quel beau cadeau de bienvenue que de pouvoir partager cette expérience avec mes proches !

Me voici maintenant sur l'estrade de l'immense amphithéâtre, face à la grande majorité des plus de sept mille participants inscrits – c'est très probablement le plus grand rassemblement mathématique de tous les temps. Mes parents, ma sœur et ma nièce sont assis au premier rang. Ma conférence porte sur de récents travaux menés avec Robert Langlands et Ngô Bao Châu, le résultat de trois ans d'efforts pour développer toujours plus les idées du programme de Langlands [1].

J'interroge le public : « Et si nous faisions un film sur le programme de Langlands ? » Je marque une légère pause, puis je poursuis : « Comme n'importe quel scénariste vous le dirait, il faudrait alors nous demander : quel est l'enjeu ? qui sont les personnages ? quelle est l'histoire ? quels sont les conflits ? comment se dénouent-ils ? »

Les gens sourient dans le public. Je parle d'André Weil et de sa pierre de Rosette. Nous embarquons pour un voyage à travers plusieurs continents du monde des mathématiques, nous explorons les points de passage qui les unissent.

D'une légère pression du doigt sur la télécommande, j'affiche, sur quatre écrans géants, une nouvelle diapo de ma présentation. Chaque page décrit une petite étape de notre quête infinie du savoir, apporte une petite réponse à des questions éternelles touchant à la vérité et à la beauté.

Plus augmentent nos connaissances en mathématiques, cet univers magique et secret, plus nous prenons conscience de notre grande ignorance, de tout ce qu'il reste à découvrir.

L'aventure continue !

REMERCIEMENTS

Merci à la DARPA et à la National Science Foundation qui ont soutenu les recherches décrites dans ce livre. Ce dernier a été achevé alors que j'étais Miller Professor au Miller Institute for Basic Research in Science à l'université de Californie à Berkeley.

Merci à T.J. Kelleher et Melissa Veronesi, mes éditeurs chez Basic Books, pour leurs conseils avisés.

Au cours de l'écriture de ce livre, j'ai bénéficié de discussions fructueuses avec Sara Bershtel, Robert Brazell, David Eisenbud, Marc Gerald, Masako King, Susan Rabiner, Sasha Raskin, Philibert Schogt, Margit Schwab, Eric Weinstein et David Yezzi.

Merci encore à Alex Freedland, Ben Glass, Claude Levesque, Kayvan Mashayekh et Corinne Trang qui ont relu des parties du texte à des étapes diverses de sa conception et qui m'ont donné des avis très utiles. Ma reconnaissance va également à Andrea Young, qui a pris les photos du « coup du gobelet » utilisées au chapitre 15.

Je dois des remerciements tout particuliers à Thomas Farber pour ses multiples bonnes idées et ses conseils d'expert, ainsi qu'à Marie Levek, qui a lu le manuscrit et qui, par ses questions pénétrantes, m'a aidé à l'améliorer en de nombreux endroits. Je dois aussi à mon père, Vladimir Frenkel, qui en a lu maintes versions, des remarques inestimables.

J'espère avoir clairement évoqué au fil de l'ouvrage la dette énorme que j'ai envers mes professeurs, mes mentors et tous ceux qui m'ont aidé au cours du voyage.

Et, par-dessus tout, j'exprime toute ma gratitude à mes parents, Lidia et Vladimir Frenkel, sans l'amour et le soutien desquels rien de ce que j'ai accompli n'aurait été possible. Ce livre leur est dédié.

NOTES

Préface

1. Edward Frenkel, « Don't Let Economists and Politicians Hack Your Math », *Slate*, 8 février 2013, `http://slate.me/128ygaM`.

Chapitre 1. Une bête mystérieuse

1. D'après Physics World, `http://www.hk-phy.org/index2.html`

2. Trad. Ph. Lavergne, cité dans Gell-Mann (Murray), *Le Quark et le Jaguar*, trad. G. Minot, Albin Michel, 1995, p. 204. Le mot « quark » se rapporte aussi au croassement, l'équivalent de ce qui s'écrirait « couark » ou « couarc » en français (N.d.T.).

3. Images : Arpad Horvath.

Chapitre 2. L'essence de la symétrie

1. Par « symétrie d'un objet », j'entends désormais une transformation particulière qui laisse l'objet en question globalement invariant, la rotation d'une table, par exemple. Je n'emploierai plus l'expression pour signifier qu'un objet est symétrique.

2. En mesurant les angles dans le sens horaire, nous obtenons le même ensemble de rotations : la rotation de 90 degrés dans un sens est identique à la rotation de 270 degrés dans l'autre, etc. Par convention, mais par convention seulement, les mathématiciens tournent habituellement dans le sens antihoraire.

3. Aussi superflue qu'elle puisse paraître, il faut prendre en compte cette symétrie au moins pour des raisons de cohérence. Nous désignons en effet par symétrie toute transformation qui laisse notre objet invariant. Or l'identité entre dans cette catégorie.

Par souci de clarté, j'ajoute que seul compte le résultat d'une symétrie donnée, c'est-à-dire la position finale de tous les points de l'objet. Ce qu'il subit durant le processus n'a aucune importance. Si nous faisons tourner la table de 360 degrés, par exemple, tous les points se retrouvent dans leur position initiale.

C'est d'ailleurs pourquoi nous considérons qu'une rotation de 360 degrés est identique à la rotation d'angle nul. Pour la même raison, une rotation de 90 degrés dans le sens antihoraire est identique à la rotation de 270 degrés dans le sens horaire. Pour donner un exemple plus parlant, supposons que nous fassions glisser la table sur le sol de 10 mètres dans une certaine direction, puis de 10 mètres dans la direction inverse, ou que nous la déplacions dans une autre pièce avant de la ramener exactement au même endroit. Comme tous les points de la table se retrouvent dans leur position initiale, on considère que ces deux symétries sont identiques, en l'occurrence qu'il s'agit de la symétrie identité.

4. La composition de symétries vérifie aussi une importante propriété appelée *associativité* : étant donné trois symétries, S, S' et S'', leur composition ne dépend pas de l'ordre dans laquelle elle est effectuée, c'est-à-dire que $(S \circ S') \circ S''$ et $S \circ (S' \circ S'')$ donnent le même résultat. La définition d'un groupe demande formellement cette propriété. Sauf exception, je ne la mentionnerai plus dans ce livre car elle est évidemment satisfaite pour tous les groupes que je considérerai.

5. Dans le cas de la table carrée, nous avions trouvé commode d'identifier les quatre symétries aux quatre coins de la table. Une telle association suppose de choisir un des coins pour représenter l'identité. Une symétrie donnée envoie alors ce coin sur un autre coin, auquel elle est elle-même identifiée. Mais en choisissant un coin différent pour représenter l'identité, nous obtenons une autre identification. Il vaut donc mieux distinguer les symétries et les points de la table.

6. Voyez Sean Carroll, *The Particle at the End of the Universe : How the Hunt for the Higgs Boson Leads Us to the Edge of a New World*, Dutton, 2012.

7. L'idée que les formes soient déterminées par les propriétés de leurs symétries a servi en 1872 au mathématicien Felix Klein de point de départ au programme d'Erlangen, un travail aux répercussions multiples et profondes, en vertu duquel les propriétés saillantes d'une géométrie s'inscrivent dans un groupe de symétrie. En géométrie euclidienne, par exemple, ce groupe est constitué de toutes les transformations de l'espace euclidien qui préservent les distances, à savoir les compositions de rotations et de translations. Aux géométries non euclidiennes correspondent d'autres groupes de symétrie. Il est ainsi possible de classer les géométries en classant des groupes caractéristiques.

8. Ce qui ne signifie pas qu'aucun aspect d'un énoncé mathématique ne soit sujet à interprétation. L'importance d'un résultat, par exemple, la portée de son application ou son utilité pour le développement ultérieur des mathématiques, peuvent prêter à débat. Mais la *signification* de l'énoncé – ce qu'il dit exactement – ne se discute pas s'il est logiquement cohérent. (La cohérence logique d'un énoncé ne se discute pas non plus dès lors qu'est choisi un système d'axiomes dans lequel se formule l'énoncé.)

9. Comme ces rotations s'associent de la même manière à des symétries de n'importe quel objet circulaire, disons une table ronde, nous pourrions en principe considérer une représentation du groupe des rotations par les symétries de la table plutôt que du plan. Mais en mathématiques, le terme « représentation » est spécifiquement réservé à une situation où le groupe étudié correspond à des symétries des espaces de dimension n, et même à des applications linéaires de ces espaces, un concept expliqué en note 2 du chapitre 14.

10. Pour tout élément g du groupe, notons S_g la symétrie correspondante dans l'espace de dimension n. Il faut que S_g soit linéaire pour tout g et que les deux propriétés suivantes soient satisfaites : (1) pour tout élément g et h du groupe, la symétrie $S_{g \cdot h}$ doit être égale à la composition des symétries S_g et S_h ; (2) la symétrie correspondant à l'élément neutre du groupe doit être la symétrie identité du plan.

11. On découvrit plus tard trois autres quarks, nommés « charm » (charme), « top » (ou *truth*, vérité) et « bottom » (ou *beauty*, beauté), ainsi que leurs antiquarks respectifs.

Chapitre 3. Le cinquième problème

1. Il existait aussi une petite synagogue semi-officielle à Marina Rosha. Après la *perestroïka*, la situation s'est améliorée, et des synagogues et centres de communauté juifs se sont ouverts, à Moscou ou ailleurs.

2. Mark Saul, « Kerosinka : An Episode in the History of Soviet Mathematics », *Notices of the American Mathematical Society*, vol. 46, novembre 1999, pp. 1217-1220, disponible en ligne à l'adresse `http://www.ams.org/notices/199910/fea-saul.pdf`.

3. George G. Szpiro, « Bella Abramovna Subbotovskaya and the "Jewish People's University" », *Notices of the American Mathematical Society*, vol. 54, novembre 2007, pp. 1326-1330, disponible en ligne à l'adresse `http://www.ams.org/notices/200710/tx071001326p.pdf`.

4. Alexander Shen dresse une liste de quelques problèmes donnés aux étudiants juifs à l'examen d'entrée de la MGU dans son article « Entrance Examinations to the Mekh-Mat », *Mathematical Intelligencer*, vol. 16, n° 4, 1994, pp. 6-10, réédité dans le livre M. Shifman (éd.), *You Failed Your Math Test, Comrade Einstein*, World Scientific, 2005, disponible en ligne à l'adresse `http://www.ftpi.umn.edu/shifman/ComradeEinstein.pdf`. D'autres articles de ce livre, et notamment ceux de I. Vardi et A. Vershik, traitent également de l'admission à la MGU.

Une autre liste de problèmes est compilée par T. Khovanova et A. Radul dans *Jewish Problems*, disponible à l'adresse `http://arxiv.org/abs/1110.1556`.

5. George G. Szpiro, *ibid.*

Chapitre 4. Kerosinka

1. Mark Saul, *ibid.*

Chapitre 5. Des brins de solutions

1. L'histoire de l'Université du peuple juif et les circonstances de la mort de Bella Muchnik Subbotovskaya sont relatées dans l'article de D.B. Fuchs *et al.* in

M. Shifman (ed.), *You Failed Your Math Test, Comrade Einstein*, World Scientific, 2005. Voyez aussi George G. Szpiro, *ibid.*

2. La tresse élément neutre placée sur une autre tresse produit cette même tresse, après suppression des plaques centrales et raccourcissement des brins. Autrement dit, ajouter une tresse à la tresse neutre donne la tresse initiale.

3. L'addition d'une tresse et de son image miroir se schématise ainsi :

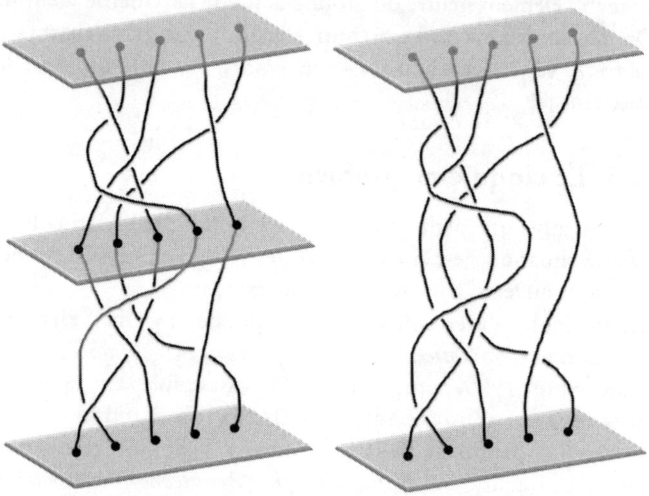

En tirant vers la droite le brin punaisé le plus à droite, nous obtenons la tresse représentée à gauche sur la figure ci-dessous. En procédant de même avec le troisième brin de cette dernière tresse, nous obtenons celle de droite.

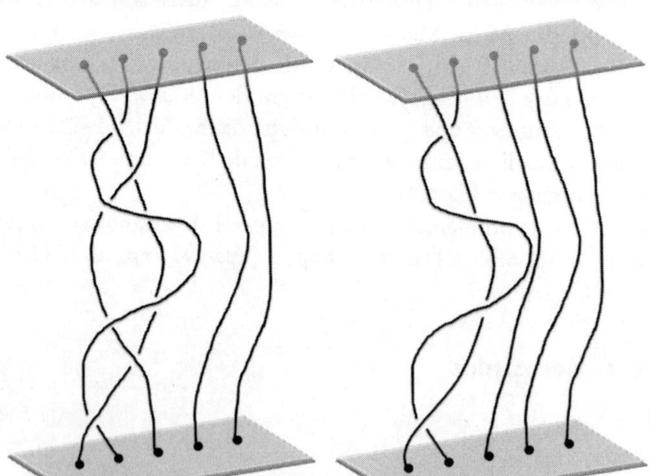

Tirons maintenant vers la gauche le deuxième brin. La tresse résultante semble présenter un chevauchement entre le premier et le deuxième brin. Il n'est pourtant qu'illusoire, car il disparaît en tirant le deuxième brin vers la droite. Ces mouvements sont reproduits sur la figure ci-dessous. La tresse finale, à droite, est bien la tresse élément neutre décrite en corps de texte. Il suffit simplement de lisser les brins, opération que nos règles permettent, et de les raccourcir, pour retrouver une tresse de même hauteur que la tresse initiale. Notons que jamais les brins ne se sont traversés ou n'ont été coupés.

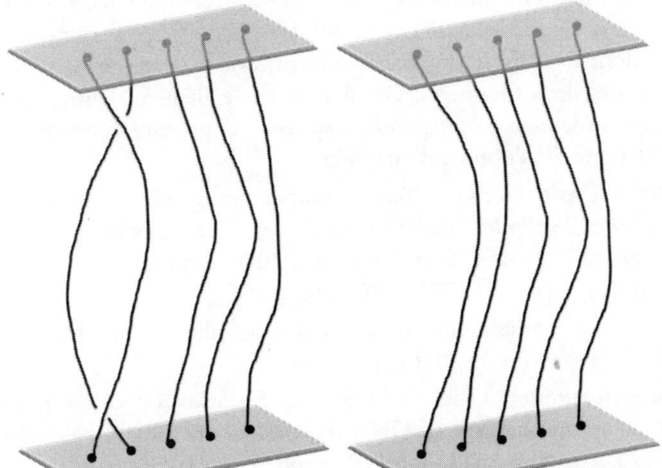

4. Saisissons cette opportunité pour distinguer clairement une définition d'un théorème. Rappelons qu'en vertu de la définition donnée au chapitre 2, un groupe est un ensemble muni d'une opération, appelée composition, addition ou multiplication selon les circonstances, qui satisfait aux propriétés – ou axiomes – suivantes : il existe dans l'ensemble un élément neutre, au sens décrit dans le chapitre 2 ; tout élément de l'ensemble possède un inverse ; l'opération vérifie la propriété d'associativité décrite dans la note 4 du chapitre 2. Une fois cette *définition* posée, la notion de groupe est fixée pour toujours : nous ne sommes plus autorisés à la changer.

Étant donné ensuite un ensemble, on peut essayer de le munir d'une structure de groupe, ce qui signifie construire une opération sur l'ensemble et prouver que cette opération vérifie les propriétés listées ci-dessus. C'est ce que nous avons fait ici avec l'ensemble de toutes les tresses à *n* brins – à déformation près, comme expliqué dans le corps du texte – et la construction de l'opération d'addition. Le *théorème* consiste à affirmer que cette opération satisfait aux propriétés voulues. Nous l'avons prouvé en vérifiant directement les deux premières propriétés – voyez respectivement les notes 2 et 3 ci-dessus –, la dernière, l'associativité, découlant immédiatement de la manière dont est construite l'addition de deux tresses.

5. Comme l'une de nos règles veut qu'un brin ne puisse s'auto-emmêler, le seul brin de la tresse n'a d'autre choix que de descendre sans se nouer sur sa punaise. Bien qu'il puisse, pour cela, suivre un chemin plus ou moins sinueux, une déformation le fera descendre en ligne droite. En d'autres termes, le groupe T_1 n'est constitué que d'un élément, à savoir l'élément neutre – qui est aussi son propre inverse et le résultat de son addition avec lui-même.

6. En jargon mathématique, on dit que « le groupe T_2 est *isomorphe* au groupe des entiers ». Cela signifie qu'il existe une correspondance bijective entre les deux groupes – ici celle qui associe une tresse à son nombre de croisements – qui fasse en sorte que l'addition sur les tresses – au sens décrit plus haut – corresponde à l'addition usuelle sur les entiers. De fait, poser une tresse sur une autre donne une tresse dont le nombre de croisements est égal à la somme des nombres de croisements des deux premières. De plus, la tresse élément neutre, qui ne comporte aucun croisement, correspond à l'entier 0, et prendre l'inverse d'une tresse correspond à prendre l'opposé d'un entier.

7. Voyez David Garber, « Braid group cryptography », in *Braids : Introductory Lectures on Braids, Configurations and Their Applications*, eds. A. Jon Berrick, et al., pp. 329-403, World Scientific 2010, disponible en ligne à l'adresse `http://arxiv.org/pdf/0711.3941v2.pdf`.

8. Voyez par exemple Graham P. Collins, « Calculer avec des tresses quantiques », *Pour la science*, mai 2006, pp. 34-40.

9. De Witt Sumners, Claus Ernst, Sylvia J. Spengler et Nicholas R. Cozzarelli, « Analysis of the mechanism of DNA recombination using tangles », *Quarterly Reviews of Biophysics*, vol. 28, août 1995, pp. 253-313 ; Mariel Vazquez et De Witt Sumners,« Tangle analysis of Gin recombination », *Mathematical Proceedings of the Cambridge Philosophical Society*, vol. 136, 2004, pp. 565-582.

10. Comme nous aurons l'occasion d'en discuter au chapitre 9, le groupe des tresses T_n est plus précisément le *groupe fondamental* de l'espace de n points non ordonnés distincts du plan. Ces collections de n points non ordonnés distincts s'interprètent comme des polynômes de degré n. Considérons par exemple un polynôme de la forme $x^2 + a_1 x + a_0$, où a_0 et a_1 désignent des nombres complexes, c'est-à-dire un polynôme quadratique monique à coefficients complexes – *monique* signifie simplement que le coefficient devant le terme x de plus haut degré est égal à 1. Ce polynôme s'annule pour deux valeurs complexes, ses racines, qui, à l'inverse, déterminent un unique polynôme quadratique monique. Comme les nombres complexes se représentent par des points du plan – voyez le chapitre 9 –, un polynôme quadratique monique à deux racines distinctes équivaut à deux points distincts du plan.

De la même façon, un polynôme monique de degré n, $x^n + a_{n-1}x^{n-1} + \ldots + a_1 x + a_0$, à n racines complexes distinctes, équivaut à une collection de n points distincts du plan – ses racines. Un chemin dans cet espace de polynômes qui part et se termine au polynôme particulier $(x-1)(x-2)\ldots(x-n)$, dont les racines sont $1, 2, 3, \ldots, n$, se visualise comme une tresse à n brins – les trajectoires des racines formant les brins. Nous voyons ainsi que le groupe des tresses T_n est le groupe fondamental de l'espace des polynômes de degré n à racines distinctes – voyez le chapitre 14.

11. À chaque croisement, on ajoute $+1$ si le brin gauche passe au-dessus du brin droit et -1 s'il passe au-dessous. La procédure est illustrée sur la figure suivante :

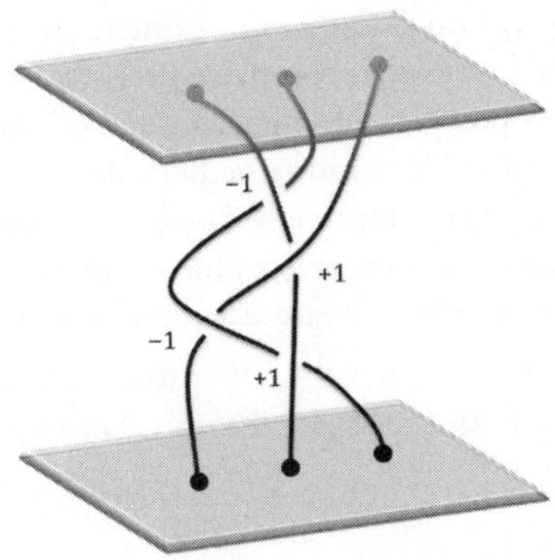

La somme prise sur tous les croisements définit le *nombre de croisements* d'une tresse donnée. Le fait de bouger les brins ne peut qu'éliminer ou ajouter un nombre égal de croisements $+1$ et -1, si bien que le total ne varie pas. Le nombre de croisements d'une tresse est donc *bien défini* : il ne varie pas avec les déformations.

12. Notons que le nombre de croisements d'une tresse obtenu en additionnant deux tresses est égal à la somme du nombre de croisements de ces deux tresses. La somme de deux tresses à nombre de croisements nul est encore une tresse à nombre de croisements nul. Le groupe dérivé T_n' est constitué de toutes ces tresses. C'est, en un certain sens très précis, la partie non abélienne maximale du groupe de tresses T_n.

13. Le concept de nombres de Betti trouve sa source en topologie, l'étude mathématique des propriétés les plus fondamentales des formes géométriques. Les nombres de Betti $b_0, b_1, b_2\ldots$ d'une certaine forme géométrique, comme un cercle ou une sphère, sont des entiers naturels, éventuellement nuls. Pour un espace plat, par exemple, comme la droite, le plan, etc., tous les nombres de Betti sont nuls sauf, b_0, qui vaut 1. Plus généralement, b_0 compte le nombre de composantes connexes de la forme géométrique. Pour le cercle, $b_0 = 1$, $b_1 = 1$ et tous autres nombres de Betti sont nuls. Le fait que b_1 vaille 1 reflète la présence d'un morceau unidimensionnel non trivial. Pour une sphère, $b_0 = 1$, $b_1 = 0$, $b_2 = 1$ et tous les autres b_i sont égaux à 0. Ici b_2 reflète la présence d'une pièce bidimensionnelle non triviale.

Les nombres de Betti du groupe de tresses T_n sont par définition les nombres de Betti de l'espace des polynômes moniques de degré n à n racines distinctes. Les nombres de Betti du groupe dérivé T_n' sont les nombres de Betti d'un espace qui lui est intimement lié, à savoir celui de tous les polynômes moniques de degré n à n racines distinctes satisfaisant une propriété supplémentaire : que leur discriminant – le carré du produit des différences de toutes les paires de racines – prenne une valeur fixée non nulle – disons 1. Le discriminant du polynôme $x^2 + a_1 x + a_0$ vaut par exemple $a_1^2 - 4a_0$; une formule similaire existe pour tous les degrés n.

Il suit de cette définition que le discriminant d'un polynôme est nul si et seulement si il admet des racines multiples. Le discriminant définit donc une application de l'espace des polynômes moniques de degré n à n racines distinctes vers le plan complexe privé du point 0. On obtient par ce moyen une *fibration* de cet espace polynomial sur le plan complexe privé de l'origine. Les nombres de Betti de T'_n reflètent la topologie d'une quelconque des fibres – toutes topologiquement identiques –, quand les nombres de Betti de T_n reflètent celle de l'espace entier. C'est précisément pour comprendre la topologie des fibres que Varchenko m'avait donné ce problème. Pour en savoir plus sur les nombres de Betti et sur les concepts d'homologie et de cohomologie auxquels ils sont liés, voyez par exemple ces manuels introductifs :

William Fulton, *Algebraic Topology : A First Course*, Springer, 1995 ;

Allen Hatcher, *Algebraic Topology*, Cambridge University Press, 2001.

Chapitre 6. Apprenti mathématicien

1. Certains considèrent la note marginale comme un coup de bluff de la part de Fermat. Je pense plutôt que ce dernier s'est trompé de bonne foi. Nous lui devons en tout cas l'effet positif sensible produit par cette annotation sur le développement des mathématiques.

2. J'avais plus précisément démontré que pour tout diviseur d de n, le q^e nombre de Betti, où $q = n(d-2)/d$, est égal à $\phi(d)$, et que pour tout diviseur d de $n-1$, le q^e nombre de Betti, où $q = (n-1)(d-2)/d$, est égal à $\phi(d)$. Tous les autres nombres de Betti de T'_n sont égaux à 0.

3. En 1985, Mikhaïl Gorbatchev accéda au pouvoir, puis lança sa politique de *perestroïka*. Pour autant que je le sache, la discrimination systématique des candidats juifs à l'examen d'entrée du *Mekh-Mat*, que j'avais moi-même subie, s'est achevée vers 1990.

4. S. Zdravkovska et P. Duren, « Golden Years of Moscow Mathematics », *American Mathematical Society*, 1993, p. 221.

5. Selon le mathématicien Yuly Ilyashenko, cet événement aurait précipité l'établissement de la politique antisémite du *Mekh-Mat*. Voyez son interview intitulée « The black 20 years at Mekh-Mat » et publiée le 28 juillet 2009 sur le site polit.ru : `http://www.polit.ru/article/2009/07/28/ilyashenko2`.

6. Il s'agissait de trouver le nombre de façons dont on peut coller deux à deux les côtés d'un polygone régulier à $4n$ côtés pour obtenir une surface de genre n. Dans le chapitre 9, nous traiterons du cas particulier où les deux côtés du polygone sont opposés.

7. Edward Frenkel, « Cohomology of the Commutator Subgroup of the Braid Group », *Functional Analysis and Applications*, vol. 22, 1988, pp. 248-250.

Chapitre 7. La Grande théorie d'unification

1. Interview de Robert Langlands pour la lettre d'information de l'université de la Colombie-Britannique (2010). La version complète est disponible à l'adresse `http://www.math.ubc.ca/Dept/Newsletters/Robert_Langlands_interview_2010.pdf`.

2. Supposons qu'il existe des entiers m et n tels que $\sqrt{2} = m/n$. Sans perdre de généralité, nous pouvons supposer que m et n sont premiers entre eux, c'est-à-dire que m et n ne sont pas tous deux divisibles par un même entier autre que 1. Dans le cas contraire, nous aurions $m = dm'$ et $n = dn'$, pour un certain entier d, puis $\sqrt{2} = m'/n'$. Quitte à itérer ce processus, nous tomberons finalement sur deux nombres premiers entre eux.

Supposons donc que $\sqrt{2} = m/n$, où m et n sont premiers entre eux. En élevant au carré les deux côtés de cette formule, nous obtenons $2 = m^2/n^2$. En multipliant chaque côté par n^2, nous obtenons $m^2 = 2n^2$. L'entier m est donc pair, car dans le cas contraire m^2 serait aussi impair, ce qui contredirait notre résultat.

Si m est pair, alors $m = 2p$ pour un certain entier p. En substituant m par $2p$ dans la formule précédente, nous obtenons $4p^2 = 2n^2$, d'où $n^2 = 2p^2$. L'entier n est donc pair lui aussi, par l'argument déjà utilisé pour montrer que m est pair. Les entiers m et n sont donc tous deux pairs, ce qui contredit notre hypothèse de départ, à savoir qu'ils sont premiers entre eux. De tels entiers m et n n'existent donc pas.

Ce raisonnement est un bon exemple de « preuve par contradiction ». Nous partons du contraire de ce que l'on cherche à prouver, ici que $\sqrt{2}$ est un nombre rationnel, pour essayer d'aboutir en toute logique à une conclusion fausse, ici que m et n sont pairs. Si nous y parvenons, c'est que notre point de départ est lui-même faux. Nous utiliserons de nouveau cette méthode dans le chapitre 8, d'abord en discutant de la preuve du Dernier théorème de Fermat, puis, dans la note 6 de ce même chapitre, pour montrer qu'il existe une infinité de nombres premiers.

3. Pour multiplier par exemple $\frac{1}{2} + \sqrt{2}$ et $3 - \sqrt{2}$, il suffit de développer le produit

$$\left(\frac{1}{2} + \sqrt{2}\right)(3 - \sqrt{2}) = \frac{1}{2} \cdot 3 - \frac{1}{2} \cdot \sqrt{2} + \sqrt{2} \cdot 3 - \sqrt{2} \cdot \sqrt{2}.$$

Comme $\sqrt{2} \cdot \sqrt{2} = 2$, nous obtenons, en regroupant les termes :

$$\frac{3}{2} - \frac{1}{2}\sqrt{2} + 3\sqrt{2} - 2 = -\frac{1}{2} + \frac{5}{2}\sqrt{2}.$$

Le résultat est donc un nombre de même type, qui appartient ainsi à notre nouveau système numérique.

4. Nous ne considérons que les symétries compatibles avec les opérations d'addition et de multiplication, envoyant 0 sur 0, 1 sur 1, un inverse pour l'addition sur l'inverse pour l'addition et un inverse pour la multiplication sur l'inverse pour la multiplication. Or si 1 va sur 1, 2 = 1 + 1 va sur 1 + 1 = 2. De même, tous les entiers naturels sont préservés, ainsi que leur inverse pour l'addition et la multiplication. Une telle symétrie laisse donc les nombres rationnels invariants.

5. Il est facile de vérifier que cette symétrie est bien compatible avec l'addition, la soustraction, la multiplication et la division. Pour montrer par exemple cette propriété sur l'addition, considérons deux éléments de notre système numérique,

$$x + y\sqrt{2} \qquad \text{et} \qquad x' + y'\sqrt{2},$$

où x, y, x' et y sont des nombres rationnels. En les additionnant, nous obtenons :

$$\left(x + y\sqrt{2}\right) + \left(x' + y'\sqrt{2}\right) = (x + x') + (y + y')\sqrt{2}.$$

En appliquant par ailleurs notre symétrie à chacun d'eux :

$$x - y\sqrt{2} \qquad \text{et} \qquad x' - y'\sqrt{2}.$$

Puis en les additionnant :

$$\left(x - y\sqrt{2}\right) + \left(x' - y'\sqrt{2}\right) = (x + x') - (y + y')\sqrt{2}.$$

Ce résultat est bien égal au nombre obtenu en appliquant notre symétrie à la somme originale :

$$(x + x') + (y + y')\sqrt{2} \quad \mapsto \quad (x + x') - (y + y')\sqrt{2}.$$

En d'autres termes, nous pouvons appliquer la symétrie à chacun des deux nombres et les additionner ensuite, ou d'abord les additionner et appliquer la symétrie ensuite. Le résultat sera identique. C'est très précisément ce que nous entendons en disant que la symétrie est *compatible* avec l'opération d'addition. De la même façon, nous pourrions vérifier que notre symétrie est compatible avec les opérations de soustraction, de multiplication et de division.

6. Le groupe de Galois du corps de nombres obtenu en adjoignant $\sqrt{2}$ aux nombres rationnels, par exemple, est constitué de deux symétries : la symétrie identité et la symétrie qui intervertit $\sqrt{2}$ et $-\sqrt{2}$. Notons l'identité par I et la symétrie permutant $\sqrt{2}$ et $-\sqrt{2}$ par S. Les compositions de ces symétries se calculent ainsi :

$$I \circ I = I, \qquad I \circ S = S, \qquad S \circ I = S,$$

et la plus intéressante :

$$S \circ S = I.$$

De fait, intervertir deux fois $\sqrt{2}$ et $-\sqrt{2}$ revient bien à ne rien faire :

$$x + y\sqrt{2} \quad \mapsto \quad x - y\sqrt{2} \quad \mapsto \quad x - (-y\sqrt{2}) = x + y\sqrt{2}.$$

Nous avons ainsi complètement décrit le groupe de Galois de ce corps de nombres : il est constitué de deux éléments, I et S, dont les compositions sont données par les formules précédentes.

7. Niels Henrik Abel avait montré quelques années auparavant qu'il existait une équation quintique qui ne pouvait se résoudre en radicaux. (Joseph-Louis Lagrange et Paolo Ruffini ont aussi largement contribué au sujet.) Mais la preuve de Galois est plus générale et plus conceptuelle. Pour en savoir plus sur les groupes de Galois et la riche histoire de la résolution des équations polynomiales, voyez Mario Livio, *The Equation That Couldn't Be Solved*, Simon & Schuster, 2005.

8. Plus généralement, considérons l'équation du second degré $ax^2+bx+c=0$ à coefficients rationnels a, b, c. Ses solutions x_1 et x_2 sont données par les formules

$$x_1 = \frac{-b+\sqrt{b^2-4ac}}{2a} \qquad \text{et} \qquad x_2 = \frac{-b-\sqrt{b^2-4ac}}{2a}.$$

Si le discriminant $b^2 - 4ac$ n'est pas le carré d'un nombre rationnel, les solutions ne sont pas des nombres rationnels. En adjoignant x_1 et x_2 aux rationnels, nous obtenons donc un nouveau corps de nombres. Le groupe de symétrie de ce corps de nombres est lui aussi constitué de deux éléments : l'identité et la symétrie permutant les deux solutions, x_1 et x_2. En d'autres termes, la symétrie intervertit $\sqrt{b^2-4ac}$ et $-\sqrt{b^2-4ac}$.

Mais la description de ce groupe de Galois ne nécessite pas de formuler explicitement les solutions. Comme cette équation est de degré 2, nous savons qu'elle admet deux solutions, que nous notons simplement x_1 et x_2. Il suit alors :

$$ax^2 + bx + c = a(x - x_1)(x - x_2).$$

En développant le membre de droite de cette équation, nous trouvons que $x_1 + x_2 = -\frac{b}{a}$, ou encore $x_2 = -\frac{b}{a} - x_1$. Comme x_1 est solution de l'équation de départ, nous avons aussi $(x_1)^2 = -\frac{c+bx_1}{a}$. Si le discriminant n'est pas le carré d'un nombre rationnel, le corps de nombres obtenu en adjoignant x_1 et x_2 aux nombres rationnels est composé de tous les nombres de la forme $\alpha + \beta x_1$, où α et β sont rationnels. La symétrie qui permute x_1 et x_2 envoie le nombre $\alpha + \beta x_1$ sur

$$\alpha + \beta x_2 = \left(\alpha - \beta\frac{b}{a}\right) - \beta x_1.$$

Cette symétrie est compatible avec les opérations d'addition, etc., car x_1 et x_2 sont solutions de la même équation à coefficients rationnels. Nous obtenons ainsi que le groupe de Galois de ce corps de nombres est constitué de l'identité et la symétrie permutant x_1 et x_2. Je souligne une fois de plus que ce raisonnement ne suppose pas de savoir exprimer x_1 et x_2 en fonction de a, b, c.

9. Considérons par exemple l'équation $x^3 = 2$, qui admet pour solution la racine cubique de 2, soit $\sqrt[3]{2}$, et les deux nombres complexes $\sqrt[3]{2}\,\omega$ et $\sqrt[3]{2}\,\omega^2$, où

$$\omega = -\frac{1}{2} + \frac{\sqrt{3}}{2}\sqrt{-1}.$$

(Les nombres complexes sont évoqués au chapitre 9.) Le plus petit corps de nombres comprenant ces trois solutions doit aussi contenir leur carré, $\sqrt[3]{4} = (\sqrt[3]{2})^2$, $\sqrt[3]{4}\,\omega$, et $\sqrt[3]{4}\,\omega^2$, de même que leur rapport, soit ω et ω^2. La construction du corps de nombres demande donc *a priori* d'adjoindre huit nombres aux rationnels. La relation

$$1 + \omega + \omega^2 = 0,$$

permet cependant d'exprimer ω^2 en fonction de 1 et de ω :

$$\omega^2 = -1 - \omega.$$

Nous avons donc aussi :

$$\sqrt[3]{2}\,\omega^2 = -\sqrt[3]{2} - \sqrt[3]{2}\,\omega \quad \text{et} \quad \sqrt[3]{4}\,\omega^2 = -\sqrt[3]{4} - \sqrt[3]{4}\,\omega.$$

Notre corps de nombres s'obtient donc en adjoignant seulement cinq nombres aux rationnels : ω, $\sqrt[3]{2}$, $\sqrt[3]{2}\,\omega$, $\sqrt[3]{4}$ et $\sqrt[3]{4}\,\omega$. Un élément de ce corps de nombres – le corps de décomposition de l'équation $x^3 = 2$ – s'écrira en général comme combinaison de six termes : un nombre rationnel, plus un nombre rationnel fois ω, plus un nombre rationnel fois $\sqrt[3]{2}$, et ainsi de suite. Les éléments du corps de décomposition de l'équation $x^2 = 2$ s'écrivent eux comme combinaison de deux termes : un nombre rationnel plus un nombre rationnel fois $\sqrt{2}$.

Nous avions vu plus haut que les éléments du groupe de Galois du corps de décomposition de l'équation $x^2 = 2$ permutent les deux solutions de cette équation, à savoir $\sqrt{2}$ et $-\sqrt{2}$. Il n'existe que deux permutations de ce type : celle qui échange vraiment les solutions et l'identité.

Pour une équation quelconque à coefficients rationnels, nous définissons de même son corps de décomposition en adjoignant toutes ses solutions aux nombres rationnels. Par un argument identique à celui présenté plus haut en note 4, toute symétrie de ce corps de nombres compatible avec les opérations d'addition et de multiplication préserve les nombres rationnels. Une telle symétrie envoie donc une solution de l'équation sur une solution de l'équation. Nous obtenons ainsi une permutation des solutions. Prenons le cas de l'équation $x^3 = 2$, dont les trois solutions sont listées plus haut. Une permutation enverra la première solution, $\sqrt[3]{2}$, sur l'une des trois ; la deuxième, $\sqrt[3]{2}\,\omega$, sur l'une des deux solutions restantes ; et la troisième, $\sqrt[3]{2}\,\omega^2$, sur la dernière. (Une permutation doit être bijective pour avoir un inverse.) Il existe donc $3 \cdot 2 = 6$ permutations possibles de ces trois solutions. Ces permutations forment un groupe, et il s'avère que ce groupe est en correspondance bijective avec le groupe de Galois du corps de décomposition de l'équation $x^3 = 2$. Nous obtenons donc une description explicite de groupe de Galois en termes de permutations des solutions.

Dans le calcul suivant, nous avons utilisé les formules explicites des solutions de l'équation. Mais une argumentation similaire peut être tenue pour une équation cubique à coefficients rationnels arbitraire, sans besoin de recourir à une formule donnant explicitement les solutions en fonction des coefficients. Notons x_1, x_2 et x_3 les solutions de l'équation et supposons qu'elles soient toutes irrationnelles. Il est facile de voir que le discriminant de l'équation, défini par

$$(x_1 - x_2)^2(x_1 - x_3)^2(x_2 - x_3)^2,$$

est toujours rationnel. Il s'avère que si la racine carrée du discriminant n'est pas rationnelle, alors le groupe de Galois du corps de décomposition de l'équation est le groupe de toutes les permutations des solutions – qui contient alors six éléments. Si au contraire la racine carrée du discriminant est rationnelle, alors le groupe de Galois est constitué de trois permutations : l'identité, la permutation cyclique $x_1 \mapsto x_2 \mapsto x_3 \mapsto x_1$ et son inverse.

10. Pour donner un exemple, on montre assez facilement que le groupe de Galois d'une équation quintique ($n = 5$) typique, qui admet cinq solutions, coïncide avec le groupe de toutes les permutations de ces solutions. Par permutation, on entend une redistribution des solutions, semblable à celle qui est présentée sur la figure ci-dessous.

Une permutation peut envoyer la solution x_1 sur n'importe laquelle des cinq solutions, y compris elle-même, soit cinq choix possibles, puis envoyer x_2 sur l'une des quatre solutions restantes, puis x_3 sur l'une des trois solutions restantes, etc. Il existe donc en tout $5 \cdot 4 \cdot 3 \cdot 2 \cdot 1 = 120$ permutations. Notre groupe de Galois compte donc 120 éléments.

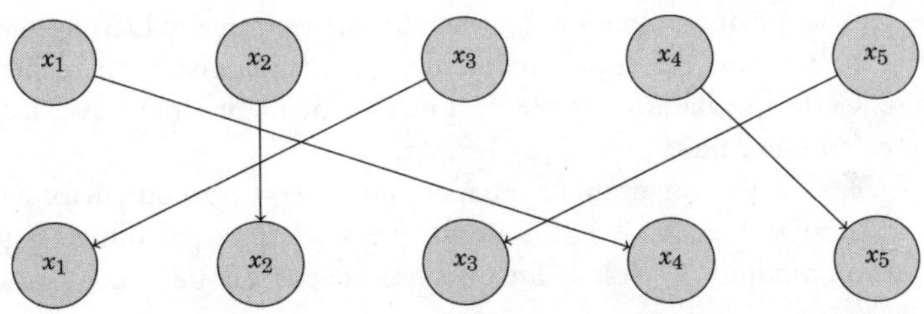

(Le groupe des permutations d'un ensemble à n éléments, parfois aussi appelé groupe symétrique de degré n, contient $n! = n \cdot (n-1) \cdot \ldots 2 \cdot 1$ éléments.) Contrairement aux groupes de Galois des quadratiques, des cubiques et des quartiques, ce groupe n'est pas résoluble. En vertu des résultats de Galois, nous ne pouvons donc pas exprimer les solutions de l'équation quintique générale en termes de radicaux.

11. Elle est maintenant disponible sur le site web de l'Institute for Advanced Study de Princeton,
`http://publications.ias.edu/sites/default/files/weil1.pdf`.

12. Citation extraite d'une photo des collections numériques de l'Institute for Advanced Study,
`http://cdm.itg.ias.edu/cdm/compoundobject/collection/coll12/id/1682/rec/1`.

Chapitre 8. Des nombres magiques

1. Robert Langlands, « Is there Beauty in Mathematical Theories ? », in *The Many Faces of Beauty*, ed. Vittorio Hösle, University of Notre Dame Press, 2013, disponible en ligne à l'adresse

`http://publications.ias.edu/sites/default/files/ND.pdf.`

2. Pour en savoir plus sur la notion de conjecture, voyez cet article très éclairé : Barry Mazur, « Conjecture », *Synthèse*, vol. 111, 1997, pp. 197-210.

3. Pour en savoir plus sur l'histoire du Dernier théorème de Fermat, voyez Simon Singh, *Le Dernier Théorème de Fermat : l'histoire de l'énigme qui a défié les plus grands esprits du monde pendant 358 ans*, trad. G. Messadié, Paris, JC Lattès, 1999.

4. Voyez Andrew Wiles, « Modular Elliptic Curves and Fermat's Last Theorem », *Annals of Mathematics*, vol. 141, 1995, pp. 443-551 ; Richard Taylor et Andrew Wiles, « Ring-theoretic properties of certain Hecke algebras », *Annals of Mathematics*, vol. 141, 1995, pp. 553-572.

Wiles et Taylor ont prouvé la conjecture de Shimura-Taniyama-Weil dans le cas le plus typique, dit semi-stable, suffisant pour régler le sort du théorème de Fermat. Quelques années plus tard, les cas encore ouverts ont été traités par C. Breuil, B. Conrad, F. Diamond et R. Taylor.

Comme la conjecture est désormais prouvée, il serait plus approprié de parler du théorème de Shimura-Taniyama-Weil. Et de fait, nombre de mathématiciens s'y rapportent aujourd'hui en parlant du « théorème de modularité ». D'un autre côté, les vieilles habitudes ont la peau dure et certains, comme moi, continuent d'utiliser l'ancienne dénomination. L'ironie du sort veut que le Dernier théorème de Fermat ait toujours été appelé théorème, quand il s'agissait en réalité d'une conjecture. Cette appellation erronée tient certainement au sérieux avec lequel fut considérée l'annonce de sa preuve par Fermat.

5. Si N n'est pas un nombre premier, alors $N = xy$ pour deux entiers x et y compris entre 1 et $N - 1$. Il s'ensuit que x n'admet pas d'inverse pour la multiplication modulo N, c'est-à-dire qu'il n'existe pas d'entier z compris entre 1 et $N - 1$ tel que

$$xz = 1 \qquad \text{modulo} \quad N.$$

Dans le cas contraire, en multipliant de chaque côté par y, nous obtiendrions :

$$xyz = y \qquad \text{modulo} \quad N.$$

Or $xy = N$, de sorte que le membre gauche vaudrait Nz, ce qui signifie que y serait divisible par N. Dans ce cas, y ne pourrait être compris entre 1 et $N - 1$.

6. Ce résultat se montre grâce à une « preuve par contradiction », pour reprendre une terminologie déjà rencontrée dans ce chapitre à propos du Dernier théorème de Fermat. En l'occurrence, la paternité de cette démonstration est attribuée à Euclide.

Supposons qu'il n'existe qu'un nombre fini de nombres premiers $p_1, p_2, \ldots, p_N$. Considérons alors le nombre A obtenu en prenant leurs produits et en ajoutant 1, soit $A = p_1 p_2 \ldots p_N + 1$. Je prétends alors que A est un nombre premier. Prouvons cette affirmation par contradiction : si A n'est pas un nombre premier, il est divisible par un entier naturel autre que 1 et lui-même. Donc A doit être divisible par l'un des nombres premiers, disons p_i. Mais si A est divisible par p_i, d'un côté $A = 0 \text{ modulo } p_i$ et d'un autre côté, pas sa définition, $A = 1 \text{ modulo } p_i$.

Nous sommes donc parvenus à une contradiction. Nous en déduisons donc que A n'est pas divisible par un entier naturel autre que 1 et lui-même, c'est-à-dire que A est un nombre premier.

Comme A est évidemment plus grand que tous les nombres$p_1, p_2, \ldots, p_N$, ce résultat contredit notre hypothèse de départ, à savoir que $p_1, p_2, \ldots, p_N$ étaient les seuls nombres premiers. Notre affirmation initiale, qu'il n'existe qu'un nombre fini de nombres premiers, est donc fausse. Il existe donc une infinité de nombres premiers.

7. Clarifions le propos. De manière générale, dans un système numérique donné, l'inverse pour la multiplication d'un élément a est un élément b vérifiant $a \cdot b = 1$. Dans le système des nombres rationnels, par exemple, l'inverse pour la multiplication de $\frac{3}{4}$ est $\frac{4}{3}$. Dans le système que nous considérons ici, l'inverse d'un entier a compris entre 1 et $p - 1$ est un entier b, situé dans la même plage de valeurs, vérifiant

$$a \cdot b = 1 \qquad \text{modulo} \quad p.$$

Quel que soit le système numérique que l'on considère, 0, l'élément neutre pour l'addition, n'admet jamais d'inverse pour la multiplication. C'est pourquoi nous l'excluons.

8. Soit a un entier compris entre 1 et $p - 1$, où p est premier. En multipliant modulo p ce nombre a par tous les entiers b compris entre 1 et $p - 1$, nous obtenons un tableau à deux colonnes, la première contenant b, la seconde $a \cdot b$ modulo p.

Voici par exemple le tableau obtenu pour $p = 5$ et $a = 2$:

1	2
2	4
3	1
4	3

Il saute alors aux yeux que chaque nombre 1, 2, 3, 4 apparaît exactement une seule fois dans la colonne de droite. Multiplier par 2 modulo 5 donne donc le même ensemble de nombres, mais permutés d'une certaine façon. Le nombre 1 apparaît dans la troisième ligne, ce qui signifie que 3 multiplié par 2 modulo 5 donne 1. En d'autres termes, 3 est l'inverse de 2 pour la multiplication modulo 5.

Ce phénomène est général : dans un tableau similaire dressé pour tout premier p et tout entier a compris entre 1 et $p-1$, alors chaque entier $1, 2, \ldots, p-1$ apparaît exactement une fois dans la colonne de droite.

Démontrons cette propriété en faisant une nouvelle fois usage de la preuve par contradiction. Supposons le contraire de ce que l'on cherche à prouver, c'est-à-dire qu'il existe un entier n compris entre 1, et $p-1$ qui se trouve au moins deux fois dans la colonne de droite. Il existe donc deux entiers c_1 et c_2 compris entre 1 et $p-1$, avec disons $c_1 > c_2$, qui vérifient

$$a \cdot c_1 = a \cdot c_2 = n \quad \text{modulo} \quad p.$$

Mais nous avons alors

$$a \cdot c_1 - a \cdot c_2 = a \cdot (c_1 - c_2) = 0 \quad \text{modulo} \quad p.$$

Cette dernière formule signifie que $a \cdot (c_1 - c_2)$ est divisible par p, ce qui est parfaitement impossible puisque p est premier et que a et $c_1 - c_2$ appartiennent à $\{1, 2, \ldots, p-1\}$.

Nous en concluons qu'aucun entier $1, 2, \ldots, p-1$ n'apparaît plus d'une fois dans la colonne de droite. Comme ces entiers sont au nombre de $p-1$ et que le tableau compte aussi $p-1$ lignes, chaque entier apparaît exactement une seule fois. L'entier 1, en particulier, doit apparaître quelque part dans la colonne de droite exactement une fois. Soit b l'entier correspondant dans la colonne de gauche. Nous avons alors

$$a \cdot b = 1 \quad \text{modulo} \quad p.$$

CQFD.

9. Divisons par exemple 4 par 3 dans le corps fini à 5 éléments :

$$\begin{aligned} 4/3 = 4 \cdot 3^{-1} = 4 \cdot 2 &= 8 \quad \text{modulo} \quad 5 \\ &= 3 \quad \text{modulo} \quad 5. \end{aligned}$$

(Nous avons ici utilisé le fait que 2 est l'inverse de 3 pour la multiplication modulo 5.)

10. Observons d'abord que pour tout nombre a de valeur absolue inférieure à 1, nous avons

$$1 + a + a^2 + a^3 + a^4 + \ldots = \frac{1}{1-a}.$$

Cette identité se montre facilement en multipliant par $1 - a$ des deux côtés. En prenant $a = (q + q^2)$, la fonction génératrice des nombres de Fibonacci, soit

$$q\left(1 + (q+q^2) + (q+q^2)^2 + (q+q^2)^3 + \ldots\right),$$

se réécrit

$$\frac{q}{1-q-q^2}.$$

En exprimant $1-q-q^2$ sous forme de produit de facteurs linéaires, nous obtenons ensuite :

$$\frac{q}{1-q-q^2} = \frac{1}{\sqrt{5}}\left(\left(1-\frac{1+\sqrt{5}}{2}q\right)^{-1} - \left(1-\frac{1-\sqrt{5}}{2}q\right)^{-1}\right).$$

En utilisant une nouvelle fois l'identité avec $a = \frac{1 \pm \sqrt{5}}{2}q$, nous trouvons que le terme en q^n de notre fonction génératrice vaut

$$F_n = \frac{1}{\sqrt{5}}\left(\left(\frac{1+\sqrt{5}}{2}\right)^n - \left(\frac{1-\sqrt{5}}{2}\right)^n\right).$$

Cette formule donne le n^e nombre de Fibonacci, sans référence à ceux qui le précèdent.

Le nombre $\frac{1+\sqrt{5}}{2}$ est appelé le *nombre d'or*. La formule montre que le rapport F_n/F_{n-1} tend vers le nombre d'or à mesure que n croît. Pour en savoir plus sur le nombre d'or et les nombres de Fibonacci, voyez le livre de Mario Livio, *The Golden Ratio*, Broadway, 2003.

11. J'emprunte ici beaucoup à la présentation de ce résultat donnée par Richard Taylor dans « Modular Arithmetic : Driven by Inherent Beauty and Human Curiosity », *The Letter of the Institute for Advanced Study*, été 2012, pp. 6-8. Merci également à Ken Ribet pour ses remarques très utiles. Selon le livre d'André Weil intitulé *Dirichlet Series and Automorphic Forms*, Springer-Verlag, 1971, l'équation cubique dont nous discutons dans ce chapitre a été introduite par John Tate, à la suite de Robert Fricke.

12. Ce groupe est un *sous-groupe de congruence* du groupe noté $SL_2(\mathbb{Z})$, lui-même constitué des matrices 2×2 de déterminant 1 à coefficients entiers, c'est-à-dire des tableaux d'entiers

$$\begin{pmatrix} a & b \\ c & d \end{pmatrix}$$

vérifiant $ad - bc = 1$. La multiplication de matrices est donnée par la formule classique :

$$\begin{pmatrix} a & b \\ c & d \end{pmatrix} \cdot \begin{pmatrix} a' & b' \\ c' & d' \end{pmatrix} = \begin{pmatrix} aa' + bc' & ab' + bd' \\ ca' + dc' & cb' + dd' \end{pmatrix}.$$

Tout nombre complexe q intérieur au disque unité peut s'écrire sous la forme $e^{2\pi\tau\sqrt{-1}}$, où τ désigne un nombre complexe de partie imaginaire positive, soit $\tau = x + y\sqrt{-1}$, avec $y > 0$ (voyez la note 12 du chapitre 15). Le nombre q est uniquement déterminé par τ, et vice versa. Nous pouvons donc décrire l'action du groupe $SL_2(\mathbb{Z})$ sur q en décrivant l'action correspondante sur τ. Cette dernière est donnée par la formule suivante :

$$\begin{pmatrix} a & b \\ c & d \end{pmatrix} \cdot \tau = \frac{a\tau + b}{c\tau + d}.$$

Le groupe $SL_2(\mathbb{Z})$, ou plus précisément son quotient par le sous-groupe à deux éléments formé par la matrice identité I et la matrice $-I$, est le groupe des symétries du disque muni d'une métrique non euclidienne particulière, du disque dit *de Poincaré*. Notre fonction est une forme modulaire de *poids* 2, ce qui signifie qu'elle est invariante par l'action d'un sous-groupe de congruence de $SL_2(\mathbb{Z})$ sur le disque, si cette action est corrigée en multipliant la fonction par le facteur $(c\tau + d)^2$.

Voyez, par exemple, Henri Darmon, « A Proof of the Full Shimura-Taniyama-Weil Conjecture is announced », *Notices of the American Mathematical Society*, vol. 46, décembre 1999, pp. 1397-1401, disponible en ligne à l'adresse
`http://www.ams.org/notices/199911/comm-darmon.pdf`.

13. Image conçue par Lars Madsen et publiée avec sa permission. Merci à Ian Agol, tant pour me l'avoir signalée que pour notre discussion enrichissante.

14. Voyez, par exemple, Neal Koblitz, « Elliptic Curve Cryptosystems », *Mathematics of Computation*, vol. 49, 1987, pp. 203-209 ; I. Blake, G. Seroussi, et N. Smart, *Elliptic Curves in Cryptography*, Cambridge University Press, 1999.

15. Ce résultat est vrai en général pour tout nombre premier p sauf un nombre fini d'entre eux. La correspondance préserve également un invariant de l'équation cubique nommé *conducteur* et un invariant de la forme modulaire nommé *niveau*. Ces deux invariants sont égaux à 11 dans le cas de la cubique que nous avons traité. Notons encore que toutes les formes modulaires qui apparaissent ici n'ont pas de terme constant, que le coefficient b_1 du terme en q est égal à 1, et que tous les autres coefficients b_n, $n > 1$, sont déterminés par les b_p correspondant aux nombres premiers p.

16. Plus précisément, si a, b et c vérifient l'équation de Fermat $a^n + b^n = c^n$, où n est un nombre premier impair, considérons, avec Yves Hellegouarcht Gerhard Frey, l'équation cubique

$$y^2 = x(x - a^n)(x + b^n).$$

Ken Ribet, en suivant une suggestion de Frey et à partir de certains résultats partiels obtenus par Jean-Pierre Serre, a montré que cette équation ne vérifiait pas la conjecture de Shimura-Taniyama-Weil. De ce résultat, joint au cas $n = 4$ prouvé en son temps par Fermat, se déduit le Dernier théorème de Fermat. De fait, tout entier $n > 2$ se décompose en un produit $n = mk$, où m est soit 4 soit un premier impair. L'absence de solutions à l'équation de Fermat pour de tels m implique leur absence pour tout $n > 2$.

17. Goro Shimura, « Yutaka Taniyama and his time. Very personal recollections », *Bulletin of London Mathematical Society*, vol. 21, 1989, p. 193.

18. *Ibid.*, p. 190.

19. Voyez la note 1, pp. 1302-1303 de cet article sur la riche histoire de la conjecture : Serge Lang, « Some History of the Shimura-Taniyama conjecture », *Notices of the American Mathematical Society*, vol. 42, 1995, pp. 1301-1307. Disponible en ligne à l'adresse
`http://www.ams.org/notices/199511/forum.pdf`.

Chapitre 9. La pierre de Rosette

1. *The Economist*, 20 août, 1998, p. 70.

2. Les surfaces de Riemann qui illustrent ce livre ont été produites par le logiciel *Mathematica*, à partir du code aimablement mis à disposition par Stan Wagon. Pour en savoir plus sur cet aspect, voyez son livre : *Mathematica in Action : Problem Solving Through Visualization and Computation*, Springer-Verlag, 2010.

3. Quoique imprécise, cette définition permet de se représenter correctement les nombres réels. Nous pourrions les définir rigoureusement en les posant comme limites de suites de nombres rationnels convergentes, dite aussi *de Cauchy*. Les troncations successives du développement décimal de $\sqrt{2}$, par exemple, produisent une telle suite.

4. Par un cercle, posé tangentiellement au point 0 de la droite, que l'on fait rouler dans le sens horaire un tour durant. Le nouveau point de contact entre le cercle et la droite correspond au nombre π.

5. La géométrie des nombres complexes, entre autres systèmes numériques, est présentée avec brio dans Barry Mazur, *Ces nombres qui n'existent pas*, trad. Christian Jeanmougin, Dunod, 2004.

6. L'ensemble de solutions forme plus précisément un tore moins un point. Ce point correspond à la solution « infinie », obtenue en faisant tendre x et y vers l'infini.

7. Une surface de Riemann de genre g s'obtient en prenant un polynôme en x de degré $2g + 1$ du côté droit de l'équation.

8. Ce lien profond entre algèbre et géométrie a d'abord été décrit par René Descartes dans *La Géométrie*, un appendice à son *Discours de la Méthode* publié en 1637. E.T. Bell décrit ainsi cet apport de Descartes : « Mais voici maintenant la puissance réelle de la méthode : *Nous partons d'équations de n'importe quel degré de complexité voulu ou proposé, et nous interprétons géométriquement leurs propriétés algébriques et analytiques.* [...] *À partir de maintenant, ce sont l'algèbre et l'analyse qui seront nos pilotes sur les mers sans cartes de "l'espace" et de sa "géométrie"* » (E. T. Bell, *Les Grands Mathématiciens*, trad. Ami Gandillon, Payot, 1939, p. 66). Notons toutefois que la méthode de Descartes s'applique aux solutions réelles des équations, alors que nous nous intéressons dans ce chapitre aux solutions dans un corps fini ou aux solutions complexes.

9. Au chapitre 8, par exemple, nous avons vu que l'équation cubique $y^2 + y = x^3 - x^2$ admet quatre solutions modulo 5. Naïvement, la courbe correspondant sur le corps fini à cinq éléments est formée de quatre points. Mais la structure s'enrichit en considérant les solutions à valeur dans des extensions variées du corps fini à cinq éléments : dans le corps obtenu en adjoignant les solutions de l'équation $x^2 = 2$, par exemple, dont nous discuterons en note 8 du chapitre 14. Comme ces corps étendus possèdent 5^n éléments pour $n = 2, 3, 4, \ldots$, nous obtenons toute une hiérarchie de solutions.

Les courbes correspondant aux équations cubiques sont dites *elliptiques*.

10. Voyez, par exemple, *La Bhagavad-Gita*, trad. Émile Sénart, Les Belles Lettres, 2004, et Noel Sheth, « Hindu Avatāra and Christian Incarnation : A comparison », *Philosophy East and West*, vol. 52, n° 1, pp. 98-125.

Il est intéressant de noter que Weil vécut deux ans en Inde au début des années 1930, et qu'il a été, de son propre aveu, marqué par la religion hindoue.

11. André Weil, *Collected Papers*, vol. I, Springer-Verlag, 1979, p. 251 (en français).

12. *Ibid.*, p. 253. L'idée consiste à considérer, sur la courbe donnée, les fonctions dites *rationnelles*, définies par le rapport de deux polynômes – notons qu'à chaque zéro du polynôme au dénominateur correspond un *pôle* de la fonction rationnelle, c'est-à-dire une valeur non définie. Il s'avère que l'ensemble des fonctions rationnelles sur une courbe donnée présente des propriétés analogues à celles de l'ensemble des nombres rationnels ou des corps de nombres plus généraux, comme ceux dont nous avons discuté dans le chapitre 8.

Pour préciser ce point, considérons les fonctions rationnelles sur les surfaces de Riemann, pour lesquelles l'analogie vaut également. Prenons par exemple la sphère, que, via la projection stéréographique, nous regardons comme le plan complexe augmenté d'un point – on peut imaginer que ce point additionnel correspond à l'infini. Notons par $t = r + s\sqrt{-1}$ la coordonnée d'un point dans le plan complexe. Chaque polynôme $P(t)$ à coefficients complexes définit alors une fonction du plan. Ces polynômes sont analogues aux entiers de la théorie des nombres. Une fonction rationnelle sur la sphère est le rapport de deux polynômes $P(t)/Q(t)$ sans facteurs communs. Ces fonctions rationnelles sont analogues aux nombres rationnels – les rapports de nombres entiers m/n sans facteurs communs. De manière similaire, les fonctions rationnelles sur une surface de Riemann plus générale sont analogues aux éléments d'un corps de nombres plus général.

La puissance de cette analogie tient au fait que de nombreux résultats sur les corps finis se traduisent en résultats valables pour les fonctions rationnelles sur les courbes sur les corps finis et vice versa. Il est parfois plus facile de se tenir d'un certain côté pour prouver tel résultat particulier. L'analogie nous dit alors qu'un résultat similaire est vrai de l'autre. Par ce mode opératoire, Weil et d'autres mathématiciens ont produit de nouveaux résultats.

13. *Ibid.*, p. 253.

14. Les conjectures de Weil, au nombre de trois, ont été prouvées par Bernard Dwork, Alexander Grothendieck et Pierre Deligne.

15. Une certaine redondance se cache dans le groupe ainsi défini. Pour la mettre en valeur, considérons les deux chemins du plan représentés sur la figure ci-dessous. Il est clair que l'un peut se déformer continûment, sans être coupé, pour donner l'autre. Il est raisonnable et économique de déclarer égaux deux chemins fermés qui se laissent ainsi continûment amener l'un sur l'autre. Ce faisant, le nombre d'éléments du groupe chute drastiquement.

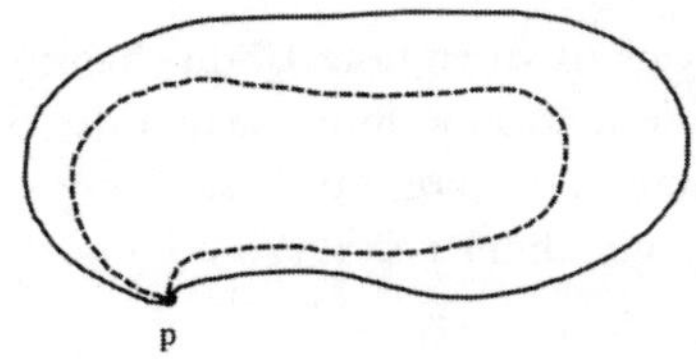

Cette règle est en fait similaire à celle que nous avions utilisée pour définir les groupes de tresses dans le chapitre 5. Déjà, alors, nous avions déclaré égales deux tresses qui se laissaient déformer l'une sur l'autre sans couper ni recoller les brins.

Définissons donc le groupe fondamental de notre surface de Riemann comme le groupe formé par les chemins fermés commençant et se terminant au point P, avec cette condition supplémentaire que nous identifions les chemins qui peuvent continûment être amenés l'un sur l'autre.

Notons que si la surface de Riemann est connexe, c'est-à-dire constituée d'un seul morceau, ce que nous supposerons toujours tacitement par la suite, le choix du point de référence P n'est pas essentiel : le groupe fondamental obtenu en choisissant un autre point P est en correspondance bijective avec le premier – ces groupes seront plus précisément *isomorphes*.

16. L'élément neutre est le « chemin constant », qui ne quitte jamais le point P. Il est instructif de regarder un chemin fermé comme la trajectoire d'une particule qui part et arrive au même point P. Dans ce contexte, l'élément neutre correspond à la trajectoire d'une particule immobile au point P. Il est clair que l'addition, au sens où nous l'avons défini dans le corps du texte, du chemin constant et de n'importe quel chemin donne encore ce dernier chemin.

Le chemin inverse d'un chemin donné est le même chemin parcouru en sens inverse. Pour vérifier ce résultat, additionnons un chemin et son inverse. Nous obtenons un chemin qui parcourt deux fois le même trajet, mais dans des directions opposées. Il est possible de déformer continûment ce « double » chemin en un chemin constant et égal à P. Il suffit de déformer légèrement l'un d'entre eux, puis de contracter le chemin résultant en un point, comme le suggèrent les illustrations ci-dessous.

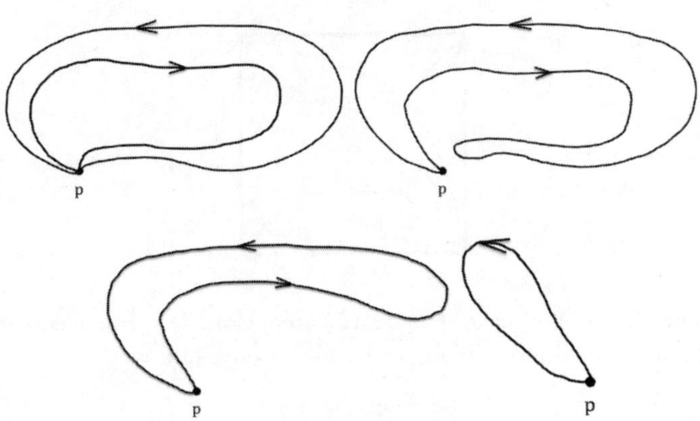

17. Ainsi que nous l'avons vu en note 10 du chapitre 5, le groupe des tresses T_n se définit aussi comme le groupe fondamental des polynômes moniques de degré n à n racines distinctes. Pour point de base P, nous choisissons le polynôme $(x-1)(x-2)\ldots(x-n)$, qui admet $1, 2, \ldots, n$ pour racines – où sont « punaisés » les brins de la tresse.

18. Pour nous en convaincre, observons que le tore s'obtient en collant les côtés opposés d'un carré – un polygone à quatre côtés. En collant d'abord les deux côtés horizontaux, a_1 et a_1', nous obtenons en effet un cylindre. En collant ensuite les deux extrémités du cylindre, c'est-à-dire les côtés verticaux a_2 et a_2' du carré après le premier collage, nous obtenons un tore.

Comme les quatre points du carré représentent un unique point sur le tore, les côtés a_1 et a_2 se sont transformés en deux chemins fermés indépendants, qui commencent et se terminent en ce point. Les côtés opposés ayant été collés, nous avons aussi $a_1 = a_1'$ et $a_2 = a_2'$.

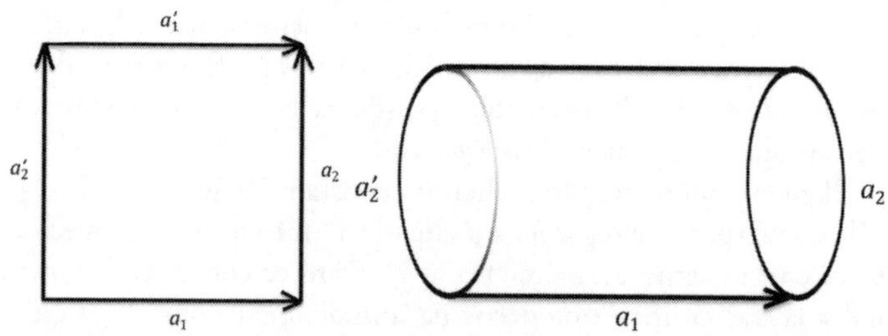

En parcourant sur le carré d'abord le chemin a_1 puis le chemin a_2, c'est-à-dire en effectuant $a_1 + a_2$, nous passons d'un coin à celui qui lui est opposé. Mais nous pouvons aussi circuler entre ces deux coins par un autre chemin : d'abord en suivant a_2' puis a_1', c'est-à-dire en effectuant $a_2' + a_1'$. Sur le tore, après avoir collé les côtés opposés du carré, $a_1' = a_1$ et $a_2' = a_2$, d'où $a_2' + a_1' = a_2 + a_1$.

L'illustration ci-dessous montre par ailleurs que $a_1 + a_2$ et $a_2 + a_1$ se laissent tous deux déformer en une ligne droite connectant les deux coins opposés, en chemin diagonal – les flèches en pointillé indiquent la manière de les déformer.

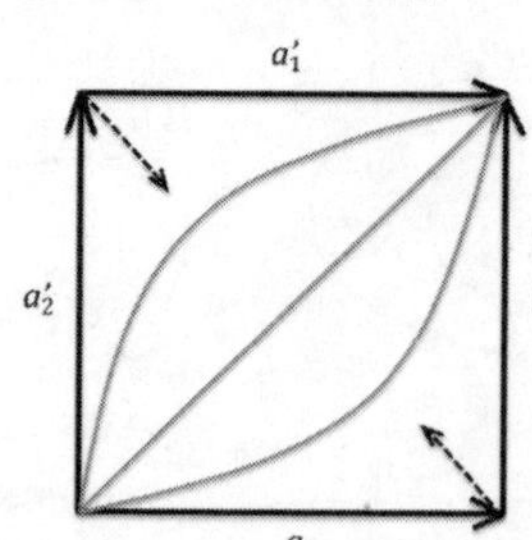

Les chemins $a_1 + a_2$ et $a_2 + a_1$ représentent donc le même élément dans le groupe fondamental du tore. Nous avons ainsi prouvé que

$$a_1 + a_2 = a_2 + a_1.$$

De ce résultat se déduit que le groupe fondamental du tore possède une structure simple : ses éléments peuvent tous s'écrire $M \cdot a_1 + N \cdot a_2$, où a_1 et a_2 sont les deux cercles représentés sur la figure p. 140, et M et N des entiers. L'addition dans le groupe fondamental se confond avec l'addition usuelle de ces expressions.

19. La façon la plus simple de décrire le groupe fondamental d'une surface de Riemann de genre g strictement positif, c'est-à-dire à g trous, consiste là encore à comprendre qu'elle s'obtient en collant deux à deux les côtés opposés d'un polygone – à $4g$ sommets, cette fois. En partant d'un octogone, par exemple, c'est-à-dire d'un polygone à huit côtés, il y a quatre paires de côtés opposés à identifier. Le résultat du collage se visualise plus difficilement que dans le cas du carré et du tore, mais il s'agit en l'occurrence d'une surface de Riemann de genre deux – la pâtisserie danoise.

Cette construction permet de décrire le groupe fondamental d'une surface de Riemann générale de la même façon que le groupe fondamental du tore. Là encore, on construit $2g$ éléments du groupe, notés $a_1, a_2, \ldots, a_{2g}$, en prenant des chemins formés de $2g$ côtés consécutifs du polygone – chacun des $2g$ côtés qui reste est identifié à l'un des premiers. Ces chemins engendrent le groupe fondamental de la surface de Riemann, en ce sens que tout élément du groupe s'obtient en additionnant un certain nombre d'entre eux, éventuellement plusieurs fois. Pour $g = 2$, un élément s'écrira par exemple : $a_3 + 2a_1 + 3a_2 + a_3$. Attention : comme a_3 ne commute pas avec a_2 et a_1, le terme a_3 de droite ne peut se déplacer vers la gauche. L'élément diffère donc de $2a_3 + 2a_1 + 3a_2$.

Dans le cas du tore, exprimer le chemin joignant deux coins opposés du carré de deux façons différentes avait permis de dégager une relation de commutativité. La même procédure appliquée avec deux coins opposés du polygone donne la relation plus générale :

$$a_1 + a_2 + \ldots + a_{2g-1} + a_{2g} = a_{2g} + a_{2g-1} + \ldots + a_2 + a_1.$$

Il se trouve en fait que ces éléments ne vérifient aucune autre relation. Le groupe fondamental de la surface de Riemann se décrit donc de façon très concise : il est engendré par les éléments $a_1, a_2, \ldots, a_{2g}$, soumis à cette relation.

20. Pour préciser cette analogie, les fonctions rationnelles sur notre surface de Riemann – au sens de la note 12 précédente – jouent le rôle des nombres rationnels. Le groupe de Galois est défini par le groupe des symétries d'un corps de nombres obtenu en adjoignant les solutions d'équations polynomiales comme $x^2 = 2$ aux nombres rationnels. De la même manière, nous pouvons adjoindre les solutions d'équations polynomiales aux fonctions rationnelles sur une surface de Riemann X. Il se trouve que nous obtenons ainsi des fonctions rationnelles sur une autre surface de Riemann, X', qui est un *revêtement* de X : il existe une application de X' dans X à fibres finies. Dans cette situation, le groupe de Galois est constitué des symétries de X' qui n'affectent pas les points de X. En d'autres termes, ces symétries agissent sur les fibres de l'application $X' \rightarrow X$.

Considérons maintenant sur la surface de Riemann X un chemin qui commence et se termine en un point P. Nous pouvons prendre dans X' chaque point de la fibre au-dessus de P et les « suivre » le long du chemin. Après l'avoir bouclé, ils se trouveront en général chacun sur un autre point de la fibre au-dessus de P, ce qui définit une transformation de cette fibre. Il s'agit là d'un phénomène de *monodromie*, que nous étudierons plus en détail dans le chapitre 15. Cette transformation de la fibre peut être rapportée à un élément du groupe de Galois, d'où le lien entre groupe fondamental et groupe de Galois.

Chapitre 10. Dans la boucle

1. Le qualificatif de « spécial » se rapporte aux transformations orthogonales qui préservent l'orientation – précisément les rotations de la sphère. Une réflexion par rapport à un plan passant par le centre de la sphère, par exemple, ne préserve pas l'orientation – et n'appartient donc pas à $SO(3)$. Le groupe $SO(3)$ est intimement lié au groupe $SU(3)$, le groupe Spécial Unitaire de l'espace de dimension trois, que nous avons évoqué au chapitre 2 dans le contexte des quarks. Le groupe $SU(3)$ se définit de la même manière que $SO(3)$, mais en remplaçant l'espace tridimensionnel *réel* par l'espace tridimensionnel *complexe.*

2. Une troisième méthode consiste à regarder le cercle comme l'ensemble des solutions réelles de l'équation $x^2 + y^2 = 1$, ainsi que nous l'avons vu dans le chapitre 9. La dimension de cet ensemble de points du plan, contraint par une équation, est alors égale à la dimension du plan, c'est-à-dire deux, moins le nombre d'équations, c'est-à-dire un.

3. Duchamp dans *À l'Infinitif* (La boîte blanche), repris dans *Duchamp du signe*, éd. Michel Sanouillet, Paul Matisse, Anne Sanouillet et Paul B. Franklin, Flammarion, 2008, p. 127.

4. Linda Dalrymple Henderson, *The Fourth Dimension and Non-Euclidean Geometry in Modern Art*, MIT Press, 2013, p. 493.

5. Gerald Holton, *ibid.*, p. 134.

6. Charles Darwin, *Darwin 1809-1882 : L'Autobiographie*, trad. Jean-Michel Goux, Belin, 1985, p. 43.

7. Pour de plus amples détails, voyez, par exemple, Shing-Tung Yau et Steve Nadis, *The Shape of Inner Space*, Basic Books, 2010.

8. Ce groupe est de dimension $n(n-1)/2$. En d'autres termes, les éléments du groupe se décrivent par $n(n-1)/2$ coordonnées indépendantes. Quand $n = 3$, nous retrouvons bien $3(3-1)/2 = 3$, la valeur donnée en corps de texte.

9. Mathématiquement, un lacet particulier se regarde comme l'image d'une *application* particulière du cercle dans l'espace de dimension trois, c'est-à-dire d'une règle qui assigne à tout point φ du cercle un point de l'espace tridimensionnel. On ne considère que les applications dites *régulières*, ce qui signifie en gros que le lacet ne présente ni coins ni autres aspérités prononcées, qu'il ressemble donc à celui tracé sur la figure donnée en corps de texte.

Plus généralement, une application d'une variété S dans une variété M est une règle qui assigne à tout point s de S un point de M, appelé *image* de s.

10. Voyez par exemple Brian Greene, *L'Univers élégant*, trad. C. Laroche, Gallimard, 2005.

11. Plus précisément, un lacet de $SO(3)$ est une collection $\{f(\varphi)\}$ d'éléments de $SO(3)$, paramétrée par l'angle φ, coordonnée du cercle. Étant donné un second lacet, soit une collection $\{g(\varphi)\}$, la composition des rotations pour tout φ, $f(\varphi) \circ g(\varphi)$, définit une nouvelle collection, $\{f(\varphi) \circ g(\varphi)\}$, qui est un autre lacet de $SO(3)$. Toute paire de lacets dans $SO(3)$ produit donc un troisième lacet. Telle est la règle de multiplication dans le groupe des lacets. L'élément neutre du groupe des lacets est le lacet réduit à l'élément neutre – ou à l'identité – de $SO(3)$, c'est-à-dire que $f(\varphi)$ est l'élément neutre de $SO(3)$ pour tout φ. Le lacet inverse du lacet $\{f(\varphi)\}$ est le lacet $\{f(\varphi)^{-1}\}$. Il est facile de vérifier que tous les axiomes de groupe sont satisfaits, que le groupe des lacets de $SO(3)$ forme donc bien un groupe.

12. Pour nous en convaincre, considérons un exemple plus simple, celui de l'espace des lacets du plan. Le plan se décrit par deux coordonnées x et y. Un lacet du plan équivaut donc à une famille de points du plan de coordonnées $x(\varphi)$ et $y(\varphi)$, où l'angle φ varie entre 0 et 360 degrés. Les formules $x(\varphi) = \cos(\varphi)$ et $y(\varphi) = \sin(\varphi)$, par exemple, décrivent un lacet particulier : le cercle de rayon 1 centré sur l'origine. Spécifier un tel lacet demande donc de spécifier une famille infinie de couples de nombres, $(x(\varphi), y(\varphi))$, un couple pour chaque angle φ, ce qui explique que l'espace des lacets du plan soit de dimension infinie.

13. R. Descartes, *La Géométrie*, Leyde, 1637, p. 342.

14. Le plan tangent est le plan le plus proche de la sphère parmi tous ceux qui passent par ce point. Il ne touche la sphère qu'en ce point. Déplacé légèrement tout en passant encore par le point, le plan traversera la sphère en d'autres points.

15. Par définition, l'algèbre de Lie d'un groupe de Lie est l'espace plat – une droite, un plan, etc. – le plus proche du groupe de Lie parmi tous les espaces plats qui passent par l'élément neutre.

16. Un cercle ne possède en général pas de point privilégié. Mais en tant que groupe, il en a un, l'élément neutre, qui doit être spécifié.

17. Pour donner une définition plus précise d'un espace vectoriel, considérons un espace plat de dimension n dont nous identifions les points, une fois choisi un système de coordonnées, aux n-uplets de nombres réels, $(x_1, x_2, \ldots, x_n)$. Il existe en particulier une *origine*, le point spécial de coordonnées $(0, 0, \ldots, 0)$.

Prenons maintenant un point $(x_1, x_2, \ldots, x_n)$ et considérons la symétrie de notre espace qui envoie tout point $(z_1, z_2, \ldots, z_n)$ sur $(z_1 + x_1, z_2 + x_2, \ldots, z_n + x_n)$. Cette symétrie s'interprète géométriquement comme une translation de l'espace de dimension n dans la direction définie par la flèche liant l'origine au point $(x_1, x_2, \ldots, x_n)$. Cette symétrie est appelée *vecteur*, et ce vecteur est habituellement représenté par la flèche. Notons-le $\langle x_1, x_2, \ldots, x_n \rangle$. Tout point de l'espace plat de dimension n s'associe de cette manière à un unique vecteur et vice versa, de sorte que l'espace plat doté d'un système de coordonnées fixé peut se voir comme l'espace des vecteurs, d'où le nom d'*espace vectoriel*.

L'avantage de raisonner en vecteurs plutôt qu'en points tient aux opérations naturelles qu'il est possible d'exécuter sur eux. Comme je l'ai expliqué au chapitre 2, les symétries peuvent être composées et forment donc un groupe. La composition des translations décrites au paragraphe précédent définit donc une règle pour additionner deux vecteurs :

$$\langle x_1, x_2, \ldots, x_n\rangle + \langle y_1, y_2, \ldots, y_n\rangle = \langle y_1 + x_1, y_2 + x_2, \ldots, y_n + x_n\rangle.$$

Muni de cette addition, un espace vectoriel est un groupe. L'élément neutre de ce groupe est le vecteur $\langle 0, 0, \ldots, 0\rangle$, et l'inverse du vecteur $\langle x_1, x_2, \ldots, x_n\rangle$ est le vecteur $\langle -x_1, -x_2, \ldots, -x_n\rangle$.

La seconde opération naturelle est la multiplication d'un vecteur par un nombre réel. Elle a pour résultat le vecteur $\langle kx_1, kx_2, \ldots, kx_n\rangle$ si $\langle x_1, x_2, \ldots, x_n\rangle$ désigne le vecteur et k le réel.

Un espace vectoriel est donc équipé d'une addition, qui satisfait aux axiomes de groupe, et d'une multiplication par des nombres. Cette structure satisfait aussi à diverses propriétés naturelles.

Pour en revenir à ce qui nous concerne, tout espace tangent, et *a fortiori* toute algèbre de Lie, est un espace vectoriel.

Nous avons décrit la notion d'espace vectoriel sur les nombres réels : les coordonnées des vecteurs sont réelles, et ces vecteurs se multiplient par des nombres réels. En remplaçant ces réels par des nombres complexes, nous obtenons la notion d'espace vectoriel sur les nombres complexes.

18. Cette opération sur une algèbre de Lie se note généralement par des crochets. J'entends par là que si $\vec{a}$ et $\vec{b}$ désignent deux vecteurs de l'algèbre de Lie – qui possède une structure d'espace vectoriel, comme je l'ai expliqué dans la note précédente –, son résultat se note $[\vec{a}, \vec{b}]$. L'opération vérifie les propriétés suivantes : $[\vec{a}, \vec{b}] = -[\vec{b}, \vec{a}]$, $[\vec{a} + \vec{b}, c] = [\vec{a}, c] + [\vec{b}, c]$, $[k\vec{a}, \vec{b}] = k[\vec{a}, \vec{b}]$ pour tout nombre k, et l'identité dite *de Jacobi* :

$$[[\vec{a}, \vec{b}], \vec{c}] + [[\vec{b}, \vec{c}], \vec{a}] + [[\vec{c}, \vec{a}], \vec{b}] = 0.$$

19. Le produit vectoriel de deux vecteurs $\vec{a}$ et $\vec{b}$ de l'espace de dimension trois est le vecteur, noté $\vec{a} \times \vec{b}$, qui est perpendiculaire au plan contenant $\vec{a}$ et $\vec{b}$, qui a une longueur égale au produit de la longueur de $\vec{a}$ par la longueur de $\vec{b}$ par le sinus de leur angle, et tels que les trois vecteurs $\vec{a}$, $\vec{b}$ et $\vec{a} \times \vec{b}$ soient positivement orientés – ce qui se détermine, par exemple, avec la règle dite *du tire-bouchon.*

20. L'algèbre de Lie du groupe de Lie $SO(3)$, par exemple, est l'espace vectoriel de dimension trois. Par suite, l'algèbre de Lie du groupe des lacets de $SO(3)$ est constitué de tous les lacets de cet espace tridimensionnel. Le produit vectoriel dans l'espace tridimensionnel donne une structure d'algèbre de Lie à ces lacets. Deux lacets en produisent un troisième, même si l'opération ne se décrit pas facilement en mots.

21. Plus précisément, une algèbre de Kac-Moody est une extension de l'algèbre de Lie d'un groupe de lacets par un espace de dimension un. Pour de plus amples détails, voyez Victor Kac, *Infinite-dimensional Lie Algebras,* Third Edition, Cambridge University Press, 1990.

22. Les modèles qui présentent une symétrie de type algèbre de Virasoro définissent les *théories conformes des champs*. Ils ont été introduits par les physiciens russes Alexander Belavin, Alexander Polyakov et Alexander Zamolodchikov en 1984, en se reposant sur des résultats obtenus par Feigin, Fuchs et Kac.

23. Je pense notamment aux célèbres modèles de Wess-Zumino-Witten. Pour de plus amples détails, voyez Edward Frenkel et David Ben-Zvi, *Vertex Algebras*, 2e éd., American Mathematical Society, 2004.

Chapitre 11. À la conquête du sommet

1. Soit un élément du groupe des lacets de $SO(3)$, c'est-à-dire une collection $\{g(\varphi)\}$ d'éléments de $SO(3)$ paramétrée par l'angle φ, coordonnée du cercle. Soit un élément du groupe des lacets de la sphère, c'est-à-dire une collection $\{f(\varphi)\}$ de points de la sphère paramétrée par φ. La collection $\{g(\varphi)\,(f(\varphi))\}$, obtenue en appliquant pour tout φ la rotation $g(\varphi)$ au point de la sphère $f(\varphi)$ est un autre lacet de la sphère. Tout élément du groupe des lacets de $SO(3)$ définit ainsi une symétrie de l'espace des lacets de la sphère.

2. Un point d'une variété de drapeaux est une collection formée d'une droite dans un espace de dimension n fixé, d'un plan contenant cette droite, d'un espace tridimensionnel contenant ce plan, et ainsi de suite jusqu'à un hyperplan de dimension $(n - 1)$ qui contient tous les éléments précédents.

Un point des espaces projectifs que j'avais d'abord étudiés est seulement constitué d'une droite de l'espace de dimension n.

Dans le cas le plus simple, quand $n = 2$, c'est-à-dire que l'espace fixé est de dimension deux, la collection d'un point de la variété de drapeaux se réduit à une droite – il n'y a qu'un plan possible, l'espace lui-même. La variété de drapeaux coïncide alors avec l'espace projectif, la sphère en l'occurrence. Il faut ici noter que nous considérons ici des droites, des plans, etc. dans l'espace complexe, et non dans l'espace réel, et uniquement ceux de ces objets qui passent par l'origine de l'espace de dimension n donné une fois pour toutes.

Vient ensuite le cas $n = 3$, quand l'espace de départ est tridimensionnel. L'espace projectif est alors constitué de toutes les droites de cet espace, alors que la variété de drapeaux est formée de couples : une droite et un plan qui contient cette droite – il n'y a qu'un espace de dimension trois. L'espace projectif diffère donc de la variété de drapeaux. La droite évoque le piquet d'un drapeau, le plan son pavillon, d'où le nom de ce type de variétés.

3. Boris Feigin et Edward Frenkel, « A Family of Representations of affine Lie Algebras », *Russian Mathematical Surveys*, vol. 43, n° 5, 1988, pp. 221-222.

Chapitre 12. Parcours arborescent

1. Mark Saul, « Kerosinka : An Episode in the History of Soviet Mathematics », *Notices of the American Mathematical Society*, vol. 46, novembre 1999, pp. 1217-1220.

2. J'ai appris plus tard que Gelfand, qui avait collaboré avec des cardiologues pour les raisons qui avaient conduit Yakov Isaevich à collaborer avec des urologues, avait aussi suivi cette méthode avec succès.

Chapitre 14. Les faisceaux de la sagesse

1. Une définition précise d'un espace vectoriel est donnée en note 17 du chapitre 10.

2. Dans le cas de la catégorie des espaces vectoriels, les morphismes d'un espace V_1 sur un espace V_2 sont les applications dites *linéaires* de V_1 sur V_2, c'est-à-dire les applications f de V_1 dans V_2 telles que $f(\vec{a}+\vec{b}) = f(\vec{a}) + f(\vec{b})$ pour deux vecteurs quelconques $\vec{a}$ et $\vec{b}$ de V_1, et $f(k \cdot \vec{a}) = k \cdot f(\vec{a})$, pour tout vecteur $\vec{a}$ de V_1 et tout nombre k. En particulier, les morphismes d'un espace vectoriel donné V sur lui-même sont les applications linéaires de V sur lui-même. Ceux qui admettent un inverse constituent précisément le groupe de symétrie de V.

3. Voyez, par exemple, Benjamin C. Pierce, *Basic Category Theory for Computer Scientists*, MIT Press, 1991 ; Joseph Goguen, « A Categorical Manifesto », *Mathematical Structures in Computer Science*, vol. 1, 1991, 49-67 ; Steve Awodey, *Category Theory*, Oxford University Press, 2010.

4. Voyez, par exemple,
`http://www.haskell.org/haskellwiki/Category_theory` et les références auxquelles le site renvoie.

5. Voyez, par exemple, Masaki Kashiwara et Pierre Schapira, *Sheaves on Manifolds*, Springer-Verlag, 2010.

6. Cette propriété étonnante de l'arithmétique modulo un nombre premier s'explique simplement dans le cadre de la théorie des groupes. Les éléments non nuls du corps fini, $1, 2, \ldots, p-1$, forment en effet un groupe pour la multiplication. Son élément neutre est 1, car multiplier un élément a par 1 donne toujours a. Comme nous l'avons vu dans la note 8 du chapitre 8, tout élément admet un inverse, c'est-à-dire que pour tout a de $\{1, 2, \ldots, p-1\}$, il existe un élément b tel que $a \cdot b = 1$ modulo p.

Ce groupe compte évidemment $p-1$ éléments. Or dans *tout groupe* fini G à N éléments, la puissance N^e de tout élément a est égal à l'élément neutre – ici noté 1 –, soit :

$$a^N = 1.$$

Pour prouver cette assertion, considérons dans le groupe G les éléments suivants : $1, a, a^2 \ldots$ Comme le groupe G est fini, ces éléments ne peuvent être tous distincts. Il doit donc y avoir des répétitions. Soit alors k le plus petit entier tel que $a^k = 1$ ou $a^k = a^j$ pour un certain $j = 1, \ldots, k-1$. Supposons que nous nous trouvions dans le second cas. Notons a^{-1} l'inverse de a, de sorte que $a \cdot a^{-1} = 1$, et prenons-en la j^e puissance, $(a^{-1})^j$. Multiplions à droite les deux côtés de l'équation $a^k = a^j$ par $(a^{-1})^j$ et remplaçons chaque occurrence de $a \cdot a^{-1}$ par 1. Comme multiplier par 1 ne change pas le résultat, nous pouvons toujours retirer 1 du produit. Nous voyons alors que tout a^{-1} s'annule avec un a. Le membre gauche de l'équation devient ainsi égal à a^{k-j} ; le membre de droite égal à 1. Nous obtenons donc : $a^{k-j} = 1$. Mais $k - j$ est plus petit que k, ce qui contredit la manière dont nous avions choisi k. La première répétition de la liste est donc nécessairement de la forme $a^k = 1$, si bien que les éléments $1, a, a^2, \ldots, a^{k-1}$ sont tous distincts. En d'autres termes, $\{1, a, a^2, \ldots, a^{k-1}\}$ forme un *sous-groupe* à k éléments. C'est un sous-groupe du groupe original G à N éléments en ce sens que : dans ce sous-ensemble d'éléments de G, le résultat de la multiplication de deux éléments quelconques est encore un élément du sous-ensemble ; le sous-ensemble contient l'élément neutre de G ; et le sous-ensemble contient l'inverse de tous ses éléments.

Or un résultat bien connu, appelé *théorème de Lagrange*, veut que le nombre d'éléments de tout sous-groupe divise le nombre d'éléments du groupe. Je vous laisse le soin de prouver ce résultat – ou de faire appel à Google.

Le théorème de Lagrange appliqué au sous-groupe $\{1, a, a^2, \ldots, a^{k-1}\}$, qui possède k éléments, montre donc que k divise N, le nombre d'éléments du groupe G. Donc, qu'il existe un entier m tel que $N = km$. Comme $a^k = 1$, nous obtenons *in fine* le résultat désiré :

$$a^N = (a^k) \cdot (a^k) \cdot \ldots \cdot (a^k) = 1 \cdot 1 \cdot \ldots \cdot 1 = 1.$$

En appliquant ce résultat général au cas particulier du groupe $G = \{1, 2, \ldots, p-1\}$ à $N = p - 1$ éléments, nous trouvons que $a^{p-1} = 1 \mod p$, pour tout a de $\{1, 2, \ldots, p-1\}$, d'où :

$$a^p = a \cdot a^{p-1} = a \cdot 1 = a \quad \text{modulo} \quad p.$$

Il est facile de voir que la dernière formule est en fait valable pour tout entier a, si nous stipulons que

$$x = y \quad \text{modulo} \quad p$$

quand $x - y = rp$ pour un certain entier r.

Tel est l'énoncé du Petit théorème de Fermat. Le mathématicien l'a formulé dans une lettre à un ami en l'accompagnant de ces quelques mots : « Je vous envoierois la démonstration, si je n'appréhendois d'être trop long. »

7. Nous n'avons traité, jusqu'à présent, que de l'arithmétique modulo un nombre premier p. Il se trouve toutefois qu'un résultat analogue au Petit théorème de Fermat est vrai en arithmétique modulo un entier naturel n quelconque. Son expression fait intervenir la fonction d'Euler, ϕ, que nous avons rencontrée au chapitre 6, tandis que je calculais les nombres de Betti des groupes de tresses. Rappelons que $\phi(n)$ compte le nombre d'entiers naturels compris entre 1 et $n - 1$ relativement premiers à n, c'est-à-dire sans autres diviseurs communs avec n que 1. Si n est premier, par exemple, tous les nombres compris entre 1 et $n - 1$ sont relativement premiers à n, de sorte que $\phi(n) = n - 1$.

La proposition analogue $a^{p-1} = 1 \mod p$, prouvée à la note précédente, se formule ainsi :

$$a^{\phi(n)} = 1 \quad \text{modulo} \quad n.$$

Valable pour tout entier naturel n et tout entier naturel a relativement premier à n, elle se démontre exactement de la même manière, en remarquant que les $\phi(n)$ entiers relativement premiers à n compris entre 1 et $n-1$ forment un groupe pour la multiplication. En vertu du théorème de Lagrange, tout élément de ce groupe élevé à la puissance $\phi(n)$ est égal à l'élément neutre.

Illustrons le résultat en prenant le cas où n se décompose en produit de deux nombres premiers, c'est-à-dire que $n = pq$, avec p et q premiers distincts. Les entiers qui ne sont pas relativement premiers à n sont alors divisibles par p ou q. Ils s'écrivent respectivement pi, où $i = 1, \ldots, q-1$ (au nombre de $q-1$) et qj, où $j = 1, \ldots, p-1$ (au nombre de $p-1$). Nous trouvons donc :

$$\phi(n) = (n-1) - (q-1) - (p-1) = (p-1)(q-1).$$

D'où, pour tout nombre a non divisible par p et q :

$$a^{(p-1)(q-1)} = 1 \quad \text{modulo} \quad pq.$$

Et il est facile de voir que la formule

$$a^{1+m(p-1)(q-1)} = a \quad \text{modulo} \quad pq$$

est vraie pour tout nombre naturel a et tout entier m.

Cette équation donne toute sa force à l'algorithme RSA, l'un des algorithmes de chiffrement les plus utilisés, qui doit sa dénomination aux initiales de ceux qui l'ont proposé en 1977 : Ron Rivest, Adi Shamir et Leonard Adleman. L'idée consiste à choisir, grâce à divers procédés qui permettent de les générer, deux nombres premiers p et q. Ces nombres sont secrets mais leur produit, $n = pq$, est public. On choisit ensuite un nombre e relativement premier à $(p-1)(q-1)$, lui aussi public.

Le nombre à chiffrer a, disons un numéro de carte bleue, est converti en a^e modulo n, soit :

$$a \quad \mapsto \quad b = a^e \quad \text{modulo} \quad n.$$

Il se trouve que a se reconstruit efficacement à partir de a^e. Plus précisément, soit un entier d, compris entre 1 et $(p-1)(q-1)$, vérifiant

$$de = 1 \quad \text{modulo} \quad (p-1)(q-1),$$

c'est-à-dire que

$$de = 1 + m(p-1)(q-1)$$

pour un certain entier m. En vertu de la formule donnée plus haut, nous avons alors :

$$\begin{aligned} a^{de} \quad \text{modulo} \quad n &= a^{1+m(p-1)(q-1)} \quad \text{modulo} \quad n \\ &= a \quad \text{modulo} \quad n. \end{aligned}$$

Étant donné $b = a^e$, nous pouvons ainsi retrouver le nombre original a de la manière suivante :

$$b \quad \mapsto \quad b^d \quad \text{modulo} \quad n.$$

Pour résumer, les nombres n et e sont rendus publics tandis que d reste secret. Le chiffrement s'effectue en appliquant la formule :

$$a \quad \mapsto \quad b = a^e \quad \text{modulo} \quad n.$$

Chacun peut y procéder puisque e et n sont disponibles publiquement.

Le déchiffrement s'effectue par la formule :

$$b \quad \mapsto \quad b^d \quad \text{modulo} \quad n.$$

Appliquée à a^e, elle retourne bien le nombre original a. Mais il faut connaître d pour l'utiliser.

La qualité du procédé tient à ce que pour trouver l'entier d, nécessaire à la reconstruction du nombre chiffré, il faut connaître $(p-1)(q-1)$, information qui nécessite à son tour de connaître p et q, deux diviseurs de n. Ces derniers sont secrets. Quand n est suffisamment grand, même un réseau de puissants ordinateurs actuels met des mois à retrouver p et q par les méthodes connues de décomposition en nombres premiers. En 2009, par exemple, un groupe de chercheurs a sans doute réussi à décomposer un nombre à deux cent trente-deux chiffres en produits de facteurs premiers, mais en deux ans, et avec des centaines d'ordinateurs travaillant en parallèle (voyez `http://eprint.iacr.org/2010/006.pdf.`)! Bien sûr, le jour où nous disposerons d'un moyen efficace pour décomposer les entiers en produits de nombres premiers – par l'utilisation d'un ordinateur quantique, qui sait – nous pourrons casser ce processus de chiffrement. Pour cette raison, de nombreuses recherches sont dévolues aux décompositions en produits de facteurs premiers.

8. Dans un autre cadre, nous avions vu que des équations comme $x^2 = 2$ n'admettent pas toujours de solutions parmi les nombres rationnels et qu'un nouveau système numérique s'obtient en adjoignant ces solutions, ici $\sqrt{2}$ et $-\sqrt{2}$, aux rationnels. Nous avions ensuite remarqué que l'interversion de $\sqrt{2}$ et $-\sqrt{2}$ constituait une symétrie de ce système.

De la même manière, nous pouvons considérer les équations polynomiales, $x^2 = 2$ ou $x^3 - x = 1$, par exemple, comme des équations sur le corps fini $\{0, 1, 2, \ldots, p-1\}$. Il s'agit alors de se demander si l'équation admet des solutions x appartenant au corps fini. Dans le cas contraire, tout comme nous avions adjoint $\sqrt{2}$ et $-\sqrt{2}$ aux nombres rationnels, nous pouvons adjoindre les solutions au corps fini et construire ainsi de nouveaux corps finis.

Pour $p = 7$, par exemple, l'équation $x^2 = 2$ admet deux solutions, 3 et 4, car

$$3^2 = 9 = 2 \quad \text{modulo} \quad 7 \qquad \text{et} \qquad 4^2 = 16 = 2 \quad \text{modulo} \quad 7.$$

Notons que $4 = -3$ en arithmétique modulo 7, du fait que $3 + 4 = 0$ modulo 7. En d'autres termes, ces deux solutions sont opposées, comme l'étaient $\sqrt{2}$ et $-\sqrt{2}$.

Rien de surprenant en cela, car les deux solutions de l'équation $x^2 = 2$ seront toujours opposées. En effet, si $a^2 = 2$, alors $(-a)^2 = (-1)^2 a^2 = 2$. Pour la même raison, si $p \neq 2$, on trouvera toujours deux éléments distincts du corps fini de même carré, et ces deux éléments seront opposés – si $p \neq 2$, p est nécessairement impair, et $-a$ ne peut-être égal à a, car autrement p serait égal à $2a$. Il s'ensuit que la moitié des éléments non nuls du corps fini $\{1, 2, \ldots, p-1\}$ seulement sont des carrés.

(La célèbre loi de réciprocité de Gauss décrit les nombres n qui sont des carrés en arithmétique modulo p et ceux qui ne le sont pas. Bien que son exposition dépasse le cadre de ce livre, disons au moins que la distinction ne dépend que des valeurs de p modulo $4n$. Nous savons déjà, par exemple, que $n = 2$ est un carré modulo $p = 7$. Dans ce cas, $4n = 8$. Il s'ensuit alors que n est aussi un carré modulo tout nombre premier p égal à 7 modulo 8, aussi grand soit-il. C'est là un résultat impressionnant !)

Pour $p = 5$, $1^2 = 1$, $2^2 = 4$, $3^2 = 4$ et $4^2 = 1$ modulo 5. Dans ce cas, 1 et 4 sont des carrés modulo 5, tandis que 2 et 3 ne le sont pas. Nous voyons en particulier que l'équation $x^2 = 2$ n'admet aucune solution dans le corps fini $\{0, 1, 2, 3, 4\}$, de la même manière qu'elle n'en admettait pas sur les nombres rationnels. Nous pouvons donc construire un nouveau système numérique, qui étend le corps fini $\{0, 1, 2, 3, 4\}$, en y adjoignant les solutions de $x^2 = 2$. Cette fois encore, notons ces solutions $\sqrt{2}$ et $-\sqrt{2}$, tout en nous souvenant que ces racines ne désignent pas les nombres que nous avions précédemment adjoints aux rationnels.

Nous obtenons ainsi un nouveau corps fini, constitué des nombres de la forme

$$a + b\sqrt{2},$$

où a et b appartiennent à $\{0, 1, 2, 3, 4\}$. Comme les deux paramètres a et b prennent chacun les valeurs 0, 1, 2, 3 ou 4, ce nouveau système numérique contient $5 \cdot 5 = 25$ éléments. Plus généralement, toute extension finie du corps $\{0, 1, \ldots, p-1\}$ contient p^m éléments, où m est un entier naturel.

Supposons maintenant avoir ainsi adjoint toutes les solutions de toutes les équations polynomiales à une variable au corps fini $\{0, 1, 2, \ldots, p-1\}$. Nous obtenons par cette voie un autre système numérique, appelé la *clôture algébrique* du corps fini. Le corps fini original contient p éléments ; sa clôture algébrique une infinité. Se pose ensuite la question de savoir quel est le groupe de Galois de la clôture algébrique, c'est-à-dire les symétries de cette clôture qui préservent les opérations d'addition et de multiplication et qui envoient sur eux-mêmes les éléments du corps original à p éléments.

Si nous étions partis du corps des nombres rationnels, le groupe de Galois de sa clôture algébrique aurait été très compliqué. De fait, le programme de Langlands a été bâti en partie pour décrire ce groupe de Galois et ses représentations dans le langage de l'analyse harmonique.

En comparaison, le groupe de Galois de la clôture algébrique du corps fini $\{0, 1, 2, \ldots, p-1\}$ est assez simple. Nous connaissons déjà l'un de ses éléments :

la symétrie de Frobenius, ainsi que nous avions baptisé l'opération d'élévation à la puissance $p : a \mapsto a^p$. En vertu du Petit théorème de Fermat, la symétrie de Frobenius préserve en effet tous les éléments du corps fini à p éléments original. Elle préserve aussi l'addition et la multiplication dans la clôture algébrique :

$$(a+b)^p = a^p + b^p, \qquad (ab)^p = a^p b^p.$$

La symétrie de Frobenius appartient donc au groupe de Galois de la clôture algébrique du corps fini.

Désignons par F la symétrie de Frobenius. Clairement, toute puissance entière F^n de la symétrie de Frobenius appartient encore au groupe de Galois. Par exemple, F^2 est l'opération d'élévation à la puissance p^2, $a \mapsto a^{p^2} = (a^p)^p$. Les symétries F^n, où n parcourt l'ensemble des entiers, constituent un sous-groupe du groupe de Galois, baptisé *groupe de Weil* en l'honneur d'André Weil. Le groupe de Galois lui-même est ce qu'on appelle une *complétion* du groupe de Weil : outre les puissances entières de F, il contient certaines limites de F^n quand n tend vers ∞. Mais en un sens bien compris, la symétrie de Frobenius engendre le groupe de Galois.

Voici un exemple de la manière dont la symétrie de Frobenius agit sur les éléments de la clôture algébrique d'un corps fini. Considérons le cas $p = 5$ et, comme plus haut, les éléments de la clôture algébrique de la forme

$$a + b\sqrt{2},$$

où a et b valent 0, 1, 2, 3 ou 4. Comme lorsque nous avions adjoint $\sqrt{2}$ aux nombres rationnels, l'interversion de $\sqrt{2}$ et $-\sqrt{2}$ définit une symétrie du système numérique :

$$a + b\sqrt{2} \quad \mapsto \quad a - b\sqrt{2}.$$

De manière plus surprenante, car ce n'est pas le cas pour les nombres rationnels, cette permutation est en fait la symétrie de Frobenius. En appliquant la symétrie de Frobenius à $\sqrt{2}$, ce qui signifie élever cette racine à la puissance 5, on trouve en effet

$$(\sqrt{2})^5 = (\sqrt{2})^2 \cdot (\sqrt{2})^2 \cdot \sqrt{2} = 2 \cdot 2 \cdot \sqrt{2} = 4 \cdot \sqrt{2} = -\sqrt{2},$$

car $4 = -1$ modulo 5. Il s'ensuit que pour $p = 5$, la symétrie de Frobenius envoie $a+b\sqrt{2}$ sur $a-b\sqrt{2}$. Le même résultat vaut pour tout corps fini $\{0, 1, 2, \ldots, p-1\}$ dans lequel l'équation $x^2 = 2$ n'admet aucune solution.

9. Une symétrie d'un espace vectoriel de dimension n, plus proprement appelée application linéaire – voyez la note 2 – peut se représenter par une matrice, c'est-à-dire un tableau de nombres a_{ij}, où i et j sont compris entre 1 et n, n désignant la dimension de l'espace vectoriel. La trace est alors la somme des éléments diagonaux de la matrice, soit la somme de tous les a_{ii}, pour i compris 1 et n.

10. Dans notre contexte, « retourner » signifierait trouver, pour une fonction donnée f, un faisceau dont la trace de la symétrie de Frobenius sur la fibre en s

soit égale à la valeur de f en s pour tout point s de la variété. Un nombre donné quelconque peut être facilement réalisé comme trace d'une symétrie d'un espace vectoriel. La difficulté consiste à combiner ces espaces vectoriels en une collection cohérente, satisfaisant aux propriétés d'un faisceau.

Chapitre 15. Une danse délicate

1. Une représentation d'un groupe de Galois dans un groupe H est une règle qui à tout élément du groupe de Galois assigne un élément de H. Cette règle doit en outre vérifier la condition suivante : si a et b désignent deux éléments quelconques du groupe de Galois, si $f(a)$ et $f(b)$ désignent les éléments de H qui leur sont assignés, alors le produit ab dans le groupe de Galois doit être assigné au produit $f(a)f(b)$ dans H. Une telle règle se nomme plus proprement un *homomorphisme* du groupe de Galois dans H.

2. Pour être plus précis, il faut avoir en tête la notion d'espace vectoriel de dimension n exposée en note 17 du chapitre 10. Comme nous l'avons vu dans le chapitre 2, une représentation de dimension n d'un groupe donné est une règle qui à tout élément g du groupe assigne une symétrie S_g d'un espace vectoriel de dimension n. Cette règle doit en outre vérifier la propriété suivante : si g et h désignent deux éléments quelconques du groupe, si gh désigne leur produit dans le groupe, alors la symétrie S_{gh} doit être égale à la composition de S_g et S_h. On demande aussi que pour tout élément g, $S_g(\vec{a} + \vec{b}) = S_g(\vec{a}) + S_g(\vec{b})$ et $S_g(k \cdot \vec{a}) = k \cdot S_a(\vec{a})$ pour tout vecteur $\vec{a}, \vec{b}$ et tout nombre k. De telles symétries portent le nom d'applications linéaires, comme je l'ai mentionné en note 2 du chapitre 14.

Le groupe formé par les applications linéaires inversibles d'un espace vectoriel de dimension n est appelé *groupe Général Linéaire*. Il est noté $GL(n)$. En vertu de la définition donnée au paragraphe précédent, une représentation de dimension n d'un groupe donné Γ équivaut à une représentation de Γ dans $GL(n)$ – ou à un homomorphisme de Γ dans $GL(n)$, pour reprendre la terminologie donnée en note 1.

Nous avons rencontré une représentation de dimension 3 du groupe $SO(3)$ au chapitre 10, par exemple. Nous avons assigné à tout élément du groupe $SO(3)$, c'est-à-dire à toute rotation de la sphère, la rotation de l'espace vectoriel de dimension 3 dans lequel est plongée la sphère. L'application ainsi définie est linéaire. Nous obtenons ainsi une représentation de $SO(3)$ dans $GL(3)$ ou, de manière équivalente, un homomorphisme de $SO(3)$ dans $GL(3)$. Intuitivement, la rotation « agit » sur l'espace vectoriel tridimensionnel, en faisant tourner chaque vecteur de l'espace.

D'un côté de la relation de Langlands, dite aussi *correspondance de Langlands*, nous considérons des représentations de dimension n du groupe de Galois. De l'autre côté, des fonctions automorphes permettent de construire des représentations dites *automorphes* d'un autre groupe $GL(n)$ des symétries de l'espace vectoriel de dimension n, non pas bâti sur les nombres réels, mais sur ce que l'on nomme des *adèles*. Je ne tenterai pas d'expliquer ici ce dont il s'agit, me contentant de représenter schématiquement la relation de Langlands ainsi :

représentations de dimension n du groupe de Galois	$\longleftrightarrow$	représentations automorphes du groupe $GL(n)$

Les représentations de dimension deux du groupe de Galois, par exemple, se voient ainsi liées aux représentations automorphes du groupe $GL(2)$, qui peuvent être construites à partir des formes modulaires que nous avons rencontrées au chapitre 8.

Cette relation se généralise en remplaçant $GL(n)$ par d'autres groupes de Lie. Dans ce cas, il faut considérer à droite non plus des représentations automorphes de $GL(n)$, mais de G, et, à gauche, non plus des représentations du groupe de Galois dans $GL(n)$, mais dans le groupe dual de Langlands ${}^LG$ – ou de manière équivalente des homomorphismes du groupe de Galois dans ${}^LG$. Pour de plus amples détails, voyez par exemple mon article de synthèse : Edward Frenkel, « Lectures on the Langlands Program and conformal field theory », *Frontiers in Number Theory, Physics and Geometry II*, eds. P. Cartier, *et. al.*, pp. 387–536, Springer-Verlag, 2007, disponible en ligne à l'adresse
`http://arxiv.org/pdf/hep-th/0512172.pdf`.

3. Voyez la vidéo à l'adresse
`http://www.youtube.com/watch?v=CYBqIRM8GiY`.

4. Le binasuan. Voyez par exemple cette vidéo :
`http://www.youtube.com/watch?v=N2TOOz_eaTY`.

5. Pour la construction de ce chemin et l'explication de cet énoncé étonnant, voyez par exemple Louis H. Kaufmann, *Knots and Physics*, 3e éd, World Scientific, 2001, pp. 419-420.

6. Pour dire les choses autrement, le groupe fondamental de $SO(3)$ est constitué de deux éléments : l'élément neutre et le chemin dont le carré est l'élément neutre.

7. Ce groupe se note $SU(2)$. Il est constitué des transformations dites *Spéciales Unitaires* de l'espace vectoriel complexe de dimension deux. Ce groupe est un proche parent du groupe $SU(3)$, que nous avons rencontré à propos des quarks au chapitre 2, lequel est constitué des transformations spéciales unitaires de l'espace vectoriel complexe de dimension trois.

8. Plus précisément, le chemin fermé construit sur le groupe $SO(3)$, correspondant au premier tour du gobelet, se relève sur le groupe $SU(2)$, le revêtement à deux feuillets, en un chemin non fermé : ce chemin part et s'achève sur deux points distincts de $SU(2)$ – qui se projettent tous deux sur le même point de $SO(3)$.

9. Cette relation est en général plus subtile. Pour simplifier, je supposerai toutefois ici qu'en prenant le dual du dual, je retrouve le groupe lui-même.

10. Un G-fibré principal sur une surface de Riemann, ou plus simplement un G-fibré, est une fibration sur la surface de Riemann, dont toutes les fibres sont des copies de la « complexification » du groupe G – définie en remplaçant les nombres réels qui interviennent dans la définition du groupe par des nombres complexes. Les points de l'espace de modules, plus proprement appelé *champs*, de G-fibrés sur X sont des classes d'équivalences de G-fibrés sur X.

Par souci de simplification, nous ne distinguons pas dans ce livre un groupe de Lie de sa complexification.

11. Les chemins sont considérés à déformation continue près, dans le groupe fondamental. Comme tout chemin fermé du plan qui ne tourne pas autour du point ôté peut être contracté en un point, les éléments non triviaux du groupe fondamental tournent autour du point ôté – ce point fait obstacle à leur contraction.

Il est facile de voir que deux chemins fermés de même indice peuvent être continûment amenés l'un sur l'autre. Le groupe fondamental du plan privé d'un point n'est donc rien d'autre que le groupe des entiers. Notons que cette discussion rappelle celle que nous avions tenue au chapitre 5, sur le groupe des tresses à deux brins, que nous avions aussi trouvé identique au groupe des entiers. Il ne s'agit nullement d'une coïncidence : l'espace des paires de points distincts du plan est topologiquement équivalent au plan privé d'un point.

12. Par la célèbre formule d'Euler :

$$e^{\theta\sqrt{-1}} = \cos(\theta) + \sin(\theta)\sqrt{-1}.$$

En d'autres termes, le nombre complexe $e^{\theta\sqrt{-1}}$ est représenté par un point du cercle unité correspondant à l'angle θ, mesuré en radians. Rappelons que 2π radians équivaut à 360 degrés, soit à une rotation d'un tour complet. L'angle θ mesuré en radians vaut donc l'angle $360 \cdot \theta/2\pi$ mesuré en degrés.

Appliquée en particulier avec $\theta = \pi$, la formule donne une identité que Richard Feynman a qualifié de « plus remarquable des mathématiques » :

$$e^{\pi\sqrt{-1}} = -1.$$

Cette relation joue également un rôle crucial dans *La Formule préférée du professeur*, un roman de Yōko Ogawa (Actes Sud, 2005). Signalons un autre cas particulier, non moins important : $e^{2\pi\sqrt{-1}} = 1$.

La formule d'Euler signifie de fait que le cercle unité dans le plan complexe est constitué de tous les points de la forme $t = e^{\theta\sqrt{-1}}$, où θ est compris entre 0 et 2π.

Considérons d'abord ce cercle parcouru dans le sens antihoraire comme un chemin fermé et calculons la monodromie de la solution de notre équation différentielle. Il nous faut suivre la valeur de $x(t) = t^n$ aux points $t = e^{\theta\sqrt{-1}}$, quand l'angle θ croît de 0 à 2π – en radians. Le tour du cercle est bouclé pour $\theta = 2\pi$. Pour obtenir la valeur correspondante de notre solution en ce point, il faut donc substituer $t = e^{2\pi\sqrt{-1}}$ dans t^n, ce qui donne $e^{2\pi n\sqrt{-1}}$. La valeur initiale de la solution est quant à elle obtenue en substituant $t = 1$ dans t^n, ce qui donne 1. La monodromie de la solution sur le chemin fermé qu'est le cercle unité parcouru dans le sens antihoraire vaut donc $e^{2\pi n\sqrt{-1}}$, le rapport des deux valeurs.

Cette monodromie $e^{2\pi n\sqrt{-1}}$ est elle-même un nombre complexe qui peut être représenté par un point du cercle unité dans un *autre* plan complexe. Ce point correspond à l'angle $2\pi n$ radians, soit $360n$ degrés. Nous avons donc montré ce que nous voulions montrer. De fait, multiplier un nombre complexe z par $e^{2\pi n\sqrt{-1}}$ équivaut, géométriquement, à tourner le point du plan correspondant à z de $360n$ degrés. Si n est un entier, alors $e^{2\pi n\sqrt{-1}} = 1$, de sorte qu'il n'y a pas vraiment de monodromie. Mais quand n n'est pas un entier, la monodromie n'est pas triviale.

Attention à bien ici distinguer les deux plans complexes : l'un est celui où est définie la solution – le « plan t » ; l'autre est celui sur lequel nous représentons la monodromie. Il n'a rien à voir avec le plan t.

Pour résumer, nous savons interpréter la monodromie de la solution le long d'un chemin fermé d'indice +1 sur le plan t comme un point du cercle unité. De la même manière, si le chemin est d'indice w, la monodromie de la solution le long de ce chemin vaudra $e^{2\pi wn\sqrt{-1}}$, ce qui équivaut à la rotation d'angle $2\pi nw$ radians, ou $360wn$ degrés. La monodromie définit donc une représentation du groupe fondamental dans le cercle. Via cette représentation, un chemin d'indice w dans le plan t privé d'un point correspond à la rotation d'angle $360wn$ degrés.

13. Il est important d'ôter au plan un point – l'origine dans notre cas. Dans le plan entier, tout chemin se réduit à un point, si bien que le groupe fondamental est trivial. Aucun phénomène de monodromie ne peut s'y produire. Nous sommes par ailleurs obligés de retirer l'origine car notre solution, t^n, n'y est pas définie quand n n'est pas un entier positif – il n'y a pas de monodromie si n est un entier positif.

14. Pour être plus précis, les représentations du groupe fondamental dans ${}^LG$ ne s'obtiennent pas toutes à partir des opers. Ce diagramme ne concerne que celles qui le peuvent. Pour les autres, la question reste ouverte.

15. Edward Frenkel, *Langlands Correspondence for Loop Groups*, Cambridge University Press, 2007. Version en ligne disponible à l'adresse `http://math.berkeley.edu/~frenkel`.

Chapitre 16. Dualité quantique

1. Peut-être vous interrogez-vous sur ce que j'ai vécu entre 1991 et 2003. Dans ce livre, je cherche avant tout à présenter les aspects du programme de Langlands qui m'ont paru les plus intéressants et à raconter l'histoire des découvertes en ce domaine auxquelles j'ai eu la chance de participer. Il ne s'agit pas d'écrire le détail chronologique de ma vie. Mais pour satisfaire votre éventuelle curiosité, disons que, durant ces années, ma famille a émigré aux États-Unis ; je me suis moi-même installé sur la côte Ouest, à Berkeley en Californie ; j'ai connu l'amour et je l'ai perdu ; je me suis marié et j'ai divorcé ; j'ai encadré plusieurs étudiants en doctorat ; j'ai voyagé et donné des conférences partout dans le monde ; j'ai rédigé un livre et des dizaines d'articles. Et, bien entendu, j'ai continué à essayer de lever les mystères du programme de Langlands dans différents domaines :

de la géométrie aux systèmes intégrables, des groupes quantiques à la physique. Je garde cette partie du voyage pour un autre livre !

2. Voyez `http://www.darpa.mil/Our_Work`.

3. G.H. Hardy, *L'Apologie d'un mathématicien*, Belin, 1985, p. 51.

4. R.R. Wilson's Congressional Testimony, 17 avril 1969. Citation tirée de la page `http://history.fnal.gov/testimony.html`.

5. Voyez la page Flickr de Dayna Mason à l'adresse `http://www.flickr.com/photos/daynoir`.

6. Dans le vide, les équations de Maxwell s'écrivent ainsi :

$$\nabla \cdot \vec{E} = 0 \qquad \nabla \cdot \vec{B} = 0$$

$$\nabla \times \vec{E} = -\frac{\partial \vec{B}}{\partial t} \qquad \nabla \times \vec{B} = \frac{\partial \vec{E}}{\partial t}$$

Ici $\vec{E}$ désigne le champ électrique et $\vec{B}$ le champ magnétique – pour simplifier les formules, le système d'unités est choisi de façon à ce que la vitesse de la lumière soit égale à 1. Il est clair qu'intervertir $\vec{E}$ et $\vec{B}$ transforme les équations du côté gauche en celles du côté droit et vice versa. Si chaque équation change individuellement, le système reste globalement identique.

7. Ce groupe de jauge $SU(3)$ ne doit pas être confondu avec le groupe $SU(3)$, évoqué au chapitre 2, dont se servaient Gell-Mann et d'autres pour classifier les particules élémentaires, le groupe dit *de saveurs*. Le groupe de jauge $SU(3)$ se rapporte à une caractéristique des quarks appelée *couleur*. Il se trouve qu'un quark peut présenter trois couleurs différentes, et que le groupe de jauge $SU(3)$ régit les changements de couleur. De ce fait, la théorie de jauge qui décrit l'interaction des quarks se nomme *chromodynamique quantique*. David Gross, David Politzer et Frank Wilczek ont reçu un prix Nobel pour avoir découvert l'étonnant phénomène de *liberté asymptotique* en chromodynamique quantique, entre autres théories de jauge non abéliennes, ce qui a permis de mieux comprendre le comportement mystérieux des quarks.

8. D.Z. Zhang, « C.N. Yang and Contemporary Mathematics« », *Mathematical Intelligencer*, vol. 15, n° 4, 1993, pp. 13-21.

9. Albert Einstein, *La Géométrie et l'Expérience*, trad. M. Solovine, Paris, Gauthier-Villars et Cie, 1921. Discours prononcé à l'Académie des sciences de Berlin le 27 janvier 1921 et complété ensuite.

10. Eugene Wigner, « The Unreasonable Effectiveness of Mathematics in the Natural Sciences », *Communications on Pure and Applied Mathematics*, vol. 13, 1960, pp. 1-14.

11. C. Montonen et D. Olive, « Magnetic Monopoles as Gauge Particles ? », *Physics Letters B*, vol. 72, 1977, pp. 117-120.

12. P. Goddard, J. Nuyts et D. Olive, « Gauge Theories and Magnetic Charge », *Nuclear Physics B*, vol. 125, 1977, pp. 1-28.

13. S_e est l'ensemble des représentations complexes de dimension un du tore maximal de G ; S_m est le groupe fondamental du tore maximal de G. Quand G

est le cercle, le tore maximal est le cercle lui-même, et chacun des deux ensembles est en correspondance bijective avec l'ensemble des entiers.

Chapitre 17. Des connexions révélées

1. L'espace $M(X, G)$ se décrit de différentes façons. L'une d'entre elles consiste à le regarder comme espace des solutions d'un système d'équations différentielles défini sur X, originellement étudié par Hitchin – pour de plus amples détails à ce sujet, voyez l'article cité en note 19 plus bas. Une autre, plus pertinente ici, consiste à regarder $M(X, G)$ comme espace de modules des représentations du groupe fondamental de la surface de Riemann S dans la complexification du groupe G – voyez la note 10 du chapitre 15. En d'autres termes, une telle représentation est assignée à tout point de $M(X, G)$.

2. Voyez la vidéo de la conférence prononcée par Hitchin au Fields Institute : `http://www.fields.utoronto.ca/video-archive/2012/10/108-690`.

3. Je pense ici au récent travail de Ngô Bao Châu sur la preuve du « lemme fondamental » du programme de Langlands. Voyez par exemple l'article de synthèse suivant : David Nadler, « The Geometric Nature of the Fundamental Lemma », *Bulletin of the American Mathematical Society*, vol. 49, 2012, pp. 1-50.

4. Rappelons que dans le cadre d'un modèle sigma, les calculs s'exécutent en sommant sur toutes les applications d'une surface de Riemann Σ fixée dans une variété cible S. La théorie des cordes demande une étape supplémentaire : en plus de sommer sur toutes les applications d'une surface Σ fixée dans S, la pratique normale en modèle sigma, nous sommons sur toutes les surfaces de Riemann Σ possibles – la variété cible S, notre espace-temps, restant fixe. En particulier, nous sommons sur les surfaces de Riemann de genre arbitraire.

5. Pour en savoir plus sur la théorie des supercordes, voyez Brian Greene, *L'Univers élégant*, trad. C. Laroche, Gallimard, 2005 ; *La Magie du cosmos : l'espace, le temps, la réalité*, trad. C. Laroche, Gallimard, 2007.

6. Pour en savoir plus sur les variétés de Calabi-Yau et leur rôle en théorie des supercordes, voyez Shing-Tung Yau et Steve Nadis, *The Shape of Inner Space*, Basic Books, 2010, chapitre 6.

7. Un tore se distingue aussi par deux paramètres continus, essentiellement les rayons R_1 et R_2 qui interviennent plus loin dans ce chapitre, mais ils ne sont pas ici essentiels à notre propos.

8. Une solution du problème, activement débattue ces derniers temps, consiste à dire que chacune de ces variétés donne naissance à son propre univers, doté de ses propres lois physiques. Cette vision est ensuite couplée avec une version du principe anthropique : notre Univers est sélectionné entre tous par le fait que ses lois physiques autorisent une vie intelligente – au moins suffisamment intelligente pour se poser cette question : « Pourquoi notre Univers est-il comme ça ? » Cette idée de « paysage de la théorie des cordes » ou de « multivers » a été néanmoins accueillie avec un scepticisme certain, tant pour des raisons scientifiques que philosophiques.

9. Nombre de propriétés intéressantes des théories quantiques des champs en dimension variée ont été découvertes ou élucidées en connectant ces théories à la théorie des supercordes, via la réduction dimensionnelle ou l'étude des branes. En un certain sens, la théorie des supercordes a servi d'usine à produire et analyser des théories quantiques des champs – principalement supersymétriques. Elle permet ainsi d'interpréter magnifiquement la dualité électromagnétique des théories de jauges supersymétriques en dimension quatre. Bref, même si nous ignorons encore si la théorie des supercordes décrira notre Univers, même si nous ne la comprenons pas encore tout à fait, nous savons au moins qu'elle a déjà produit maints résultats puissants en théorie quantique des champs – et de nombreuses avancées en mathématiques.

10. La dimension de l'espace de modules de Hitchin $M(X, G)$ est égale au produit de la dimension du groupe G – identique à celle de ${}^{L}G$ – par $(g - 1)$, où g désigne le genre de la surface de Riemann X.

11. Pour en savoir plus sur les branes, voyez Lisa Randall, *Warped Passages : Unraveling the Mysteries of the Universe's Hidden Dimensions*, Harper Perennial, 2006, et plus spécialement le chapitre IV.

12. Les branes A sur $M(X, G)$ sont plus précisément des objets d'une catégorie, concept que nous avons évoqué au chapitre 14. Les branes B sur $M(X, {}^{L}G)$ sont des objets d'une autre catégorie. La symétrie miroir homologique affirme que ces deux catégories sont équivalentes.

13. Anton Kapustin et Edward Witten, « Electric-Magnetic Duality and the Geometric Langlands Program », *Communications in Number Theory and Physics*, vol. 1, 2007, pp. 1-236.

14. Pour en savoir plus sur la dualité T, voyez le chapitre 7 du livre de Yau et Nadis cité en note 6.

15. Pour en savoir plus sur la conjecture SYZ, voyez le chapitre 7 du livre de Yau et Nadis cité en note 6.

16. Plus précisément, chaque fibre est le produit de n cercles, où n est un entier naturel pair, soit un analogue de dimension n au tore de dimension deux. Notons aussi que la dimension de la base de la fibration de Hitchin et que la dimension de chaque fibre torique seront toujours égales entre elles.

17. Au chapitre 15, nous avons évoqué une construction différente, par laquelle les faisceaux automorphes s'obtiennent à partir des représentations des algèbres de Kac-Moody. On s'attend à ce que ces constructions soient liées, mais à l'heure où j'écris ces lignes, cette relation reste encore à trouver.

18. Edward Frenkel et Edward Witten, « Geometric Endoscopy and Mirror Symmetry », *Communications in Number Theory and Physics*, vol. 2, 2008, pp. 113-283, disponible en ligne à l'adresse :
`http://arxiv.org/pdf/0710.5939.pdf`.

19. Edward Frenkel, « Gauge Theory and Langlands Duality », *Astérisque*, vol. 332, 2010, pp. 369-403, disponible en ligne à l'adresse
`http://arxiv.org/pdf/0906.2747.pdf`.

20. Henry David Thoreau, *Sept jours sur le fleuve*, trad. Thierry Gillybœuf, Fayard, 2012, p. 384.

Chapitre 18. La formule de l'amour

1. C.P. Snow, *The Two Cultures*, Cambridge University Press, 1998.

2. Thomas Farber et Edward Frenkel, *The Two-Body Problem*, Andrea Young Arts, 2012. Pour de plus amples détails, voyez `http://thetwobodyproblem.com/`.

3. Michael Harris, *Further Investigations of the Mind-Body problem*, un chapitre de ce livre à paraître est disponible en ligne à l'adresse `http://www.math.jussieu.fr/~harris/MindBody.pdf`.

4. Henry David Thoreau, *Sept jours sur le fleuve*, *op. cit.*, pp. 384-385.

5. E.T. Bell, *Les Grands Mathématiciens*, trad. Ami Gandillon, Payot, 1939, p. 25.

6. Robert Langlands, « Is there Beauty in Mathematical Theories ? », in *The Many Faces of Beauty*, ed. Vittorio Hösle, University of Notre Dame Press, 2013, disponible en ligne à l'adresse `http://publications.ias.edu/sites/default/files/ND.pdf`.

7. Yuri I. Manin, « Mathematics as Metaphor : Selected Essays », *American Mathematical Society*, 2007, p. 4.

8. Les philosophes débattent de l'ontologie des mathématiques depuis des siècles. Je défends dans ce livre le point de vue habituellement appelé platonisme mathématique. Notez cependant qu'il existe différents types de platonisme et d'autres interprétations physiques des mathématiques. Voyez par exemple à ce sujet Mark Balaguer, « Mathematical Platonism », in *Proof and Other Dilemmas : Mathematics and Philosophy*, Bonnie Gold and Roger Simons (eds.), Mathematics Association of America, pp. 179-204, et les références auxquelles cet article renvoie.

9. Roger Penrose, *À la découverte des lois de l'Univers*, trad. C. Laroche, Odile Jacob, 2007, p. 14.

10. *Ibid.*, p. 13.

11. Kurt Gödel, *Collected Works*, volume III, Oxford University Press, 1995, p. 320.

12. *Ibid.*, p. 323.

13. Roger Penrose, *Les Ombres de l'esprit*, trad. C. Jeanmougin, Paris, InterEditions, 1995, Section 8.7.

14. Dans la célèbre affaire *Gottschalk contre Benson*, 409 U.S. 63 (1972), la Cour suprême américaine déclara, en s'appuyant sur des affaires précédentes : « Une vérité scientifique, ou son expression mathématique, n'est pas une invention brevetable... Un principe, dans l'abstrait, est une vérité fondamentale, une cause originelle, un moteur. Ceux-ci ne peuvent être brevetés, car personne ne peut prétendre à un droit exclusif sur aucun d'entre eux... Celui qui découvre un phénomène naturel jusque-là inconnu ne peut prétendre détenir sur lui un monopole reconnu par la loi. »

15. Edward Frenkel, Andrey Losev et Nikita Nekrasov, « Instantons Beyond Topological Theory I », *Journal of the Institute of Mathematics of Jussieu*, vol. 10, 2011, 463-565. Une note de bas de page précise qu'elle tient le rôle de « formule de l'amour » dans *Rites d'amour et de maths*.

16. Nous considérons le modèle de mécanique quantique supersymétrique sur la sphère, notée ici $\mathbb{P}^1$, et la fonction de corrélation de deux observables, notée F et ω. Cette fonction de corrélation est définie dans notre théorie comme l'intégrale qui apparaît du côté gauche de la formule. Mais notre théorie prédit aussi qu'elle s'exprime autrement : par la somme sur les « états intermédiaires » qui apparaît du côté droit. La cohérence de notre théorie requiert que les deux côtés soient égaux. Et ils le sont vraiment, ce qu'indique la formule.

17. *Le Monde Magazine*, 10 avril 2010, p. 64.

18. Laura Spinney, « Erotic Equations : Love Meets Mathematics on Film », *New Scientist*, April 13, 2010, disponible en ligne à l'adresse `http://ritesofloveandmath.com`.

19. Hervé Lehning, « La dualité entre l'amour et les maths », *Tangente Sup*, vol. 55, mai-juin 2010, pp. 6-8, disponible en ligne sur le site `http://ritesofloveandmath.com`.

20. Nous nous sommes servis des vers du *Pour eux tous* d'Anna Akhmatova, une grande poétesse russe de la première moitié du XXe siècle.

21. Norma Farber, *A Desperate Thing*, The Plowshare Press Incorporated, 1973, p. 21.

22. Lettre d'Einstein à Phyllis Wright, 24 janvier 1936, citée dans Walter Isaacson, *Einstein : His Life and Universe*, Simon & Schuster, 2007, p. 388.

23. David Brewster, *Memoirs of the Life, Writings, and Discoveries of Sir Isaac Newton*, vol. 2, Adamant Media Corporation, 2001 (réimpression de l'édition Thomas Constable and Co, 1855), p. 407.

Épilogue

1. Edward Frenkel, Robert Langlands et Ngô Bao Châu, « Formule des traces et fonctorialité : le début d'un programme », *Annales des sciences mathématiques du Québec* 34 (2010), pp. 199-243, disponible en ligne à l'adresse `http://arxiv.org/pdf/1003.4578.pdf` ; Edward Frenkel, « Langlands Program, Trace Formulas, and their Geometrization », *Bulletin of AMS*, vol. 50 (2013), pp. 1-55, disponible en ligne à l'adresse `http://arxiv.org/pdf/1202.2110.pdf`.

GLOSSAIRE

Analyse harmonique. Une branche des mathématiques dédiée à l'étude de la décomposition de fonctions en harmoniques, type sinus et cosinus.

Application d'un ensemble (ou d'une variété) M dans un ensemble (ou une variété) N. Une règle qui à tout point de M assigne un point de N.

Catégorie. Une structure algébrique composée « d'objets » et de « morphismes » entre ces objets. Entre autres catégories, citons celle des espaces vectoriels ou celle des faisceaux sur une variété.

Cercle (variété). Une variété qui peut se décrire comme l'ensemble de tous les points du plan équidistants d'un point donné.

Cercle (groupe). Le groupe des rotations du cercle ou de tout autre objet rond, comme une table ronde. C'est un cercle, dont un point particulier correspond à l'élément neutre – ou l'identité – du groupe. C'est aussi le plus simple des groupes de Lie.

Champs, théorie quantique des. Cette dénomination se rapporte d'abord à la branche de la physique dédiée aux modèles qui décrivent les interactions entre particules et champs quantiques. Mais elle peut aussi désigner un modèle *particulier* de ce type.

Composition (de deux symétries). La symétrie d'un objet donné obtenue en appliquant les deux symétries de cet objet, l'une après l'autre.

Corps de nombres. Un système numérique obtenu en adjoignant aux nombres rationnels toutes les racines d'une collection finie de polynômes à une variable à coefficients rationnels.

Corps fini. L'ensemble des entiers naturels compris entre 0 et $p - 1$, où p est un nombre premier, ou son extension obtenue en adjoignant les solutions d'une équation polynomiale à une variable.

Correspondance. Une relation entre objets de deux types différents, ou une règle qui assigne aux objets d'un type un objet de l'autre type. Une correspondance bijective, par exemple.

Courbe sur un corps fini. Un objet algébrique composé des solutions d'une équation algébrique à deux variables – comme une équation cubique – à valeur dans un corps fini à p éléments et toutes ses extensions.

Dimension. Le nombre de coordonnées requises pour décrire les points d'un objet donné. Une droite ou un cercle, par exemple, sont des objets de dimension un ; un plan ou une sphère sont de dimension deux.

Dualité. Équivalence entre deux modèles – ou théories – à un échange de paramètres et d'objets désignés près.

Ensemble. Une collection d'objets, comme l'ensemble $\{0, 1, 2, \ldots, N-1\}$, où N est un entier naturel donné.

Entier naturel. Le nombre 1, ou tout nombre obtenu en ajoutant 1 plusieurs fois à lui-même.

Entier relatif. Un entier naturel, 0 ou l'opposé d'un entier naturel.

Équation cubique. Équation de la forme $P(y) = Q(x)$, où P est un polynôme de degré deux et Q un polynôme de degré trois. L'équation $y^2+y = x^3 - x^2$, particulièrement étudiée dans ce livre, par exemple.

Équation polynomiale. Une équation de la forme $P = 0$, où P est un polynôme à une ou plusieurs variables.

Espace vectoriel. L'ensemble de tous les vecteurs d'un espace plat de dimension n donné, muni d'une addition entre vecteurs et d'une multiplication d'un vecteur par un nombre, ces deux opérations respectant certaines propriétés naturelles.

Faisceau. Une règle satisfaisant à quelques propriétés naturelles qui à tout point d'une variété donnée assigne un espace vectoriel.

Faisceau automorphe. Un faisceau qui remplace la notion de fonction automorphe dans la relation de Langlands géométrique, sur la colonne de droite de la pierre de Rosette de Weil.

Fermat, Dernier théorème de. Le théorème qui s'énonce ainsi : Pour tout entier naturel n supérieur à 3, il n'existe pas d'entiers naturels x ,y et z vérifiant $x^n + y^n = z^n$.

Fibration. Soient deux variétés M et B, et soit une application de M dans B. L'ensemble des points de M envoyés par l'application sur un point donné de B s'appelle la *fibre* au-dessus de ce point donné. La variété M est une *fibration* – ou un *espace fibré* – sur la *base* B si toutes les fibres s'identifient les unes aux autres – et si pour tout point de B, il existe un voisinage U dont la préimage s'identifie dans M au produit de U par une fibre.

Fonction. Une règle qui à tout point d'un ensemble donné – d'une variété, par exemple – assigne un nombre.

Fonction automorphe. Un type de fonctions particulier qui apparaît en analyse harmonique.

Forme modulaire. Une fonction du disque unité vérifiant certaines propriétés particulières relativement à un sous-groupe du groupe des symétries du disque – appelé groupe modulaire.

Galois, groupe de. Le groupe des symétries d'un corps de nombres qui préserve les opérations d'addition et de multiplication.

Groupe. Un ensemble muni d'une opération, appelée composition, addition ou multiplication, qui à deux éléments de l'ensemble assigne un troisième. L'ensemble des entiers relatifs et l'addition forment un groupe, par exemple. L'opération doit satisfaire aux propriétés suivantes : associativité, existence d'un élément neutre, existence d'un inverse.

Groupe abélien. Un groupe au sein duquel le résultat d'une opération entre deux éléments ne dépend jamais de l'ordre dans lequel elle est effectuée. Le groupe des rotations du cercle, par exemple, est un groupe abélien.

Groupe fondamental. Le groupe constitué de tous les chemins fermés continus d'une variété donnée, commençant et se terminant en un point donné.

Groupe non abélien. Un groupe au sein duquel le résultat d'une opération entre deux éléments dépend en général de l'ordre dans lequel elle est effectuée. Le groupe $SO(3)$, par exemple.

Hitchin, espace de modules de. L'espace – ou la variété – dont les points sont des représentations du groupe fondamental d'une surface de Riemann donnée dans un groupe de Lie donné.

Jauge, groupe de. Un groupe de Lie qui apparaît pour une théorie de jauge donnée et qui détermine, en particulier, les particules de cette théorie ainsi que leurs interactions.

Jauge, théorie de. Un type particulier de modèle physique qui décrit certains champs et leurs interactions. Tout groupe de Lie, baptisé groupe de jauge dans ce cadre, donne lieu à un tel modèle – ou théorie. La théorie de jauge correspondant au cercle, par exemple, est la théorie de l'électromagnétisme.

Kac-Moody, algèbre de. L'algèbre de Lie du groupe des lacets d'un groupe de Lie donné, augmenté d'une droite.

Lacet. Une courbe fermée, comme un cercle.

Langlands, groupe dual de. Un groupe de Lie associé à tout groupe de Lie donné G au terme d'une procédure particulière. Il est noté ${}^LG$.

Langlands, relation de (ou correspondance de). Une règle qui assigne une fonction automorphe – ou une représentation automorphe – à une représentation d'un groupe de Galois.

Lie, algèbre de. L'espace tangent à un groupe de Lie au point correspondant à l'élément neutre de ce groupe.

Lie, groupe de. Un groupe qui est aussi une variété – en tant qu'application, l'opération de groupe doit aussi être régulière.

Nombre complexe. Un nombre de la forme $a + b\sqrt{-1}$, où a et b sont deux nombres réels.

Nombre premier. Un entier naturel qui n'admet d'autres diviseurs entiers naturels que 1 et lui-même.

Polynôme à une variable. Une expression de la forme $a_nx^n + a_{n-1}x^{n-1}+\ldots+a_1x+a_0$, où x est une variable et $a_n, a_{n-1}, \ldots, a_1, a_0$ sont des nombres. Les polynômes à plusieurs variables se définissent de manière similaire.

Représentation d'un groupe. Une règle qui à tout élément d'un groupe donné assigne une symétrie d'un espace vectoriel, en respectant certaines propriétés naturelles. Plus généralement, la représentation d'un groupe G dans un groupe H est une règle qui à tout élément de G assigne un élément de H, en respectant certaines propriétés naturelles.

Shimura-Taniyama-Weil, conjecture de. Cette conjecture énonce l'existence d'une correspondance bijective entre équations cubiques et formes modulaires vérifiant certaines propriétés. Par cette correspondance, les nombres de solutions de l'équation cubique modulo les nombres premiers sont égaux aux coefficients de la forme modulaire.

***SO*(3).** Le groupe des rotations de la sphère.

Sphère. Une variété définie par l'ensemble de tous les points d'un espace plat tridimensionnel équidistants d'un point donné.

Supersymétrie. Un type de symétrie en théorie quantique des champs qui permute bosons et fermions.

Symétrie. Une transformation d'un objet donné qui préserve ses propriétés, comme sa forme et sa position.

Théorie. Une branche particulière des mathématiques et de la physique, comme la théorie des nombres, ou un modèle spécifique décrivant des relations entre objets, comme la théorie de jauge de groupe de jauge $SO(3)$.

Variété. Une forme géométrique lisse, régulière, comme un cercle, une sphère ou un tore (surface d'un donut).

INDEX

D

E

G

H

P

Q

R